养肉兔
家庭农场致富指南

肖冠华　编著

化学工业出版社

·北京·

图书在版编目（CIP）数据

养肉兔家庭农场致富指南/肖冠华编著. —北京：化学工业出版社，2022.9

ISBN 978-7-122-41922-4

Ⅰ.①养… Ⅱ.①肖… Ⅲ.①肉用兔-饲养管理-指南②家庭农场-经营管理-中国-指南 Ⅳ.①S829.1-62②F324.1-62

中国版本图书馆CIP数据核字（2022）第137873号

责任编辑：邵桂林　　　　　　　文字编辑：曹家鸿
责任校对：李雨晴　　　　　　　装帧设计：韩　飞

出版发行　化学工业出版社
　　　　　（北京市东城区青年湖南街 13 号　邮政编码 100011）
印　　装　北京缤索印刷有限公司
850mm×1168mm　1/32　印张 10¾　字数 266 千字
2023 年 1 月北京第 1 版第 1 次印刷

购书咨询：010-64518888　　　　售后服务：010-64518899
网　　址：http://www.cip.com.cn
凡购买本书，如有缺损质量问题，本社销售中心负责调换。

定　　价：69.80元　　　　　　　　版权所有　违者必究

前言

　　当前，我国兔产业发展进入难得的历史机遇期：一是党的十九大提出实施乡村振兴战略，赋予兔产业新的历史使命；二是国家支持畜牧业的差异化、特色化发展，将兔业列入特色畜牧业发展规划，创设鼓励支持兔业发展的政策；三是随着畜产品消费升级，对绿色健康的兔肉消费需求持续增长，对兔毛、獭兔皮纺织服装产品需求将回升；四是打赢脱贫攻坚战，兔产业成为贫困地区增收脱贫的支柱产业，成为政府推进脱贫攻坚的重要抓手；五是国家大力推进畜牧业的标准化规模养殖、绿色生态养殖，促进畜牧业转入高质量发展轨道，为兔业发展实现转型升级创造了条件。

　　家庭农场是全球主要的农业经营方式之一，在现代农业发展中发挥了至关重要的作用，各国普遍对家庭农场发展特别重视。作为农业的微观组织形式，家庭农场在欧美等发达国家已有几百年的发展历史，坚持以家庭经营为基础是世界农业发展的普遍做法。

　　在我国，家庭农场于2008年首次写入中央文件，也就是党的十七届三中全会所作的决定当中提出"有条件的地方可以发展专业大户、家庭农场、农民专业合作社等规模经营主体"。

2013 年，中央一号文件进一步把家庭农场明确为新型农业经营主体的重要形式，并要求通过新增农业补贴倾斜、鼓励和支持土地流入、加大奖励和培训力度等措施，扶持家庭农场发展。

2019 年中农发（2019）16 号《关于实施家庭农场培育计划的指导意见》中明确提出，加快培育出一大批规模适度、生产集约、管理先进、效益明显的家庭农场。

2020 年，中央一号文件中明确提出"发展富民乡村产业""重点培育家庭农场、农民合作社等新型农业经营主体"。

2020 年 3 月，农业农村部印发了《新型农业经营主体和服务主体高质量发展规划（2020—2022 年）》，对包括家庭农场在内的新型农业经营主体和服务主体的高质量发展作出了具体规划。

国际经验与国内现实都表明，家庭农场是发展现代农业重要的经营主体，将成为未来主流的农业经营方式之一。

家庭农场作为新型农业经营主体，有利于推广科技、提升农业生产效率、实现专业化生产、促进农业增产和农民增收。家庭农场相较于规模化养殖场具有很多优势。家庭农场的劳动者主要是农场主本人及其家庭成员。这种以血缘关系为纽带构成的经济组织，其成员之间具有天然的亲和性。家庭成员的利益一致，内部动力高度一致，可以不计工时，无需付出额外的外部监督成本，可以有效克服"投机取巧、偷懒耍滑"等机会主义行为。同时，家庭成员在性别、年龄和技能上的差别，有利于取长补短，实现科学分工，因此这一模式特别适用于农业生产和提高生产效率。特别对从事养殖业的家庭农场更有利，有利于发挥家庭成员的积极性、主动性，家庭成员在饲养管理上更有责任心、更加细心和更有耐心，还可以降低经营成本。

家庭农场经营的专业性和实战性都非常强，涉及的种养方面知识和技能非常多。这就要求家庭农场的成员需具备较强的专业技术，可以说专业程度决定其成败，投资越大，专业要求越高。同时，随着农业结构的不断调整以及农村劳动力的转移，新型职业农民成为从事农业生产的主力军。新型职业农民的素质直接关乎农业的现代化和产业结构性调整的成效。加强对新型职业农民的职业培育，对全面提高新型农民的知识储备和专业技术水平、推进农业供给侧结构性改革、转变农业发展方式具有重要意义。

为顺应肉兔养殖业的不断升级和家庭农场健康发展的需要，针对家庭农场经营者养殖肉兔应该掌握的经营管理知识和养殖技术，本书对养肉兔家庭农场投资兴办、肉兔场建设与环境控制、饲养品种的确定与繁殖、饲料保障、肉兔场日常饲养管理、兔肉加工、疾病防治和家庭农场经营管理等家庭农场经营过程中涉及的一系列知识，详细地进行了介绍。

这些实用的知识和技能，既符合家庭农场经营管理的需要，又符合新型职业农民培训的需要，为家庭农场更好地实现适度规模经营、取得良好的经济效益和社会效益助力。

本书在编写过程中，参考借鉴了国内外一些养殖专家和养殖实践者实用的观点和做法，在此对他们表示诚挚的感谢！由于作者水平有限，书中很多做法和体会难免有不妥之处，敬请批评指正。

编著者
2022 年 12 月

目录

第一章 家庭农场概述 1

第一节 家庭农场的概念 1
第二节 养兔家庭农场的经营类型 3
一、单一生产型家庭农场 3
二、产加销一体型家庭农场 3
三、种养结合型家庭农场 5
四、公司主导型家庭农场 6
五、合作社(协会)主导型家庭农场 8
六、观光型家庭农场 9
第三节 当前我国家庭农场的发展现状 10
一、家庭农场主体地位不明确 10
二、农村土地流转程度低 11
三、资金缺乏问题突出 12
四、经营方式落后 12
五、经营者缺乏科学种养技术 13

第二章 家庭农场的兴办 14

第一节 兴办养兔家庭农场的基础条件 14

一、确定经营类型 14

二、确定生产规模 16

三、确定饲养工艺 19

四、资金筹措 20

五、选定场地与土地 24

六、饲养技术保障 27

七、确定人员分工 30

八、满足环保要求 31

第二节　家庭农场的认定与登记 34

一、认定条件 34

二、认定程序 35

三、注册 41

第三章│肉兔场建设与环境控制 43

第一节　场址选择 43

一、地势、地形要求 43

二、土质要求 44

三、水源要求 44

四、社会联系要求 45

五、电力供应要求 45

第二节　肉兔场规划 46

第三节　肉兔舍建筑与设施配置 48

一、肉兔舍类型 48

二、兔舍建造的要求 56

三、养肉兔设备 58

第四节　肉兔舍环境控制 79

一、温度控制 79

二、湿度控制 81

三、有害气体控制 81

四、光照控制 83

五、噪声控制 83

第四章 │ 肉兔饲养品种的确定与繁殖 85

第一节　肉兔的品种 85

一、引进肉兔品种 85

二、配套系品种 95

三、我国培育品种 104

四、地方品种 109

五、饲养品种的确定 118

第二节　繁殖管理 122

一、家兔的繁殖特性 122

二、家兔发情生理 124

三、家兔发情鉴定技术 124

四、配种技术 125

五、母兔妊娠诊断 129

六、接产技术 132

七、诱导分娩技术 133

八、提高兔群繁殖力的措施 ……………………………… 135

九、防止种兔退化的办法 …………………………………… 138

第五章 | 肉兔的饲料保障 ………………………………… 140

第一节 肉兔的营养需要 ………………………………… 140

一、能量需要 …………………………………………… 141

二、蛋白质需要 ………………………………………… 142

三、脂肪需要 …………………………………………… 142

四、粗纤维的需要 ……………………………………… 143

五、矿物质需要 ………………………………………… 143

六、维生素需要 ………………………………………… 145

七、水需要 ……………………………………………… 146

第二节 兔的消化特性 …………………………………… 147

一、胃的消化特点 ……………………………………… 147

二、对粗纤维的消化率高 ……………………………… 148

三、对粗饲料中蛋白质的消化率较高 ………………… 149

四、能耐受日粮中的高钙比例 ………………………… 149

五、消化系统的脆弱性 ………………………………… 149

第三节 肉兔的常用饲料原料 …………………………… 150

一、能量饲料 …………………………………………… 150

二、蛋白质饲料 ………………………………………… 157

三、粗饲料 ……………………………………………… 165

四、青绿多汁饲料 ……………………………………… 167

五、矿物质饲料 ………………………………………… 168

六、饲料添加剂 173

第四节　兔用饲料的选用原则 175

一、根据家兔的营养需要选用饲料 175

二、根据家兔的采食性和消化特点选用饲料 176

三、根据饲料特性选用饲料 176

第五节　兔日粮配合的原则 176

一、"因兔制宜" 176

二、充分利用当地饲料资源 177

三、日粮营养要全面 177

四、粗纤维含量要适宜 177

五、适口性要好 178

六、日粮要保持相对稳定 178

七、安全性要好 178

第六节　颗粒饲料加工技术 179

一、颗粒饲料机制作法 179

二、手工制作颗粒饲料的方法 183

第六章 │ 肉兔的饲养管理 184

第一节　肉兔的生活习性 184

一、夜行性和嗜眠性 184

二、胆小怕惊 185

三、喜干燥，恶潮湿，喜清洁 185

四、耐寒怕热 185

五、性喜穴居 185

六、性孤独，合群性差，同性好斗 ⋯⋯⋯⋯⋯⋯ 186

七、草食性和选择性 ⋯⋯⋯⋯⋯⋯⋯⋯⋯⋯⋯⋯ 186

八、啮齿性 ⋯⋯⋯⋯⋯⋯⋯⋯⋯⋯⋯⋯⋯⋯⋯⋯ 186

九、食粪性 ⋯⋯⋯⋯⋯⋯⋯⋯⋯⋯⋯⋯⋯⋯⋯⋯ 186

十、嗅觉相当发达，视觉较弱 ⋯⋯⋯⋯⋯⋯⋯⋯ 187

第二节　肉兔的生理数据 ⋯⋯⋯⋯⋯⋯⋯⋯⋯⋯ 187

一、体温范围 ⋯⋯⋯⋯⋯⋯⋯⋯⋯⋯⋯⋯⋯⋯⋯ 187

二、心率 ⋯⋯⋯⋯⋯⋯⋯⋯⋯⋯⋯⋯⋯⋯⋯⋯⋯ 187

三、呼吸频率 ⋯⋯⋯⋯⋯⋯⋯⋯⋯⋯⋯⋯⋯⋯⋯ 187

四、血压 ⋯⋯⋯⋯⋯⋯⋯⋯⋯⋯⋯⋯⋯⋯⋯⋯⋯ 187

第三节　肉兔的适宜环境温度范围 ⋯⋯⋯⋯⋯⋯ 187

第四节　肉兔各阶段的饲养管理 ⋯⋯⋯⋯⋯⋯⋯ 188

一、种公兔饲养管理 ⋯⋯⋯⋯⋯⋯⋯⋯⋯⋯⋯⋯ 188

二、种母兔饲养管理 ⋯⋯⋯⋯⋯⋯⋯⋯⋯⋯⋯⋯ 193

三、仔兔的饲养管理 ⋯⋯⋯⋯⋯⋯⋯⋯⋯⋯⋯⋯ 198

四、幼兔的饲养管理 ⋯⋯⋯⋯⋯⋯⋯⋯⋯⋯⋯⋯ 204

五、商品肉兔的饲养管理 ⋯⋯⋯⋯⋯⋯⋯⋯⋯⋯ 206

六、春季肉兔饲养管理 ⋯⋯⋯⋯⋯⋯⋯⋯⋯⋯⋯ 209

七、夏季肉兔饲养管理 ⋯⋯⋯⋯⋯⋯⋯⋯⋯⋯⋯ 212

八、秋季肉兔饲养管理 ⋯⋯⋯⋯⋯⋯⋯⋯⋯⋯⋯ 214

九、冬季肉兔饲养管理 ⋯⋯⋯⋯⋯⋯⋯⋯⋯⋯⋯ 216

第七章│肉兔的疾病防治 ⋯⋯⋯⋯⋯⋯⋯⋯⋯⋯⋯ 219

第一节　养肉兔场的生物安全管理 ⋯⋯⋯⋯⋯ 219

一、科学选址 ⋯⋯⋯⋯⋯⋯⋯⋯⋯⋯⋯⋯⋯ 220

二、安全引种 ⋯⋯⋯⋯⋯⋯⋯⋯⋯⋯⋯⋯⋯ 220

三、加强消毒，净化环境 ⋯⋯⋯⋯⋯⋯⋯⋯⋯ 220

四、搞好清洁卫生 ⋯⋯⋯⋯⋯⋯⋯⋯⋯⋯⋯ 221

五、加强饲料卫生管理 ⋯⋯⋯⋯⋯⋯⋯⋯⋯ 221

六、实施群体预防 ⋯⋯⋯⋯⋯⋯⋯⋯⋯⋯⋯ 222

七、防止应激 ⋯⋯⋯⋯⋯⋯⋯⋯⋯⋯⋯⋯⋯ 223

八、正确处理病死兔 ⋯⋯⋯⋯⋯⋯⋯⋯⋯⋯ 223

九、防鼠害和鸟害 ⋯⋯⋯⋯⋯⋯⋯⋯⋯⋯⋯ 223

十、建立各项生物安全制度 ⋯⋯⋯⋯⋯⋯⋯ 223

第二节 制定科学的免疫程序 ⋯⋯⋯⋯⋯⋯⋯ 225

一、当地疫病流行情况的确定 ⋯⋯⋯⋯⋯⋯ 225

二、进行免疫监测 ⋯⋯⋯⋯⋯⋯⋯⋯⋯⋯⋯ 225

三、紧急接种 ⋯⋯⋯⋯⋯⋯⋯⋯⋯⋯⋯⋯⋯ 226

四、免疫参考程序 ⋯⋯⋯⋯⋯⋯⋯⋯⋯⋯⋯ 227

第三节 兔场消毒 ⋯⋯⋯⋯⋯⋯⋯⋯⋯⋯⋯⋯ 228

一、消毒剂的选择 ⋯⋯⋯⋯⋯⋯⋯⋯⋯⋯⋯ 228

二、兔场消毒制度 ⋯⋯⋯⋯⋯⋯⋯⋯⋯⋯⋯ 231

三、地面的消毒 ⋯⋯⋯⋯⋯⋯⋯⋯⋯⋯⋯⋯ 232

四、空置兔舍的消毒 ⋯⋯⋯⋯⋯⋯⋯⋯⋯⋯ 232

五、设备及用具的消毒 ⋯⋯⋯⋯⋯⋯⋯⋯⋯ 233

六、带兔消毒 ⋯⋯⋯⋯⋯⋯⋯⋯⋯⋯⋯⋯⋯ 234

七、发生疫病后的消毒 ⋯⋯⋯⋯⋯⋯⋯⋯⋯ 234

第四节 常见病防治 ⋯⋯⋯⋯⋯⋯⋯⋯⋯⋯⋯ 235

一、兔的主要传染病 ⋯⋯⋯⋯⋯⋯⋯⋯⋯⋯ 235

二、寄生虫病 261

三、普通病 270

第八章 │ 兔肉加工 284

第一节 屠宰 284

一、活兔宰杀工艺流程 284

二、屠宰前准备 284

三、屠宰加工操作及注意事项 285

四、兔肉分割与整理 288

第二节 兔肉冰鲜、冷藏加工技术 288

一、兔肉的保鲜方法 289

二、兔肉的冷藏 289

第三节 肉制品加工辅助材料 292

一、调味料 292

二、香辛料 295

三、添加剂 295

第四节 兔肉制品加工 296

一、兔肉熏烤制品 296

二、兔肉罐藏制品 298

三、兔肉干制品 299

四、兔肉酱卤制品 300

五、兔肉腌腊制品 302

六、西式兔肉制品 304

第五节 兔肉制品包装 305

一、冻兔肉包装 ……………………………… 305

二、真空包装 ………………………………… 306

第六节　食品加工安全要求 …………………… 307

第九章 │ 家庭农场的经营管理 ……………… 309

第一节　采用种养结合的养殖模式是家庭农场养肉兔
　　　　的首选 ………………………………… 309

第二节　养肉兔家庭农场的风险控制要点 …………… 311

一、肉兔场的经营风险 ………………………… 311

二、控制风险对策 ……………………………… 314

第三节　肉兔养殖低谷时期应对策略 ……………… 316

一、整顿兔群 ………………………………… 316

二、精细化管理 ……………………………… 316

三、合理降成本 ……………………………… 317

四、取长补短抱团发展 ………………………… 317

五、延伸产业链，增加产品附加值 ……………… 318

第四节　做好家庭农场的成本核算 ………………… 318

一、家庭农场肉兔产品成本核算的对象 ………… 318

二、生产费用的核算 …………………………… 319

三、成本费用的核算 …………………………… 320

四、肉兔养殖产品的成本计算 ………………… 320

五、家庭农场账务处理 ………………………… 322

参考文献 ……………………………………… 328

视频目录

编号	视频说明	所在页码
视频 3-1	无窗封闭式兔舍实例	50
视频 3-2	半开放式兔舍实例	53
视频 3-3	塑料大棚养兔实例	56
视频 3-4	金属兔笼实例	61
视频 3-5	瓷砖兔笼	63
视频 3-6	瓷砖兔舍与外挂式产仔箱	63
视频 4-1	加利福尼亚兔	87
视频 4-2	比利时兔	88
视频 4-3	德国花巨兔	93
视频 4-4	哈尔滨大白兔	108
视频 4-5	正常的粪便	120
视频 4-6	母兔发情检查	125
视频 5-1	颗粒饲料的制作	179
视频 6-1	给兔子剪牙	186
视频 6-2	解决母兔拒绝哺乳的方法	198
视频 6-3	公母兔的鉴别	204
视频 6-4	给兔子接种疫苗	214
视频 7-1	养殖场常规消毒法	228
视频 7-2	带兔消毒	234
视频 7-3	口服给药	251
视频 7-4	兔疥癣病症状	265
视频 7-5	对笼具使用火焰消毒	267

第一章

家庭农场概述

第一节 家庭农场的概念

家庭农场，一个起源于欧美的舶来名词；在中国，它类似于种养大户的升级版。通常定义为：以家庭成员为主要劳动力，从事农业规模化、集约化、商品化生产经营，并以农业收入为家庭主要收入来源的新型农业经营主体。

家庭农场具有家庭经营、适度规模、市场化经营、企业化管理四个显著特征，农场主是所有者、劳动者和经营者的统一体。家庭农场是实行自主经营、自我积累、自我发展、自负盈亏和科学管理的企业化经济实体。家庭农场区别于自给自足的小农经济的根本特征，就是其以市场交换为目的，进行专业化的商品生产，而非满足自身需求。家庭农场与合作社的区别在于家庭农场可以成为合作社的成员，合作社是农业家庭经营者（可以是家庭农场主、专业大户，也可以是兼业农户）的联合。

从世界范围看，家庭农场是当今世界农业生产中最有效率、最可靠的生产经营方式之一，目前已经实现农业现代化的西方发达国家，普遍采取的都是家庭农场生产经营方式，并且在 21 世纪的今天，其重要性正在被重新发现和认识。从我国国内情况看，20 世纪 80 年代初期我国农村经济体制改革实行的家庭联产承包责任制，使我国农业生产重新采取了农户家庭生产经营这一最传统也是最有生命力的组织形式，极大地解放和发展了农业生产力。然而，家庭联产承包责任制这种"均田到户"的农地产权配置方式，形成了严重超小型、高度分散的土地经营格局，已越来越成为我国农业经济发展的障碍。在坚持和完善农村家庭承包经营制度的框架下，创新农业生产经营组织体制，推进农地适度规模经营，是加快推进农业现代化的客观需要，符合农业生产关系要调整适应农业生产力发展的客观规律要求。而家庭农场生产经营方式因其技术、制度及组织路径的便利性，成为土地集体所有制下推进农地适度规模经营的一种有效的实现形式，是家庭承包经营制的"升级版"。与西方发达国家以土地私有制为基础的家庭农场生产经营方式不同，我国的家庭农场生产经营方式是在土地集体所有制下从农村家庭承包经营方式的基础上发展而来的，因而有其自身的特点。我国的家庭农场是有中国特色的家庭农场，是土地集体所有制下推进农地适度规模经营的重要实现形式，是推进中国特色农业现代化的重要载体，也是破解"三农"问题的重要抓手。

2008 年党的十七届三中全会报告第一次将家庭农场作为农业规模经营主体之一提出。随后，2013 年中央一号文件再次提到家庭农场，一直到 2019 年，每年的中央一号文件都对家庭农场的发展给予重视。

可见，家庭农场的概念自提出以来，一直受到党中央的高度重视，为家庭农场的快速发展提供了强有力的政策支持和制度保障，具有广阔的发展前景和良好的未来。

第二节 养兔家庭农场的经营类型

一、单一生产型家庭农场

单一生产型家庭农场是指单纯以养兔为主的生产型家庭农场（见图1-1），以饲养种兔、肉兔和仔兔为核心，以出售种兔、商品肉兔和肉兔皮为主要经济来源的经营模式。

图1-1 养肉兔实例

单一生产型适合产销衔接稳定、饲草料供应稳定、养肉兔设施和养殖技术良好、周转资金充足的规模化养肉兔的家庭农场。

二、产加销一体型家庭农场

产加销一体型家庭农场是指家庭农场将本场养殖的商品肉兔产品初加工，如兔肉及其肉制品加工和肉兔皮加工后对外进行销售的经营模式（见图1-2）。即生产产品、加工产品和销售产品都由自己来做，省掉了很多中间环节，延长了肉兔生产的产业链，使利润更加集中在自己手中。

养肉兔 → 加工兔产品 → 兔产品销售

图1-2 肉兔产加销一体型家庭农场示意图

家庭农场通过开设网店、建立专卖店或在大型商超设专柜等直销方式进行销售。产加销一体型家庭农场，以市场为导向，充分尊重市场发展的客观规律。依靠农业科技、机械化、规模化、集约化、产业化等方式，延伸经营链，提高和增加家庭农场经营过程中产品的附加价值。

如四川省威远县的大学生村官小陈，自2009年考上大学生村官以后，总想帮村民找点合适的产业路子，经过一番考察，他把精力着重放在了养兔上。通过前期努力，小陈的养兔事业顺利发展起来，这时他也有了隐忧：兔价走高，养兔的人越来越多，兔价可能会下滑，甚至走向低迷，能想个什么办法来应对市场变化呢？

看到电商越来越红火，小陈开始思考，兔子能不能通过网络销售呢？各种考察之后，他觉得网上销售活兔的可能性比较小，必须将兔肉加工后再卖，可是怎么加工，他心中也没谱。一次朋友约吃饭却给了他新思路。"当时端上来一盘麻辣兔，我就眼前一亮，兔子如果加工成麻辣兔，再抽真空，不就可以在网上直销了么。"小陈说。

2013年10月，他开始尝试制作麻辣兔。除了到餐馆学习制作麻辣兔，他还在网上查找各种麻辣兔的配方，又反复实践，请朋友来免费品尝，收集意见反馈。用了七八十只兔子后，他总算制作出了让绝大多数人都交口称赞的麻辣兔。

小陈在淘宝网上注册了网店，把麻辣兔正式放在了网上销售。可是并没出现他期待的效果，麻辣兔的销量并不高。他研究发现，自己虽然做了宣传，可方法并不对路，而且价格也跟其他商家差不多，没有竞争力。此外，他没有时间提供 24 小时人工客服，错过了不少咨询……种种不利因素堆积，两个月时间他就亏了 2000 多元。

有了问题，只有挨个去应对。为了扩大宣传，小陈又建立了 QQ 群、微信公众号等，多管齐下；在价格上，小陈选择了低价赚吆喝，别人卖 60 元一斤，他就把价格定在 55 元；没时间一直守电脑，他就联合了另一家网店，销售的货品给予提成，确保了有客服随时接单、发货。

当一个个难题迎刃而解，兔子正有序"跳"上网时，小陈最初的担心也正在变成现实：从 2014 年 6 月开始，兔价直线下跌，很快从每斤 14 元跌到了六七元。其他养兔户个个心急火燎，小陈却悠然自得。

"兔贩子来收我的活兔，想压价，我不卖，我说你不要算了，我自己加工后在网上卖，利润还更高。"小陈笑着说，有时候商贩不想空手而归，只好给出比别人高几角钱的价格买他的肉兔。

网下卖活兔，网上卖麻辣兔，双管齐下。小陈的养兔数量从开始的一两百只上升到了去年的 5000 多只，而其中将近一半都从网络销售出去，合计年销售额达 20 多万元。创业成功后，他带动了本村 60 多户村民养兔，免费教技术、找销路。

此模式产业链较长，对养殖场地、品种和技术，及食品加工和兔皮加工都有较高要求，适合既有养殖能力，同时又有加工能力的经营能力较强的家庭农场采用。

三、种养结合型家庭农场

种养结合型家庭农场是指将种植业和养殖业有机结合的一种生态农业模式。即将肉兔养殖产生的粪便作为有机肥，为种植业提供有机肥来源；同时，种植业生产的作物又能够给肉兔养殖提供食源。该模式能够充分将物质和能量在动植物之间进行转换及良好的循环，既解决了肉兔养殖的环保问题，又为生产安全放心食品提供了饲料保障，做到了农业生产的良性循环。

种养结合型家庭农场的种植，既可以利用养殖肉兔的粪便种植粮食作物，也可以利用兔粪便种植非粮食作物，如种植蔬菜、果树、茶树等。主要围绕兔粪便的资源化利用，应用兔粪便沼气工程技术、兔粪便高温好氧堆肥技术、有机肥加工技术、配套设施农业生产技术、肉兔标准化生态养殖技术、特色林果种植技术，构建"兔粪便—沼气工程—燃料—沼渣、沼液—果（菜）""兔粪便—有机肥—果（菜）"产业链。

种养结合型家庭农场模式属于循环农业的范畴，可以实现农业资源的最合理和最大化利用，实现经济效益、社会效益和生态效益的统一，降低种养业的经营风险。适合既有种植技术，又有养殖技术的家庭农场采用。同时对农场主的综合素质和经营管理能力，以及农场的经济实力都有较高的要求。

四、公司主导型家庭农场

公司主导型家庭农场是指家庭农场在自主经营、自负盈亏的基础上，与当地龙头企业合作，龙头企业统一制定生产规划和生产标准，以优惠价格向家庭农场提供种苗、农业生产资料及技术服务，并以高于市场的价格回收农产品。家庭农场按照龙头企业的生产要求进行肉兔生产，产出的肉兔产品直接按合同规定的品种、时间、数量、质量和价格出售给龙头企业（见图1-3）。家庭农场利用场地和人工等优势，龙头企业利用资金、技术、信息、品牌、销售等优势，一方面减少了家庭农场的经营风险和销售成本，另一方面龙头企业解决了大量用工、大量需要养殖场地问题，减少了生产的直接投入，在合理分工的前提下，相互配合，获得各自领域的效益。

家庭农场	养兔公司
咨询、洽谈	考察、评估
申请开户、缴纳保证金	建档开户
建设养殖场、达到可使用状态	指导建设标准化养殖场
双方签订养殖合同	双方签订养殖合同
领种兔、饲料、兽药	种兔场、饲料厂、服务部备货
按照作业指导书规范养殖	提供技术指导、做好检查监督
肉兔达到上市标准交付产品	公司组织统一销售
若继续养殖签订下一批养殖合同	双方结算养兔收益

图1-3 公司主导型家庭农场模式

一般家庭农场负责提供饲养场地、肉兔舍、人工、周转资金等。龙头企业一般实行统一提供肉兔品种、统一生产标准、统一饲养标准、统一技术培训、统一饲料配方、统一市场销售等六统一。有的还实行统一供应良种、统一供应饲料、统一防病治病等。

在"公司＋农户"的养殖模式中，公司作为产业链资源的组织者、优质种源的培育者和推广者、资金技术的提供者、防病治病的服务者、产品的销售者、饲料配方的设计者，通过订单、代养、赊销、包销、托管等形式连成互利互惠的产业纽带，实现降低生产成本、降低经营风险、优化资源配置、提高经济效益的目的，有效推进肉兔产业化进程与集约化经营，实现规模养殖、健康养殖。

此模式减少了家庭农场的经营风险和销售成本，家庭农场只需专心养好肉兔，适合本地区有信誉良好的龙头企业的家庭农场采用。

五、合作社（协会）主导型家庭农场

合作社（协会）主导型家庭农场是指家庭农场自愿加入当地肉兔养殖专业合作社或肉兔养殖协会，在肉兔养殖专业合作社或肉兔养殖协会的组织、引导和带领下，进行肉兔专业化生产和产业化经营，产出的肉兔产品由肉兔养殖专业合作社或肉兔养殖协会负责统一对外销售。

一般家庭农场负责提供饲养场地、肉兔舍、人工和周转资金等，通过加入合作社获得国家的政策支持。同时，又可享受来自合作社的利益分成。肉兔养殖专业合作社或养殖协会主要承担协调和服务的功能，在组织家庭农场生产过程中实行统一提供肉兔优良品种、统一技术指导、统一饲料供应、统一饲养标准、统一产品销售等五统一。同时注册自己的商标和创立肉兔产品品牌，有的还建立肉兔养殖风险补偿资金，对因不可抗拒因素造成的损失进行补偿。有的肉兔养殖专业合作社或养殖协会还引入公司或龙头企业，实行"合作社＋公司（龙头企业）＋家庭农场"发展模式。

在美国，一个家庭农场平均要同时加入 4 ～ 5 家合作社；欧洲一些国家将家庭农场纳入了以合作社为核心的产业链系统，例如荷兰的以适度规模家庭农场为基础的"合作社一体化产业链组织模式"。在该种产业链组织模式中，家庭农场是该组织模式的基础，是农业生产的基本单位；合作社是该组织模式的核心和主导，其存在价值是全力保障社员家庭农场的经济利益；公司的作用是收购、加工和销售家庭农场所生产的农产品，以提高农产品附加值。家庭农场、合作社和公司三者组成了以股权为纽带的产业链一体化利益共同体，形成了相互支撑、相互制约、内部自律的"铁三角"关系。国外家庭农场发展的经验表明，加入合作社是家庭农场成功运营、健康快速发展的重要原因，也是确保家庭农场利益的重要保障。养殖专业合作社或养殖协会将家庭农场经营过程中涉及的畜禽养殖、屠宰加工、销售渠道、技术服务、融资保险、信息资源等方面有机地衔接，实现资源的优势整合、优化配置和利益互补，化解家庭农场小生产与大市场的矛盾，解决家庭农场标准化生产、食品安全和适度规模化问题，家庭农场能获得更强大的市场力量、更多的市场权利，降低家庭农场养殖生产的成本，增加养殖效益。

此模式适合本地区有实力较强的肉兔养殖专业合作社和养殖协会的家庭农场采用。

六、观光型家庭农场

观光型家庭农场是指家庭农场利用周围生态农业和乡村景观，在做好适度规模种养生产经营的条件下，开展各类观光旅游业务，借此销售农场的畜禽产品。

观光型家庭农场让客人了解肉兔的养殖过程，体验养兔的乐趣，同时将自己生产加工的兔肉食品和种植的瓜果、蔬菜，通过参与种养殖体验、采摘、餐饮、旅游纪念品等形式销售给游客（见图1-4、图1-5）。在园区内开设农家乐、售卖肉兔产品，为游客提供新鲜、有机、味美的兔肉佳肴，从而延伸产业链、提升综合效益。

图 1-4 家庭农场立体种植养殖实例   图 1-5 养兔亲子体验

这种集规模养兔、休闲农业和乡村旅游于一体的经营方式，既满足了消费者追求新鲜、安全、绿色、健康饮食的心理，又提高了肉兔产品的商品价值，增加了农场收益。

适合位于城郊或城市周边、交通便利、环境优美、种养殖设施完善、特色养兔和餐饮住宿条件良好的家庭农场采用。此模式对自然资源、农场规划、养殖技术、经营和营销能力、经济实力等都有较高的要求。

第三节　当前我国家庭农场的发展现状

一、家庭农场主体地位不明确

家庭农场是我国新型农业经营主体之一，家庭农场立法的缺失制约了家庭农场的培育和发展。现有的民事主体制度不能适应家庭农场培育和发展的需求，由于家庭农场在法律层面的定义不清晰，导致家庭农场登记注册制度、税收优惠、农业保险等政策及配套措施缺乏，融资及涉农贷款无法解决。家庭农场抵御自然灾害的能力差，这些都对家庭农场的发展造成很大制约。

应当明确家庭农场为新型非法人组织的民事主体地位，这是家庭农场从事规模化、集约化、商品化农业生产，参与市场活动的前提条件。家庭农场的市场主体地位的明确也为其与其他市场主体进行交易等市场活动，并与其他市场主体进行竞争打下良好的基础。

二、农村土地流转程度低

目前我国的农村土地制度尚不完善，导致很多地区农地产权不清晰，而且农村存在过剩的劳动力，他们无法彻底转移土地经营权，进一步限制土地的流转速度和规模。体现在四个方面：其一是土地的产权体系不够明确，土地具体归属于哪一级也没有具体明确的规定，制度的缺陷导致土地所有权的混乱。由于土地不能明确归属于所有者，这样造成了在土地流转过程中无法界定交易双方权益，双方应享受的权利和义务也无法合理协调，这使得土地在流转过程中出现了诸多的权益纷争，加大了土地流转难度，也对土地资源合理优化配置产生不利影响。其二是土地承包经营权权能残缺，即使我国已出台《物权法》，对土地承包经营权进行相应的制度规范，但是从目前农村土地承包经营的大环境来看，其没有体现出法律法规在现实中的作用，土地的承包经营权不能用于抵押，使得土地的物权性质表现出残缺的一面。其三农民惜地意识较强，土地流转租期普遍较短，稳定性不足，家庭农场规模难以稳定，同时土地流转不规范合理，难以获得相对稳定的集中连片土地，影响了农业投资及家庭农场的推广。其四是农民缺乏相关的法律意识，充分利用使用权并获取经济效益的愿望还不强烈，土地流转没有正式协议或合同，容易发生纠纷，土地流转后农民的权益得不到有效保障。

三、资金缺乏问题突出

家庭农场前期需要大量资金的投入，土地租赁、畜禽舍建设、养殖设备采购、种畜禽引进、农机购置等亦需大量资金。且家庭农场的运营和规模扩张亦需相当数量的资金，这对于农民来说是无形中的障碍。

目前，家庭农场资金的投入来源于家庭农场开办者人生财富的积累、亲友的借款和民间借贷。而农业经营效益低、收益慢，家庭农场又没有可供抵押的资产，使其难以从银行得到生产经营所需的贷款，即使能从银行得到贷款，也存在额度小、利息高、缺乏抵押物、授信担保难、手续繁杂等问题。这对于家庭农场前期的发展较为不利，除沿海发达地区家庭农场发展资金通过这些渠道能够凑足外，其他地区相对较困难，都不同程度地存在生产资金缺乏的问题。

四、经营方式落后

家庭农场是对现有单一、分散农业经营模式的突破和推进，农民必须从原有的家长式的传统小农经营意识中解脱出来，建立现代化经营理念。要运用价格、成本、利润等经济杠杆进行投入、产出及效益等经济核算。

家庭农场的经营方式落后表现在缺乏长远规划，不懂得适度规模经营和未掌握市场运行规律，不能实时掌握市场信息，对市场不敏感，接受新技术和新的经营理念慢，没有自己的特色和优势产品等等。如多数家庭农场都是看见别人养殖或种植什么挣钱了，也跟着种植或养殖，盲目跟风就会打破市场供求均衡，进而导致家庭农场的亏损。

家庭农场作为一个组织，其管理者除了需要农产品生产技能，更加需要有一定的管理技能，需要有进行产品生产决策的能力和市场开拓的技能。逐步由传统式的组织方式向现代企业式家庭农场转化。

五、经营者缺乏科学种养技术

家庭农场劳动者是典型的职业农民。作为家庭农场的组织管理者，除了需要掌握农产品生产技能，更需要有一定的管理技能，需要有进行产品生产决策的能力，需要与其他市场主体进行谈判的技能，需要市场开拓的技能。即使现行"家庭农场＋龙头企业"或"家庭农场＋合作社"模式对家庭农场的组织能力要求较低，但是也需要掌握科学的种养技术和一定的销售能力。同时，由于采用这种模式家庭农场生产环节的利润相对较低，家庭农场要取得更大的经济效益就不是单纯的"养（种）得好"的问题。家庭农场未来将依赖于附加值增加，而附加值的增加需要技术的改良和技术的应用，更需专业的种养技术。

而目前许多年轻人，特别是文化程度较高的人不愿意从业农业生产。多数家庭农场经营者学历以高中或以下为多，最新的科技成果也无法在农村得到及时推广，这些现实情况影响和制约了家庭农场决策能力和市场拓展能力的发展，成为我国家庭农场发展面临的严峻挑战。

第二章

家庭农场的兴办

第一节 兴办养兔家庭农场的基础条件

做任何事情都要具备一定的条件，只有具备了充分且必要的条件以后再行动，这样成功的概率就大一些。否则，如果准备不充分，甚至连最基础的条件都不具备就盲目上马，极容易导致失败。家庭农场的兴办也是如此，家庭农场的成员要事先对兴办所需的条件和自身实力进行充分的考察、咨询、分析和论证，找出自身的优势和劣势，对兴办家庭农场都需要具备哪些条件，已经具备的条件和不具备的条件有哪些，有一个准确、客观、全面的评估和判断，最终确定是否适合兴办，以及兴办哪一类家庭农场。下面所列的八个方面，是兴办家庭农场前就要确定的基础条件。

一、确定经营类型

兴办家庭农场首先要确定经营的类型，目前我国家庭农场的经营类型有单一生产型家庭农场、产加销一体型家庭农场、种养结合型家庭农场、公司主导型家庭农场、合作社（协会）主导型家庭农场和观光型家庭农场六种类型。这六种类型各有其适应的条件，家庭农场在兴办前要根据所处地区的自然资源、兔场种植养殖能力、加工销售能力和经济实力等综合确定兴办哪一类型的家庭农场。

如果家庭农场所处地区只有适合养殖用的场地，没有种植用场地，能够做好粪污无害化处理，同时饲料保障和销售渠道稳定，交通又相对便利，可以兴办单一生产型家庭农场；如果家庭农场既有养殖能力，同时又有将兔肉加工成特色食品的技术能力和条件，如加工成礼盒（腊兔肉）、冷鲜（冻）系列、烤兔排、手撕兔肉、盐焗兔肉（卤或酱）、兔腿、泡椒兔肉和肉串等，并有销售能力，可以考虑兴办产加销一体型家庭农场，通过将兔肉直接加工成食品后销售，延伸产业链，提高和增加家庭农场经营过程中的附加价值。

种养结合型家庭农场是非常有前途的一种模式，将种植业和养殖业有机结合，走循环农业、生态农业的良性发展之路。可以实现农业资源的最合理和最大化利用，实现经济效益、社会效益和生态效益的统一，降低种养业的经营风险。如果家庭农场所在地既有适合养殖用的场地，又有种植用场地，又恰好该地区畜禽污染处理环保压力大，可以重点考虑这种模式。特别是以生产无公害食品、绿色食品和有机食品为主的家庭农场更适合此模式，由于种植环节可以按照生产无公害食品、绿色食品和有机食品所需饲料原料的要求组织生产和加工，肉兔养殖环节按照无公害食品、绿色食品和有机食品饲养要求去做，做到整个养殖环节安全可控，是比较理想的生产方式。

对于有养殖所需的场地，能自行建设规模化肉兔场，又具有养殖技术，还具备规模化肉兔养殖条件的，如果自有周转资金有限，而所在地区又有大型龙头企业，可以兴办公司主导型家庭农场。与大型公司合作养肉兔，既减少了家庭农场的经营风险和销售成本，又解决了龙头企业大量用工、大量用养殖场地问题，也减少了生产的直接投入。

如果所在地没有大型龙头企业，而当地的肉兔养殖专业合作社或肉兔养殖协会又办得比较好，可以兴办合作社（协会）主导型家庭农场。如果农场主具有一定的工作能力，也可以带头成立肉兔养殖专业合作社或肉兔养殖协会，带领其他养殖场（户）共同养肉兔致富。

如果要兴办家庭农场的地方是城郊或在城市的周边，交通便利，同时有山有水，环境优美，有适合生态养殖的设施条件，以及绿色食品种植场地的，兴办者又有资金实力、养殖技术和营销能力，可以兴办以围绕肉兔生态养殖和绿色蔬菜瓜果种植为核心的，融采摘、餐饮、旅游观光为一体的观光型家庭农场。

需要注意的是，以上介绍的只是目前常见的养殖类家庭农场经营的几种类型。在家庭农场实际经营过程中还有很多好的做法值得我们学习和借鉴，而且以后还会有许多创新和发展。

小贴士：

没有哪一种经营模式是最好的，适合自己的就是最好的经营模式。家庭农场在确定采用哪种经营类型的时候应坚持因地制宜的原则，应选择能充分发挥自身优势和利用地域资源优势的经营模式，少走弯路。

二、确定生产规模

确定养肉兔家庭农场的生产规模应坚持适度规模的原则。

适度规模经营来源于规模经济，指的是在既有条件下，适度扩大生产经营单位的规模，使畜禽养殖规模、土地耕种规模、资本、劳动力等生产要素配置趋向合理，以达到最佳经营效益的活动。

对家庭农场来讲，到底多大的养殖规模和多大的土地面积算适度规模经营？这要根据家庭农场的要素投入、养殖和种植技术、家庭农场经营类型、经济效益、家庭农场所处地区情况综合确定。主要考虑的因素有家庭农场类型、资金、当地自然条件、气候、经济社会发展进度、技术推广应用、机械化和设施化水平、劳动力状况、社会化服务水平等因素，还要受到家庭农场经营者主观上对机会成本的考量、家庭农场经营者的经营意愿（能力）的影响，还受到当地农村劳动力转移速度与数量、土地流转速度与数量、乡村内生环境、农民文化程度、农业保险市场以及信贷市场等外部制度性因素的约束。

确定肉兔场的饲养规模，应遵循以下三个原则：一是平衡原则。使饲料供给量与肉兔群饲养量相平衡，避免料多肉兔少或肉兔多料少两种情况发生。具体地说是使各个月份供应的饲料种类、饲料数量与各月份的肉兔群结构及饲料需要量相平衡，避免出现季节性饲料不足的现象；二是充分利用原则。使各种生产要素都要合理地加以利用。在满足肉兔生产合理需要的前提下，以肉兔舍、资金、劳力等生产要素的最少的耗费，来获得最大的经济效益，即最大限度地利用现有的生产条件；三是以销定产原则。生产的目标应与销售的目标相一致，生产计划应为销售计划服务，坚持以销定产，避免以产定销。要以盈利为目标，以销售额为结果，以生产为手段，合理安排各个阶段的规模和任务。

如单一型家庭农场，只涉及肉兔养殖，不涉及种植，只考虑养殖规模即可。而种养结合型家庭农场，除了考虑养殖规模，还要考虑与之配套的饲草料种植的规模。养殖类家庭农场，以目前的三口之家所能承受的工作量为标准，结合养殖品种的规模来确定家庭农场的适度规模即可。而实行种养结合的家庭农场，需要以家庭农场能承受的种植和养殖两方面的规模来通盘考虑。确定与养殖规模相配套的种植规模时，应根据养殖所需消耗饲料的数量、土地种植作物产量、机械化程度等确定种植的土地面积。

对于小规模的养肉兔家庭农场，养肉兔条件较好的，年存栏基础母兔应不超过200只，中型兔场年存栏基础母兔以200～1000只规模为宜。这样的肉兔养殖规模，在劳动力方面，家庭农场可利用自家劳动力，不会因为增加劳动力而提高肉兔养殖成本；在饲料方面，可以自己批量购买饲料原料、自己配制饲料，从而节约饲料成本；在饲养管理方面，饲养户可以通过参加短期培训班或自学各种肉兔养殖知识，灵活地采用科学化的饲养管理模式，从而提高肉兔养殖水平，缩短饲养周期，提高肉兔养殖的总体效益。同时还可以采取"滚雪球"的办法，由小到大逐步发展。

👤 小贴士：

经济学理论告诉我们：规模才能产生效益，规模越大效益越大，但规模达到一个临界点后其效益随着规模增大呈反方向下降。这就要求找到规模的具体临界点，而这个临界点就是适度规模。适度规模经营是指在一定的适合的环境和适合的社会经济条件下，各生产要素（土地、劳动力、资金、设备、经营管理、信息等）的最优组合和有效运行，取得最佳的经济效益。在不同的生产力发展水平下，养殖规模经营的适应值不同，一定的规模经营产生一定的规模效益。

三、确定饲养工艺

一定要做到"全进全出"

家庭农场养肉兔首先要确定饲养工艺流程，因为饲养工艺流程决定兔场的规划布局，以及设施建设等问题。

我国兔场大多采用自繁自养的模式，种兔生产和商品兔生产同时进行。生产中通常按照繁殖过程确定生产工艺。包括母兔配种、妊娠、分娩、仔兔哺乳和商品兔生产等几个阶段（见图2-1）。这样兔群可分为种公兔群、繁殖母兔群、幼兔群、后备兔群和商品兔群。其中繁殖母兔群包括待配母兔、妊娠母兔、哺育母兔和后备母兔。

图2-1　肉兔生产工艺流程

根据这些分类，兔场可建设种兔舍、繁殖兔舍、育成兔舍。种公兔和种母兔可饲养在同一幢种兔舍，也可分舍饲养。

种母兔配种前进入繁殖兔舍，采用自由交配或人工授精方式繁殖，直至仔兔断奶。仔兔断奶后一段时间，进入育成兔舍，经性能测定，一部分成为后备兔，回到种兔舍；另一部分作商品生产。不同兔舍其兔笼位的大小不一。

现代化养肉兔要求采用分段饲养"全进全出"的饲养工艺流程来组织日常生产，即在同一时间将同处于同一生长发育或繁殖阶段的肉兔群全部移进或移出某一栏舍。就是根据肉兔的不同生理阶段，采用工业流水生产线的方式，将处于同一生理阶段的肉兔放在同一个类型的肉兔舍，并给予符合该生长阶段的营养和管理方法。"全进全出"的饲养工艺流程不但可以有效地、有计划地组织生产，而且可以充分利用养殖技术和养肉兔设备，提高生产效率和肉兔舍利用率，在减少疾病的相互传播、提高肉兔群的健康水平以及设备的保养维修方面具有重要的现实意义。

根据以上饲养工艺流程，肉兔场要结合自身规模、资金实力和技术实力，确定建设的兔舍类型、附属配套设施，以及各舍、区之间规划布局。

👤 **小贴士：**

生产工艺的合理性决定了生产效率和经济效益，是兔场建设的设计依据。

饲养工艺流程决定肉兔场要怎样建设、建设哪些设施、设施怎样布局等。确定了饲养工艺流程，就确定了要建设哪类肉兔舍、建设哪些附属设施、肉兔舍和附属设施多大面积、肉兔舍和附属设施如何布局等具体建设事宜。

四、资金筹措

家庭农场养肉兔需要的资金很多，这一点投资兴办者在兴办前一定要有心理准备。养肉兔场地的购买或租赁、肉兔舍建筑及配套设施建设、购置养肉兔设备、购买种兔、购买饲料、防疫费用、人员工资、水费、电费等费用，都需要大量的资金作保障。

从肉兔场的兴办进度上看，在肉兔场前期建设至正式投产运行，直到能对外出售商品肉兔这段时间，都是资金的净投入阶段。需要持续不断地投入饲料费、人工费、水电费、药品防疫费等费用，是在肉兔场实现盈利前这一段时间必须准备的资金。

中国有句谚语，"家财万贯，带毛的不算"。说的是即使你饲养的家禽家畜再多，一夜之间也可能会全死光。其中折射出人们对养殖业风险控制的担忧。如果肉兔场经营过程中出现不可预料的、无法控制的风险，应对的最有效办法就是继续投入大量的资金。如肉兔场内部出现管理差或者暴发大规模疫情，肉兔场的支出会增加得更多。或者外部肉兔皮市场出现大幅波动，肉兔皮价大跌，养兔行业整体处于亏损状态时，还要有充足的资金能够度过价格低谷期。这些资金都要提前准备好，现用现筹集不一定来得及。此时如果没有足够的资金支持，肉兔场将难以经营下去。

所以，为了保证兔场资金不影响运营，必须保证资金充足。

1. 自有资金

在投资建场前自己就有充足的资金这是首选。俗话说：谁有也不如自己有。自有资金用来养肉兔也是最稳妥的方式，这就要求投资者做好肉兔场的整体建设规划和预算，然后按照总预算额加上一定比例的风险资金，足额准备好兴办资金，并做到专款专用。资金不充足哪怕不建设，也不能因缺资金导致半途而废。对于以前没有养肉兔经验或者刚刚进入养肉兔行业的投资者来说，最好采用"滚雪球"的方式适度规模发展。切不可贪大求洋，导致规模比能力大，最终驾驭不了肉兔场的经营。

2. 亲戚朋友借款

需要在建场前落实具体数额，并签订借款协议，约定还款时间和还款方式。因为是亲戚朋友，感情的因素起重要作用，是一种帮助性质的借款，但要以保证借款的本金安全为主，借款利息以低于银行贷款的利息为宜，可以约定如果肉兔场盈利了，适当提高利息数额，并尽量多付一些。如果经营不善，以还本为主，还款时间也要适当延长，这样是比较合理的借款方式。这里需要注意的是，根据笔者掌握的情况，肉兔场要远离高利贷，因为这种民间借贷方式不适合养殖业，风险太大。特别是经营能力差的肉兔场无论何时都不宜通过借高利贷经营肉兔场。

3. 银行贷款

尽管银行贷款的利息较低，但对养肉兔场来说却是最难的借款方式，因为养肉兔场具有许多先天的限制条件。从肉兔场资产的形成来看，肉兔场本身投资很大，但却没有可以抵押的东西，比如肉兔场用地多属于承包租赁，肉兔舍建筑无法取得房屋产权证，不像商品房，能够做抵押。于是出现在农村投资百万建个肉兔场，却不能用来抵押的现象。而且许多中小养肉兔场本身的财务制度也不规范，还停留在以前小作坊的经营方式上，资金结算多是通过现金直接进行的。而银行要借钱给肉兔场，要掌握肉兔场的现金流、物流和信息流，同时银行还要了解肉兔场法定代表人的还款能力以及其家族的背景，才会借钱给你。而肉兔场这种经营方式很难满足银行的要求，信息不对称，在银行就借不到钱。所以，肉兔场的经营管理必须规范有序，诚信经营，适度规模养殖。还要使资金流、物流、信息流对称。可见，良好的管理既是肉兔场经营管理的需要，也是肉兔场良性发展的基础条件。

4.P2P 网贷

P2P 网贷即网络借贷，是指个体和个体之间通过互联网平台实现的直接借贷。它是互联网金融（ITFIN）行业中的子类。网贷平台数量近两年在国内迅速增长。

2017 年中央一号文件继续聚焦农业领域，支持农村互联网金融的发展，提出了鼓励金融机构利用互联网技术，为农业经营主体提供小额存贷款、支付结算和保险等金融服务。同时，由于农业强烈的刚需属性又保证了其必要性，农产品价格虽有浮动但波动不大，农产品一定的周期性又赋予了其稳定长线投资的特点，生态农业、农村金融已经成为中国农业发展的新蓝海。

5. 公司 + 农户

公司 + 农户是指规模养肉兔场与实力雄厚的公司合作，由大公司提供种兔、饲料、兽药及技术服务保障，规模肉兔场提供场地和人工，公司回收商品肉兔。这种方式可以有效地解决规模肉兔场有场地无资金和销售能力弱的问题，风险较小，收入不高但较稳定。

小贴士：

无论采用何种筹集资金的方式，兔场的前期建设资金还是需要投资者自己准备好。在决定采用借外力实现养兔赚钱的时候，要事先有预案，选择最经济的借款方式，还要保证这些方式能够实现，要留有伸缩空间，绝不能落空。这就需要兔场投资者具备广泛的社会关系和超强的兔场经营管理能力，能够熟练应用各种营销手段。

五、选定场地与土地

养肉兔需要建设各类肉兔舍、饲料储存和加工用房、人员办公和生活用房、消毒间、水房、锅炉房等生产和生活用房，以及废弃物无害化处理场所和场区道路等。如果是实行生态化养殖的肉兔场，还需要有与之相配套的粪便合理利用场地。实行种养结合的肉兔场，还需要种植本场所需饲草料的农地等等，这些都需要占用一定的土地作为保障。养肉兔场用地也是投资兴办肉兔场必备的条件之一。

原国土资源部制定的《全国土地分类》和《关于养殖占地如何处理的请示》规定：养殖用地属于农业用地，其上建造养殖用房不属于改变土地用途的行为，占用基本农田以外的耕地从事养殖业不再按照建设用地或者临时用地进行审批。应当充分尊重土地承包人的生产经营自主权，只要不破坏耕地的耕作层，不破坏耕种植条件，土地承包人可以自主决定将耕地用于养殖业。

原国土资源部、原农业部联合下发的国土资发 [2007] 220号《关于促进规模化畜禽养殖有关用地政策的通知》规定：要求各地在土地整理和新农村建设中，可以充分考虑规模化畜禽养殖的需要，预留用地空间，提供用地条件。任何地方不得以新农村建设或整治环境为由禁止或限制规模化畜禽养殖："本农村集体经济组织、农民和畜牧业合作经济组织按照乡（镇）土地利用总体规划，兴办规模化畜禽养殖所需用地按农用地管理，作为农业生产结构调整用地，不需办理农用地转用审批手续。"其他企业和个人兴办或与农村集体经济组织、农民和畜牧业合作经济组织联合兴办规模化畜禽养殖所需用地，实行分类管理。畜禽舍等生产设施及绿化隔离带用地，按照农用地管理，不需办理农用地转用审批手续；管理和生活用房、疫病防控设施、饲料储藏用房、硬化道路等附属设施，属于永久性建（构）筑物，其用地比照农村集体建设用地管理，需依法办理农用地转用审批手续。

　　尽管国家有关部门的政策非常明确地支持养殖用地需要。但是，根据国家有关规定，规模化养兔场必须先经过用地申请，符合乡（镇）土地利用总规划，办理租用或征用手续，还要取得环境评价报告书和动物防疫合格证（见图 2-2）等。如今畜禽养殖的环保压力巨大，全国各地都划定了禁养区和限养区，选一块合适的养肉兔场地并不容易。

图 2-2　动物防疫条件合格证

　　因此，在肉兔场用地上要做到以下三点：

1. 面积与养肉兔规模配套

　　规模化养肉兔场需要占用的养殖场地较大，在建场规划时既要满足当前养殖用地的需要，同时还要为以后的发展留有可拓展的空间。如果肉兔场实行生态养肉兔或者种养结合模式养肉兔，除了以上所需用地以外，还需要绿色食品种植场地或者饲料、饲草种植用地。在资金条件允许的情况下，要尽可能多地预留一些土地。饲草饲料用地面积要根据饲养肉兔的数量和饲草饲料地的亩产量综合确定。

2. 自然资源合理

为了减少养殖成本，肉兔场要实施以利用当地自然资源为主的策略。自然资源合理主要是指当地的饲料主要原料如玉米、小麦、豆粕等要丰富，尽量避免主要原料经过长途运输，增加饲料成本，从而增加了养肉兔成本。尤其是实行生态养殖和种养结合的肉兔场，对当地自然资源的依赖程度更高，可以说，肉兔场所在地如果没有可利用的自然资源，就不能投资兴办生态养殖的肉兔场。

3. 可长期使用

投资兴办者一定要在所有用地手续齐全后方可动工兴建，以保证肉兔场长期稳定地运行，切不可轻率上马。否则，肉兔场的发展将面临诸多麻烦事。

小贴士：

家庭农场在投资兴办前要做好肉兔场用地的规划、考察和确权工作。为了减少土地纠纷，肉兔场要与土地的所有者、承包者当面确认所属地块边界，查看土地承包合同及土地承包经营权证（见图2-3）、林权证书（见图2-4）等相关手续，与所在地村民委员会、乡镇土地管理所、林业站等有关土地、林地主管部门和组织确认手续的合法性，在权属明晰、合法有效的前提下，提前办理好土地和林地租赁、土地流转等一切手续，保证肉兔场建设的顺利进行。

图2-3 土地承包经营权证　　　图2-4 林权证

六、饲养技术保障

养肉兔是一门技术，是一门学问，科学技术是第一生产力。想要养得好，靠养肉兔发家致富，不掌握养殖技术，没有丰富的养殖经验是断然不行的。可以说科学的养殖技术是养肉兔成功的保障。

1. 掌握技术的必要性

工欲善其事，必先利其器。干什么事情都需要掌握一定的方法和技术，掌握技术可以提高工作效率，使我们少走弯路或者不走弯路，养兔也是如此。

养兔需要很多专业的技术，绝不是盖个兔舍、喂点饲料、给点水，保证兔不被风吹雨淋、饿不着、渴不着那么简单。

肉兔饿不着，是肉兔饲养管理的最低要求，而满足不同肉兔的营养需要才是最终目的。饲料配制上应根据肉兔的品种与不同生长阶段的营养需要，配制相应的全价配合饲料，以满足肉兔的营养需要。其中有很高的技术含量，如果供应的配合饲料与实际要求的营养需要不符，肉兔的生产就会受到严重影响，肉兔因营养不足或营养过剩均会导致不发情、仔兔和育成兔的生长缓慢等。不同的季节也需要对饲料进行调整，如夏季温度高时兔的采食量下降，此时需要调整饲料的浓度，以满足兔的营养需要。

可见，养兔技术对兔场正常运营的重要性，以及兔场掌握养殖技术的必要性不言而喻。

2. 需要掌握哪些技术?

规模养兔需要掌握的技术很多，建场规划选址、兔舍及附属设施设计建设、品种选择、饲料配制、兔群饲养管理、繁殖、环境控制、防病治病、废弃物无害化处理、营销等养兔的各个方面，都离不开技术的支撑，还要根据办场的进度逐步运用。如在兔场选址规划时，要掌握兔场选址的要求、各类兔舍及附属设施的规划布局。在正式开工建设时，要用到兔舍样式结构及建筑材料的选择，养殖设备的类型、样式、配备数量、安装要求等技术。兔舍建设好以后，就要涉及肉兔品种选择、种兔的引进方式、种肉兔的挑选、饲料配制等技术。种肉兔引进场以后，要涉及隔离观察饲养、疾病预防、药物保健、饲料营养、日常消毒等技术。经过一段时间的隔离观察，确认引进的种肉兔无病后，正式转入种兔舍进行饲养，公兔与母兔要分栏并饲喂不同的饲料，进行饲养管理。接下来就涉及种兔繁育技术了，包括发情鉴定、配种管理、人工授精、妊娠管理、营养调控、疾病预防、环境控制等一系列技术，母兔分娩以后，要对母兔和仔兔分别进行管理，母兔管理包括产科疾病预防、泌乳管理、营养调控等，仔兔管理包括吃初乳、寄养、防吊奶、温度控制、疾病预防等技术。仔兔断奶以后，种母兔要进入母兔舍，进入下一个繁殖周期，饲养管理包括发情鉴定、配种、妊娠、分娩、哺乳等。断奶仔兔则进入幼兔阶段，饲养管理包括过好断奶关、合理分群、温度调控、疾病预防等。在 3 月龄以后进入商品兔饲养阶段，饲养管理包括合理分群、单笼饲养、日粮过渡、公兔去势、控制光照、疾病预防、环境调控、适时出栏等。

由于篇幅限制，这里只是泛泛地介绍了一下养肉兔涉及的技术，其中每个阶段还包含很多技术没有展开介绍，如废弃物无害化处理、沼气生产、兔场数据管理等等技术，也都需要肉兔场的经营管理人员掌握和熟练运用。

3. 技术从哪里来？

一是聘用懂技术会管理的专业人员。很多肉兔场的投资人都是养肉兔的外行，对如何养肉兔一知半解，如果单纯依靠自己的能力很难胜任规模肉兔场的管理工作，需要借助外力来实现肉兔场的高效管理。因此，雇用懂技术会管理的专业人才是首选，雇用的人员要求最好是畜牧兽医专业毕业，有丰富的规模肉兔场实际管理经验，吃苦耐劳，以场为家，具有奉献精神。

二是聘请有关科技人员做顾问。如果不能聘用到合适的专业技术人员，同时本场的饲养员有一定的饲养经验和执行力，可以聘请农业院校、农科院、各级兽医防疫部门权威专家做顾问，请他们定期进场查找问题、指导生产、解决生产难题等。

三是使用免费资源。如今各大饲料公司和兽药生产企业都有负责售后技术服务的人员，这些人员中有很多人的养殖技术比较全面，特别是疾病的治疗技术较好，遇到弄不懂或不明白的问题可以及时向这些人请教。可以同他们建立联系，遇到问题及时通过电话、电子邮件、微信、登门等方式向他们求教。必要的时候可以请他们来场现场指导，请他们做示范，同时给全场的养殖人员上课，传授饲养管理方面的知识。

四是技术培训。技术培训的方式很多，如建立学习制度，购买养肉兔方面的书籍，养肉兔方面的书籍很多，可以根据本场员工的技术水平，选择相应的养肉兔技术书籍来学习。采用互联网学习和交流也是技术培训的好方法。互联网的普及极大地方便了人们获取信息和知识，人们可以通过网络便捷地进行学习和交流，及时掌握养肉兔动态。互联网上涉及养肉兔内容的网站很多，养肉兔方面的新闻发布得也比较及时，但涉及养殖知识的原创内容不是很多，多数都是摘录或转载报纸和刊物的内容，内容重复率很高，学习时可以选择中国畜牧业学会、中国畜牧兽医学会等权威机构或学会的网站。还可以让技术人员多参加有关的知识讲座和有关会议，扩大视野，交流养殖心得，掌握前沿的养殖方法和经营管理理念。

小贴士：

现代规模养兔生产的发展，将是以应用现代养肉兔生产技术、设施设备、管理为基础，由专业化、职员化员工参与的规模化、标准化、高水平、高效率的养肉兔生产方式。

七、确定人员分工

家庭农场是以家庭成员为主要劳动力，这就决定了家庭农场的所有养兔工作都要以家庭成员为主来完成。通常家庭成员有 3 人，即父母和一名子女，家庭农场养兔要根据家庭成员的个人特点进行科学合理的分工。

一般父母的文化水平较子女低，接受新技术能力也相对较低，但他们平时在家里多饲养一些鸡、鸭、鹅、猪等，已经习惯了畜禽养殖和农活，一般对畜禽饲养都积累了一些经验，有责任心，对兔有爱心和耐心，可承担兔场的体力工作及饲养工作。子女一般都受过初中以上教育，有的还受过中等以上职业教育，文化水平较高，接受能力强，对外界了解较多，可承担兔场的技术工作。但子女有年轻浮躁、耐力不足，特别对脏、苦、累的养殖工作不感兴趣的问题，需要家长加以引导。

养兔场的工作分工为：父亲负责饲料保障，包括饲料的采购运输和饲料加工、粪污处理、对外联络等；母亲负责种兔饲养管理工作，包括母兔分娩、哺乳仔兔护理，还可以承担兔舍环境控制等；子女以负责技术工作为主，包括饲料配制、配种、消毒、防疫、电脑操作和网络销售等。

对于规模较大的家庭农场养兔场，仅依靠家庭成员已经完成不了所有工作的，哪一方面工作任务重，就雇用哪一方面的人，来协助家庭成员完成养兔工作。如雇用一名饲养员或者技术员。也可以将饲料保障、防疫、配种、粪污处理等工作交由专业公司去做，让家庭成员把主要精力放在饲养管理和兔场经营上。

小贴士：

养兔家庭农场是一个经济实体，需要有管理技术的支持，各种经营决策、日常管理、人员管理、营销管理等都是对管理技术水平的考验，管理技术的高低是养兔成败的关键。

家庭农场养兔主要涉及兔品种选择、日常饲养管理技术、配种技术、饲料配制技术、兔病防治技术等一系列技术。这些技术哪一项都不能少，必须全面掌握。

八、满足环保要求

兔场涉及的环保问题，主要是兔场粪污是否对兔场周围环境造成影响的问题。随着养殖总量不断上升，环境承载压力增大，畜禽养殖污染问题日益凸显。

1. 选址要符合环保要求

规模化养兔场环保问题是建场规划时首先要解决好的问题。兔场选址要符合所在地区畜牧业发展规划、畜禽养殖污染防治规划，满足动物防疫条件，并进行环境影响评价。《畜禽规模养殖污染防治条例》第十一条规定：禁止在饮用水水源保护区，风景名胜区；自然保护区的核心区和缓冲区；城镇居民区、文化教育科学研究区等人口集中区域；法律、法规规定的其他禁止养殖区域等区域内建设畜禽养殖场、养殖小区。第十二条规定：新建、改建、扩建畜禽养殖场、养殖小区，应当符合畜牧业发展规划、畜禽养殖污染防治规划，满足动物防疫条件，并进行环境影响评价。对环境可能造成重大影响的大型畜禽养殖场、养殖小区，应当编制环境影响报告书；其他畜禽养殖场、养殖小区应当填报环境影响登记表。大型畜禽养殖场、养殖小区的管理目录，由国务院环境保护主管部门商国务院农牧主管部门确定。除了以上的规定，考虑到以后兔场的发展，还要尽可能地避开限养区。

2. 完善配套的环保设施

选址完成后，兔场还要设计好生产工艺流程，确定适合本兔场的粪污处理模式。目前，规模化兔场粪污处理的模式主要有"三分离一净化"、生产有机肥料、微生物发酵床、沼气工程和"种养结合、农牧循环"五种模式。

"三分离一净化"模式。"三分离"即"雨污分离、干湿分离、固液分离"，"一净化"即"污水生物净化、达标排放"。一是在畜禽舍与贮粪池之间设置排污管道排放污液，畜禽舍四周设置明沟排放雨水，实行"雨污分离"；二是兔场干清粪清理至圈外干粪贮粪池，实行"干湿分离"，然后再集中收集到防渗、防漏、防溢、防雨的贮粪场，或堆积发酵后直接用于农田施肥，或出售给有机肥厂；三是使用固液分离机和格栅、筛网等机械、物理的方法，实行"固液分离"，减轻污水处理压力；四是污水通过沉淀、过滤，将有形物质再次分离，然后通过污水处理设备，进行高效生化处理，尾水再进入生态塘净化后，达标排放。这种模式是控制粪污总量，实现粪污"减量化"最有效、最经济的方法，适用于中小规模养殖户。

专家认为，基于我国畜禽养殖小规模、大群体与工厂化养殖并存的特点，坚持能源化利用和肥料化利用相结合，以肥料化利用为基础、能源化利用为补充，同步推进畜禽养殖废弃物资源化利用，是解决畜禽养殖污染问题的根本途径。

总之，兔场要按照《畜禽规模养殖污染防治条例》《环保法》、"水十条"等法规的要求，在兔场建设时严格执行环保"三同时"制度（防治环境污染和生态破坏的设施，必须与主体工程同时设计、同时施工、同时投产使用的制度，简称"三同时"制度）。

3. 保障环保设施良好运行的机制

兔场在生产中要保障粪污处理设施的良好运行，除了制定严格的生产制度和落实责任制外，还要在兽药和饲料及饲料添加剂的使用上做好工作。如在生产过程中不滥用兽药和添加剂，有效控制微量元素添加剂的使用量，严格禁止使用对人体有害的兽药和添加剂，提倡使用益生素、酶制剂、天然中草药等。严格执行兽药和添加剂停药期的规定。使用高效、低毒、广谱的消毒药物，尽可能少用或不用对环境易造成污染的消毒药物，如强酸、强碱等。在配制饲料时要综合考虑兔的生产性能、环境污染和资源利用情况，采用"理想蛋白质模式"平衡饲料中的各种营养成分，有效地提高饲料转化率，减少粪便中氮的排出量，以实现养殖过程清洁化、粪污处理资源化、产品利用生态化的总要求。

小贴士：

　　家庭农场养兔在环境保护方面，要按照畜禽养殖有关环保方面的规定，进行选址、规划、建设和生产运行，做到兔场的生产不对周围环境造成污染，同时也不受到周围环境污染的侵害和威胁。只有这样，兔场才能够得以建设和长期发展，而不符合环保要求的兔场是没有生存空间的。

第二节　家庭农场的认定与登记

　　目前，我国家庭农场的认定与登记尚没有统一的标准，均是按照原农业部《关于促进家庭农场发展的指导意见》（农经发 [2014]1 号）的要求，由各省、自治区、直辖市及所属地区自行出台相应的登记管理办法。因此，兴办家庭农场前，要充分了解所在省及地区的家庭农场认定条件。

一、认定条件

　　申请家庭农场认定，各省、地区对具备条件的要求大体相同，如必须是农业户口、以家庭成员为主要劳动力、依法获得的土地、适度规模、生产经营活动有完整的财务收支核算等条件。但是，因各省地域条件及经济发展状况的差异，认定的条件也略有不同，家庭农场需要咨询当地有关部门。

二、认定程序

各省对家庭农场认定的一般程序基本一致，须经过申报、初审、审核、评审、公示、颁证和备案等七个步骤（见图2-5）。

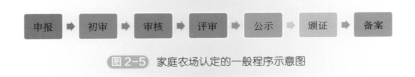

图2-5 家庭农场认定的一般程序示意图

1. 申报

农户向所在乡镇人民政府（街道办事处）提出家庭农场认定申请，并提供以下材料原件和复印件。

（1）认定申请书；

附：家庭农场认定申请书（仅供参考）

申 请

县农业农村局：

我叫×××，家住××镇××村×组，家有×口人，有劳动能力×人，全家人一直以肉兔养殖为主，取得了很可观的经济收入。同时也掌握了科学养肉兔的技术和积累了丰富的肉兔场经营管理经验。

我本人现有兔舍×栋，面积×××平方米，年出栏商品肉兔××××只。肉兔场用地×××亩（其中自有承包村集体土地××亩，流转期限在10年的土地××亩），具有正规合法的《农村土地承包经营权证》、和《农村土地承包经营权流转合同》等经营土地证明。用于种植的土地相对集中连片，土壤肥沃，适宜于种植有机饲料原料，生产的有机饲料原料可满足本场肉兔的生产需要。因此我决定申办养肉兔家庭农场，扩大生产规模，并对周边其他养兔户起示范带动作用。

此致

敬礼

申请人：××20××年××月××日

（2）申请人身份证；

（3）农户基本情况（从业人员情况、生产类别、规模、技术装备、经营情况等）；

附：家庭农场认定申请表（仅供参考）

家庭农场认定申请表

填报日期：　年　月　日

申请人姓名		详细地址			
性别		身份证号码		年龄	
籍贯		学历技能特长			
家庭从业人数		联系电话			
生产规模		集中连片土地面积			
年产值		纯收入			
产业类型		主要产品			
基本经营情况					
村（居）民委员会意见		乡镇（街道）审核意见			
县级农业行政主管部门评审意见					
备案情况					

（4）土地承包、土地流转合同或承包经营权证书等证明材料；

附：土地流转合同范本

土地流转合同范本

甲方（流出方）：＿＿＿＿＿＿＿＿

乙方（流入方）：＿＿＿＿＿＿＿＿

双方同意对甲方享有承包经营权、使用权的土地在有效期限内进行流转，根据《中华人民共和国合同法》《中华人民共和国农村土地承包法》

《中华人民共和国农村土地承包经营权流转管理办法》及其他有关法律法规的规定，本着公正、平等、自愿、互利、有偿的原则，经充分协商，订立本合同。

一、流转标的

甲方同意将其承包经营的位于 ＿＿＿＿＿ 县（市）＿＿＿＿＿ 乡（镇）＿＿＿＿＿ 村 ＿＿＿＿ 组 ＿＿＿＿ 亩土地的承包经营权流转给乙方从事 ＿＿＿＿＿＿＿＿＿＿ 生产经营。

二、流转土地方式、用途

甲方采用以下转包、出租的方式将其承包经营的土地流转给乙方经营。

乙方不得改变流转土地用途，用于非农生产，合同双方约定 ＿＿＿＿＿＿＿＿＿。

三、土地承包经营权流转的期限和起止日期

双方约定土地承包经营权流转期限为 ＿＿＿ 年，从 ＿＿＿＿ 年 ＿＿＿ 月 ＿＿＿＿ 日起，至 ＿＿＿＿＿ 年 ＿＿＿＿ 月 ＿＿＿ 日止，期限不得超过承包土地的期限。

四、流转土地的种类、面积、等级、位置

甲方将承包的耕地 ＿＿＿＿ 亩、流转给乙方，该土地位于 ＿＿＿＿＿
＿＿＿＿＿＿＿＿＿＿＿＿＿＿＿。

五、流转价款、补偿费用及支付方式、时间

合同双方约定，土地流转费用以现金（实物）支付。乙方同意每年 ＿＿＿ 月 ＿＿＿＿ 日前分 ＿＿＿＿ 次，按 ＿＿＿＿＿ 元／亩或实物 ＿＿＿ 公斤／亩，合计 ＿＿＿＿＿ 元流转价款支付给甲方。

六、土地交付、收回的时间与方式

甲方应于 ＿＿＿＿＿ 年 ＿＿＿ 月 ＿＿＿＿ 日前将流转土地交付乙方。

乙方应于 ＿＿＿＿＿ 年 ＿＿＿ 月 ＿＿＿＿ 日前将流转土地交回甲方。

交付、交回方式为 ＿＿＿＿＿＿＿＿。并由双方指定的第三人 ＿＿＿＿＿＿ 予以监证。

七、甲方的权利和义务

（一）按照合同规定收取土地流转费和补偿费用，按照合同约定的期限交付、收回流转的土地。

（二）协助和督促乙方按合同行使土地经营权，合理、环保正常使用土地，协助解决该土地在使用中产生的用水、用电、道路、边界及其他方面的纠纷，不得干预乙方正常的生产经营活动。

（三）不得将该土地在合同规定的期限内再流转。

八、乙方的权利和义务

（一）按合同约定流转的土地具有在国家法律、法规和政策允许范围内，从事生产经营活动的自主生产经营权，经营决策权，产品收益、处置权。

（二）按照合同规定按时足额交纳土地流转费用及补偿费用，不得擅自改变流转土地用途，不得使其荒芜，不得对土地、水源进行毁灭性、破坏性、伤害性的操作和生产。履约期间不能依法保护，造成损失的，乙方自行承担责任。

（三）未经甲方同意或终止合同，土地不得擅自流转。

九、合同的变更和解除

有下列情况之一者，本合同可以变更或解除。

（一）经当事人双方协商一致，又不损害国家、集体和个人利益的；

（二）订立合同所依据的国家政策发生重大调整和变化的；

（三）一方违约，使合同无法履行的；

（四）乙方丧失经营能力使合同不能履行的；

（五）因不可抗力使合同无法履行的。

十、违约责任

（一）甲方不按合同规定时间向乙方交付流转土地，或不完全交付流转土地，应向乙方支付违约金 _____ 元。

（二）甲方违约干预乙方生产经营，擅自变更或解除合同，给乙方造成损失的，由甲方承担赔偿责任，应支付乙方赔偿金 _____ 元。

（三）乙方不按合同规定时间向甲方交回流转土地、或不完全交回流转土地，应向甲支付违约金 _____ 元。

（四）乙方违背合同规定，给甲方造成损失的，由乙方承担赔偿责任，向甲方偿付赔偿金 _____ 元。

（五）乙方有下列情况之一者，甲方有权收回土地经营权。

1. 不按合同规定用途使用土地的；

2. 对土地、水源进行毁灭性、破坏性、伤害性的操作和生产，荒芜土地的，破坏地上附着物的；

3. 不按时交纳土地流转费的。

十一、特别约定

（一）本合同在土地流转过程中，如遇国家征用或农业基础设施使用该土地时，双方应无条件服从，并约定以下第 _____ 种方式获取国家征用土地补偿费和地上种苗、构筑物补偿费。

1. 甲方收取；

2. 乙方收取；

3. 双方各自收取 _____ ％；

4. 甲方收取土地补偿费，乙方收取地上种苗、构筑物补偿费。

（二）本合同履约期间，不因集体经济组织的分立、合并，负责人变更，双方法定代表人变更而变更或解除。

（三）本合同终止，原土地上新建附着构筑物，双方同意按以下第 _____ 种方式处理。

1. 归甲方所有，甲方不做补偿；

2. 归甲方所有，甲方合理补偿乙方 _____ 元；

由乙方按时拆除，恢复原貌，甲方不做补偿。

（四）国家征用土地、乡（镇）土地流转管理部门、村集体经济组织、村委会收回原土地重新分配使用，本合同终止。土地收回重新分配给甲方或新承包经营人使用后，乙方应重新签订土地流转合同。

十二、争议的解决方式

在履行本合同过程中发生的争议，由双方协商解决，也可由辖区的工商行政管理部门调解；协商或调解不成的，按下列第 ____ 种方式解决。

（一）提交仲裁委员会仲裁；

（二）依法向 _____ 人民法院起诉。

十三、其他约定

本合同一式四份，甲方、乙方各一份，乡（镇）土地流转管理部门、村集体经济组织或村委会（原发包人）各一份，自双方签字或盖章之日起生效。

如果是转让土地合同，应以原发包人同意之日起生效。

本合同未尽事宜，由双方共同协商，达成一致意见，形成书面补充协议。补充协议与本合同具有同等法律效力。

双方约定的其他事项 _____。

甲方：

乙方：

       年   月   日

（5）从事养殖业的须提供《动物防疫条件合格证》

（6）其他有关证明材料。

2. 初审

乡镇人民政府（街道办事处）负责初审有关凭证材料原件与复印件的真实性，签署意见，报送县级农业行政主管部门。

3. 审核

县级农业行政主管部门负责对申报材料的真实性进行审核，并组织人员进行实地考察，形成审核意见。

4. 评审

县级农业行政主管部门组织评审，按照认定条件，进行审查，综合评价，提出认定意见。

5. 公示

经认定的家庭农场，在县级农业信息网等公开媒体上进行公示，公示期不少于7天。

6. 颁证

公示期满后，如无异议，由县级农业行政主管部门发文公布名单，并颁发证书（见图2-6）。

图2-6 家庭农场资格认定书

7. 备案

县级农业行政主管部门对认定的家庭农场申请、考查、审核等资料存档备查。由农民专业合作社审核申报的家庭农场要到乡镇人民政府（街道办事处）备案。

三、注册

申办家庭农场应当依法注册登记，领取营业执照，取得市场主体资格。工商部门是家庭农场的登记机关，按照登记权限分工，负责本辖区内家庭农场的注册登记。

① 家庭农场可以根据生产规模和经营需要，申请设立为个体工商户、个人独资企业、普通合伙企业或者公司。

② 家庭农场申请工商登记的，其企业名称中可以使用"家庭农场"字样。以公司形式设立的家庭农场的名称依次由行政区划＋商号＋"家庭农场"和"有限公司（或股份有限公司）"字样四个部分组成。以其他形式设立的家庭农场的名称依次由行政区划＋商号＋"家庭农场"字样三个部分组成。其中，普通合伙企业应当在名称后标注"普通合伙"字样。

③ 家庭农场的经营范围应当根据其申请核定为"××（农作物名称）的种植、销售；××（家畜、禽或水产品）的养殖、销售；种植、养殖技术服务"。

④ 法律、行政法规或者国务院决定规定属于企业登记前置审批项目的，应当向登记机关提交有关许可证件。

⑤ 家庭农场申请工商登记的，应当根据其申请的主体类型向工商部门提交国家市场监督管理总局规定的申请材料。

⑥ 家庭农场无法提交住所或者经营场所使用证明的，可以持乡镇、村委会出具的同意在该场所从事经营活动的相关证明办理注册登记。

第三章

肉兔场建设与环境控制

第一节　场址选择

　　场址的选择、建筑的布局、兔舍的设计和设备的选用是否科学合理，直接关系到规模化兔场工作效率的高低，经济效益的多少，甚至养殖的成败。兔场选址要根据兔的生物学特性，符合当地土地利用规划的要求，充分考虑兔场的周边环境、饲料条件和饲养管理制度等综合考虑，确定适宜的场址。

一、地势、地形要求

　　地势高燥，地下水位 2 米以下；背风向阳，避开产生空气涡流的山坳和谷地；地面平坦或稍有坡度，坡度 10％以下为宜，排水良好；地形开阔、整齐和紧凑，不过于狭长和边角过多；可利用自然地形地物如林带、山岭、河川、沟河等作为兔场和外界的天然屏障。

地下水位低、低洼潮湿、排水不良的场地不利于家兔体热调节，而有利于病原微生物的生长繁殖，特别适合寄生虫（如螨虫、球虫等）的生存，因此要避开这样的地形。

如果选择坡度过大的山坡，要求能按梯田方式建设，否则也不适合建设兔场。

二、土质要求

兔场用地需要渗水性较强、导热性较小的土质，也就是既能保持干燥的环境，又要有良好的保温性能，通常这样的土质属于砂壤土。兔场不能建在黄土或黏土上，因为黄土的缺点是对流水的抵抗力弱，易受侵蚀，对兔的健康不利；黏土的缺点是粒细、孔隙小、保水性强、通气能力差，会导致雨水一多地面就泥泞，冬季还容易导致地面冻胀。

三、水源要求

兔场必须要有充足的水源和水量，且水质好。生产和生活用水应清洁无异味，不含杂质、细菌和寄生虫，不含腐败有毒物质，矿物质含量不应过多或不足。较理想的水源是自来水和卫生达标的深井水，江河湖泊中的流动活水，只要未受生活污水及工业废水的污染，净化和消毒处理后也可使用。

一般兔场的需水量比较大，如家兔饮水、兔舍笼具清洁卫生用水、种植饲料作物用水以及日常生活用水等，必须要有足够的水源。同时，水质状况将直接影响家兔和人员的健康。因此，水源及水质应作为兔场场址选择优先考虑的一个重要因素。水量不足将直接限制家兔生产，而水质差，达不到卫生标准，同样也是家兔生产的一大隐患。

种兔场和生产无公害兔产品的兔场，水质要符合 NY 5027—2008《无公害食品　畜禽饮用水水质》的要求。

四、社会联系要求

家兔生产过程中形成的有害气体及排泄物会对大气和地下水产生污染，同时兔子胆小怕惊，因此兔场不宜建在人烟密集、繁华和噪声污染严重的地方，而应选择与外界相对隔离的地方，有天然屏障（如河塘、山坡等）作隔离则更好，但要求交通方便，尤其是大型兔场更是如此。大型兔场建成投产后，物流量比较大，如草、料等物资的运进、兔产品和粪肥的运出等，对外联系也比一般兔场多，若交通不便，则会给生产和工作带来困难，甚至会增加兔场的开支。兔场不能靠近公路、铁路、港口、车站、采石场等，也应远离屠宰场、牲畜市场、畜产品加工厂及有污染的工厂，符合《动物防疫法》及其相关法规的要求。

为了满足生物安全和防疫的需要，兔场距交通主干道应在300米以上，距一般道路100米以上，以便形成卫生缓冲带。兔场与居民区之间应有500米以上的间距，并且处在居民区的下风口，尽量避免兔场成为周围居民区的污染源。

五、电力供应要求

规模兔场，特别是集约化程度较高的兔场，用电设备比较多，对电力条件依赖性强，兔场所在地的电力供应应有保障。保障电力供应，靠近输电线路，同时自备电源。

> ### 👤 小贴士：
>
> 兔场一旦建成将不可更改，如果位置非常不利的话，几乎不可能维持兔群的长期健康。可以说，场址选择的好坏，直接影响着兔场将来生产和兔场的经济效益。因此，兔场选址应根据兔场的性质、规模、地形、地势、水源、当地气

候条件及能源供应、交通运输、产品销售，与周围工厂、居民点及其他畜禽场的距离，当地农业生产、兔场粪污消纳能力等条件，进行全面调查，周密计划，综合分析后选择场址。

第二节 肉兔场规划

兔场应按照功能合理布局，从人和兔的保健角度出发，建立最佳的生产联系和卫生防疫条件，合理安排不同区域的建筑物，特别是在地势和风向上进行合理的安排和布局。尤其是大型兔场，应是一个完善的建筑群。具有一定规模的兔场要分区布局，按其功能和特点不同，一般分成生活管理区、辅助生产区、生产区和隔离区等四部分（见图3-1）。

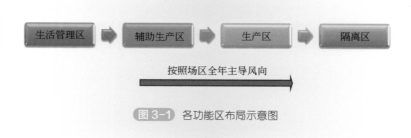

生活管理区 ➡ 辅助生产区 ➡ 生产区 ➡ 隔离区

按照场区全年主导风向

图3-1 各功能区布局示意图

生产区即养兔区，是兔场的主要建筑，包括种兔舍、繁殖兔舍、育成兔舍、幼兔舍等。生产区是兔场的核心部分，其排列方向应面对该地区的长年风向。为了防止生产区的气味影响生活区，生产区应与生活区并列排列并处偏下风位置。生产区内部核心群种兔舍应置于环境最佳的位置，育肥舍和幼兔舍应靠近兔场一侧的出口处，以便于出售。应按核心群种兔舍→繁殖兔舍→育成兔舍→幼兔舍由上风向到下风向的顺序排列。生产区与其他区之间应用实体围墙或绿化隔离带分开，生产建筑与其他建筑间距应大于20米。生产区入口处以及各兔舍的门口处，应设置人员消毒间和车辆消毒设施，如车辆消毒池、脚踏消毒池、喷雾消毒室、紫外灯消毒室等。生产区的运料路线与运粪路线不能交叉。

兔舍朝向应兼顾通风与采光，兔舍长轴应以东西向为主，偏转不超过15°，与常年主导风向呈30°～60°为宜。兔舍之间应平行排列，兔舍前后间距宜为8～15米，左右间距宜为8～12米。

辅助生产区包括饲料仓库、饲料加工车间、干草库、水电房等公用设施，宜与生活管理区并列或布置在生活管理区与生产区之间。

生活管理区主要包括办公室、接待室等管理设施及职工宿舍、食堂等生活设施，其位置可以与生产区平行，必须位于场区全年主导风向的上风向或侧风向处。应尽可能靠近大门口，使对外交流更加方便，同时减少对生产区的直接干扰。

隔离区应位于场区全年主导风向的下风向处或场区地势最低处，用实体围墙或绿化带与生产区隔离。隔离区主要布置病兔隔离舍、粪尿及死兔处理设施。隔离区与生产区通过污道连接。

兔场与外界应有专用道路相连。场区道路应分净道和污道，两者不应交叉和混用。净道宽度宜为3.5～5米，污道宽度宜为2～3米，且路面应硬化。运兔车和饲料车走净道，粪车和死兔走污道。道路两旁有排水沟；沟底硬化，不积水，排水方向从清洁区流向污染区。

> **小贴士：**
>
> 　　兔场建设可分期进行，但总体规划设计要一次完成，切忌边建设、边设计、边生产，导致布局混乱，特别是如果附属设施资源各生产区不能共享，不仅造成浪费，还给生产管理带来麻烦。兔场规划设计涉及气候环境、地质土壤、兔的生物学特性、生理习性、建筑知识等各个方面，要多参考借鉴正在运行兔场的成功经验，请教经验丰富的"实战"专家，或请专业设计团队来设计，少走弯路，确保一次成功，不花冤枉钱。

第三节　肉兔舍建筑与设施配置

一、肉兔舍类型

　　兔场通常需要建设种兔舍、繁殖兔舍、育成兔舍、待售兔舍等兔舍。由于我国地域辽阔，各地气候条件千差万别，经济基础各异，兔舍建筑形式也各不相同。目前，比较常见的兔舍建筑形式有封闭式兔舍、室外笼养兔舍、半开放式兔舍、带运动场式兔舍、靠山挖洞式兔舍、地窝式兔舍等。

1. 封闭式兔舍

封闭式兔舍又分为有窗封闭式兔舍和无窗封闭式兔舍。

（1）有窗封闭式兔舍

有窗封闭式兔舍（见图3-2、图3-3）四周墙壁完整，上有屋顶（"人"字形屋顶、钟楼式屋顶或半钟楼式屋顶），兔舍屋面应采取保温隔热和防水措施。兔舍外墙墙面应保温隔热，北方宜采用三七墙外加8厘米左右厚苯板或者二四墙外加10厘米厚苯板。内墙面应平整光滑、便于清洗消毒，通常采用水泥抹面。南、北墙均设窗户和通风孔，东、西墙设有门和通道。舍内地面应硬化、防滑、耐腐蚀，便于清扫。兔舍排污采用刮板式清粪工艺排污沟坡度宜小于0.5%；人工清粪工艺排污沟坡度宜控制在0.5%～1.0%。舍内高度2.5米，窗户南侧朝阳面宜宽大，北侧相对小一点。舍的跨度一般以笼具放置形式而定，双列时以6米为宜，三列式以9米为宜，一般跨度宜控制在12米以内。兔舍建筑应具有防鼠、防蚊蝇、防虫和防鸟等设施。如窗户、天窗、地窗等均安装铁丝网，窗户和门夏季安装纱窗。

图3-2 有窗封闭式兔舍（一）

图3-3 有窗封闭式兔舍（二）

　　这类兔舍的优点是通风良好，管理方便，有利于保温和隔热。多列式兔舍安装通风、供暖和给排水等设施后，可组织集约化生产，一年四季皆可配种繁殖，有利于提高兔舍的利用率和劳动生产率。缺点是兔舍内湿度较大，有害气体浓度较高，兔易感染呼吸道疾病。在没有通风设备和供电不稳定的情况下，不宜采用这类兔舍。此类型兔舍是目前我国进行养兔标准化生产的主流兔舍，更适用于北方笼养种兔和集约化的商品兔生产。

（2）无窗封闭式兔舍

无窗封闭式兔舍（见图3-4和见视频3-1）四周有墙无窗，舍内的通风、温度、湿度和光照完全靠相应的设备由人工控制或自动调节，并能自动喂料、饮水和清除粪便。这类兔舍的优点是生产水平和劳动效率较高，能获得高而稳定的繁殖性能、增重速度和控制饲料的消耗量，并且有利于防止各种疾病的传播。缺点是一次性投资较大，运行费用较高。

视频3-1 无窗封闭式兔舍实例

图3-4 无窗封闭式兔舍

无窗封闭式兔舍是一种现代化、工厂化养兔生产用舍，世界上少数养兔发达国家有所应用。国内主要应用于教学、科研及无特定病原（SPF）实验兔生产。

2. 室外笼养兔舍

笼养兔舍集兔舍、兔笼于一体，既是兔舍又是兔笼，要求既达到兔舍建筑的一般要求，又符合兔笼的设计要求。为适应露天的条件，基底要高，离地面至少 30 厘米（防潮防鼠），笼舍顶部防雨，前檐宜长，兔舍前后最好要有树木遮阳，夏季防晒，四季防雨雪。这种兔舍的优点是结构简单，造价低廉，通风良好，管理方便，夏季易于散热，空气新鲜，有利于幼兔生长发育和防止疾病发生，特别适合中、小型养兔场和专业户采用，适用于炎热地区饲养青年兔、幼兔和商品兔。有单列式和双列式两种。

（1）室外单列式兔舍　室外单列式兔舍（见图 3-5）的兔笼正面朝南，兔舍采用砖混结构，为单坡式屋顶，前高后低，屋檐前长后短，屋顶采用水泥预制板或波形水泥瓦，兔笼后壁用砖砌成，并留有出粪口，承粪板为水泥预制板。这种兔舍造价低，通风条件好，光照充足；缺点是不易挡风挡雨，昼夜温差较大，冬季不利于母兔繁殖，易遭兽害。

图 3-5　室外单列式兔舍

（2）室外双列式兔舍　室外双列式兔舍（见图3-6）为两排兔笼面对面而列，两列兔笼的后壁就是兔舍的两面墙体，两列兔笼之间为工作走道，粪沟在兔舍的两面外侧，屋顶为双坡式（"人"字顶）或钟楼式。兔笼结构与室外单列式兔舍基本相同。与室外单列式兔舍相比，这种兔舍保暖性能较好，饲养人员可在室内操作，但缺少光照。室外笼舍可以建在大树下或者在笼舍前边种上爬蔓的瓜类，以便夏季遮阳。冬季也可在前檐处挂帘防寒。

图3-6　室外双列式兔舍

3.半开放式兔舍

半开放兔舍有2种，一种是兔舍的四面只有下半部分是实墙，上半部分没有墙，平时用彩条布、纱网等遮挡风雨和阳光，温度低的时候也能起到保温作用（见图3-7和视频3-2）。另外一种兔舍是南面朝阳的一面无墙，其余三面有墙，采用水泥预制或砖混结构。无墙部分夏季可安装纱窗防止蚊蝇，冬季天冷的时候用塑料布密封。舍内可用兔笼，也可以直接在地面养兔，此类兔舍，结构简单，造价较低，具有通风良好、管理方便的优点。

视频 3-2 半开放式兔舍实例

图 3-7　半开放式兔舍

4. 带运动场式兔舍

这种兔舍由两个部分组成，一部分在舍外，一部分是人工挖的洞或者是一个房舍。既有供兔室外活动的场所，又有供兔在室内休息、繁殖的地方。舍外部分用 60～80 厘米高的竹片、木板、铁丝网或者砖墙围成一个大院。人工挖洞应选在冻土层较浅的山区，依山坡地形挖洞，洞深 1.5 米、宽 1 米、高 1 米，洞与洞相隔 30～50 厘米，每个洞口可安装 1 个能开启的活动门。这种兔舍空气新鲜，阳光充足，而且家兔能很好地运动，但必须重视必要的安全防疫设施和防止兽害。此种兔舍更适合母兔繁殖。

采用房舍的，在舍内用砖、竹片或木板隔成 6～9 平方米的隔栏，每个隔栏对应有一个宽 20 厘米、高 30 厘米的出入洞口与舍外场地相通，供兔自由出入，在家兔出入洞口放置食槽、草架和饮水器。每个隔栏可养幼兔 30～40 只，青年兔

20 只。这种兔舍的优点是饲养群大，节约人工和材料，容易管理，便于打扫卫生，空气新鲜，也能使家兔得到充分的运动。但兔舍面积利用率不高，不利于掌握定量喂食，不易控制疾病传播，而且容易发生斗殴。

5. 靠山挖洞式兔舍

选择向阳、干燥和土质坚硬的土山丘，将朝南的崖面，修整成垂直于地面的平面。待表面干燥后，紧靠崖面地基砌起 40 厘米左右的高台，在此高台上，用砖、石砌 3 层兔笼。在兔笼的后壁（崖面）往里掏 1 个口小洞大的产仔葫芦洞，洞口直径为 10 ～ 15 厘米，洞深约 30 厘米，其洞向左或右下方倾斜。另外，在洞口设一活动挡板，以控制兔子进出洞。严冬季节，可在兔笼顶设置草帘保温。为防酷暑、烈日暴晒，可在兔舍前种植葡萄、丝瓜等藤蔓植物，或搭凉棚。这种兔舍集笼养、穴养二者之所长，四季均可繁殖，饲养效果优于其他兔舍，是典型的因地制宜养兔方式，是我国北方山区和丘陵地带普遍采用的一种兔舍类型。

6. 地窝式兔舍

在冬季漫长、气候寒冷的北方农村，可选择地下水位低、背风向阳、干燥、含砂量小、土质坚硬的高岗地挖修地窝式兔舍（见图 3-8）。窝深必须超过冻土层，窝的直径一般为 70 ～ 100 厘米，窝与窝可相隔 2 米左右，窝口应高出地面 20 厘米，用砖和水泥固定后，再加上活动盖板。从窝底到地面需挖一宽 40 厘米左右的斜坡地沟，其坡度为 1 : 1.5，然后用砖砌好，或用水泥管、瓦管通入，以避免家兔在通道内挖洞。在通道口上端建一高 1.6 米左右的小屋，南面有门，北面有窗，这是家兔吃食和活动的场所。在窝底的任意一边再挖一深 40 厘米、宽 30 厘米、高 35 厘米的小洞，作为母兔的产仔窝。这种地窝式兔舍在最低气温达 -42℃ 的严冬可不用燃料和保温材料，造价很低，窝上窝下可通空气和见到阳光。窝底和产仔窝可保持 5℃ 以上的恒温，因而可进行冬季繁殖。春夏时节则应将家兔转移到地面饲养和繁殖。黑龙江省一些兔场的实践证明，窝养的各类家兔体质健壮、生长良好，产仔成活率达 85% 以上，发病率不到 3%。

图 3-8　地窝式兔舍

如果兔群大，而理想的高岗地小，可挖成长沟式双通道冬繁窝。长沟式窝坑上口宜用木材等物作篷盖来保温。这种窝具有通风透光和兔子能运动的条件，省工省料，占地面积小，管理方便。但窝内通风口多，温度较低，影响仔兔成活率。

7. 塑料大棚兔舍

塑料大棚兔舍（见图 3-9、图 3-10 和视频 3-3）的搭建同种植蔬菜的塑料大棚在规格、用材上一样，棚内安装兔笼、供水线、照明等设施，大棚的顶部开若干个可控制开闭的通风口，以利于棚内有害气体的排出。在大棚的内部地面要铺水泥

视频 3-3 塑料大
棚养兔实例

等硬覆盖，地面处理同封闭式兔舍一样，有排粪尿
的沟。大棚夏季炎热时，可在棚上覆盖遮阴网或棉
毡等，同时也将大棚底部塑料布掀起一米左右用
来通风，但必须用铁丝网围上，以防止老鼠等进入。

图 3-9　塑料大棚兔舍（一）　　　图 3-10　塑料大棚兔舍（二）

8. 组装式兔舍

兔舍的墙壁、门、窗都是活动的，随天气变化组装，可移
动。国外采用的较多。

二、兔舍建造的要求

兔舍总的要求是夏天不热、冬天不冷、全年不潮、四季空
气清新。

1. 满足家兔习性的要求

家兔怕热、喜欢干燥，在确定兔舍朝向、结构及设计通
风条件时，要予以充分考虑；家兔经常啃咬硬物，尤其是木质
材料，以达到磨牙的目的。笼、箱等器具，凡是家兔能啃咬到

的地方，都要采取必要的加固措施或选用合适的、耐啃咬的铁制、水泥、瓷砖、陶制等材料，不宜使用木质、塑料等不耐啃咬的材料；家兔晚上活动频繁，食欲旺盛，料槽一定要大，便于晚上睡前投足饲料；配种适宜在公兔舍内进行，公兔舍一定要有宽阔的空间；初生仔兔体温调控能力特别差，要求温度保持在 30～32℃，因此仔兔需要有专门的易于控制温度的巢箱；家兔胆小，最怕受惊，笼舍要求相对安静，不要靠近交通要道，要避免猫、狗、鹅、老鼠等动物的骚扰；饲养肉兔时，笼舍卫生条件一定要好；笼舍壁不能有尖锐异物，防止刺伤毛兔皮肤和被毛。

2. 满足人工操作的要求

兔舍既是家兔的生活环境，又是饲养人员对家兔日常管理和操作的工作环境。兔舍设计不合理，一方面会加大饲养人员的劳动强度，另一方面也会影响饲养人员的工作情绪，最终会影响劳动生产效率。如将多层式兔笼设计得过高或层数过多，对饲养人员来说，顶层操作肯定比较困难，既费时间，又给日常观察兔群状况带来不便，势必影响工作效率和质量。因此，家兔笼舍在设计上要便于管理和操作，尽最大努力减轻劳动强度。兔笼层数以 2 至 3 层为宜。

3. 满足卫生防疫的要求

家兔笼舍要相对独立，料槽、水槽齐全，底板要有一定的倾斜度，粪尿能够很容易地清理出来但又不至于流进下层笼舍内，这样可以保证每只家兔有独立、卫生的生活空间，既有利于防止疾病传播，又有利于防疫注射和投喂药物。在兔场和兔舍入口处应设置消毒池或消毒盘，并且要方便更换消毒液。我国南方炎热地区多采用自然通风，北方寒冷地区在冬季采用机械强制通风。自然通风适用于小规模养兔场。机械通风适用于集约化程度较高的大型养兔场。

4. 满足经济实用、科学合理的要求

兔舍设计除了"以兔为本"，兼顾工作环境外，还必须考虑饲养规模、饲养目的、家兔品种、饲养水平、生产方式、卫生防疫、地理条件及经济承受能力等多种因素，因地制宜，全面权衡，不要一味追求兔舍建筑的现代化，要讲究实效，注重整体的合理、协调，努力提高兔舍建筑的投入产出比。家兔笼舍要坚固耐用，力争一次投入、多年利用。笼舍构造要符合生产要求，如种兔场以生产种兔为目的，就需要按种兔生产流程设计建造相应的种兔舍、测定兔舍、后备兔舍等；商品兔场则需要设计建造种兔舍、生产兔舍等。

5. 满足发展生产的要求

兔舍设计还应结合生产经营者的发展规划和设想，为以后的长期发展留有余地。

> **小贴士：**
>
> 采用何种建筑形式和结构，主要取决于饲养目的、饲养方式、饲养规模及经济承受能力等。规模化养兔，应建造规范的兔舍，实行笼养，以便于日常管理。
>
> 兔舍总的要求是保证兔舍夏天不热、冬天不冷、全年不潮、四季空气清新。

三、养肉兔设备

规模化养兔要实现高产、高效，离不开技术先进、经济适用、性能可靠的养殖设备，兔场设备通常有兔笼、饲喂设备、饮

水设备、产仔箱、饲料加工设备、人工授精设备和编号工具等。

1. 兔笼

兔笼主要由笼壁、笼底板、承粪板和笼门等构成。

（1）笼门　要求开关方便，关闭严密，一般多采用前开门。一般由两扇门组成，门框用木条钉制，门心安装铁丝网，有利于通风透光，方便观察兔的动态，在笼门左侧安装活动草架，右侧下端为活动食槽。也有的笼门全部由铁丝网焊接而成。使用金属网的较多。

（2）笼壁　兔笼的内壁必须光滑，以防勾脱兔毛和便于除垢消毒，注意所用材料要耐啃咬和通风透光。使用金属网、水泥预制板、瓷砖和红砖的较多。

兔笼的左右墙壁最好用砖砌或安装水泥预制板，以免相互殴斗，笼的后壁可以用竹片、打眼铁皮、铁丝网制成，以利于通风。

（3）笼底板　笼底板要求平而不滑、易清理消毒、耐腐蚀、不吸水。笼底板应是可活动的，可以随时安装、取出。主要由竹片、金属网、塑料等材料制作而成。目前普遍以毛竹条钉制的地板经济实用，竹条的长短要整齐，底板大小规格要一致，便于取下洗刷消毒和轮换使用。每根竹条的宽度约 2.5 厘米，但是竹条之间的间隔可以钉成 2 种规格：一种是饲养成年兔，间隙为 1.2～1.5 厘米，粪便可以顺利漏下；一种是饲养幼兔，间隙为 0.5～1.0 厘米，过宽易使兔足陷进缝隙而造成骨折。如用金属材料制作，为便于家兔行走，网眼不能太大，但又要让兔粪能够漏下，一般以 1.2～1.5 厘米见方为宜。

（4）承粪板　前伸 3～5 厘米，后延 5～10 厘米，前高后低式倾斜，倾斜角度为 10°～15°，以便于粪尿自动落入粪尿沟，便于清扫。在多层兔笼中，水泥预制板既作承粪板，也是下层兔笼的笼顶。承粪板一般使用水泥板或塑料板。

重叠式兔笼都必须装置承粪板，以防粪尿漏入下层笼内。承粪板一般多用水泥预制板，板厚 2.5 厘米。对于金属兔笼或单独放置承粪板的，可用重量轻、价格便宜的塑料板或油毡纸等作为承粪板。安装的角度应与水平面呈15°的倾斜角，粪尿能自行滚落到粪沟。为了防止上层笼的粪尿漏在下层笼的笼壁上，承粪板应超出笼外一定长度，第二层兔笼承粪板的前沿应超出笼体3厘米，后沿超出7厘米，最上层承粪板的前沿超出3厘米，后沿超出笼体10厘米。最下层的粪尿可直接落在地面，但地面要光滑且有坡度，以利于粪尿流入粪沟。

（5）支架　可用角铁、槽冷铁制作，也可用竹棍、硬木制作。底层兔笼离地面一般30厘米左右。

（6）兔笼规格　一般以种兔体长为尺度，笼宽为体长的1.5～2倍，笼深为体长的1.1～1.3倍，笼高为体长的0.8～1.2倍。兔笼具体尺寸见表3-1，组装后重叠兔笼外形尺寸见表3-2。

表3-1　兔笼规格表　　　　　　　　　　　　单位：厘米

饲养方式	种兔类型	笼宽	笼深	笼高
室内笼养	大型	80～90	55～60	40
	中型	70～80	50～55	35～40
	小型	60～70	50	30～35
室外笼养	大型	90～100	55～60	45～50
	中型	80～90	50～55	40～45
	小型	70～80	50	35～40

表3-2　组装重叠兔笼规格　　　　　　　　　单位：厘米

名称	规格	外形尺寸
商品/育肥兔笼	3层4列12笼位	200×150×50
商品/育肥兔笼	4层4列16笼位	200×168×50
子母兔笼	3层4列12笼位	200×150×60
种兔笼	3层3列9笼位	180×150×60

（7）兔笼类型

1）按制作材料划分为金属兔笼、水泥预制件兔笼、砖或瓷砖制兔笼、木制兔笼、竹制兔笼和塑料兔笼等，常见的有金属兔笼、水泥预制件兔笼、砖制兔笼、石制兔笼和瓷砖制兔笼

5 种。

① 金属兔笼（见图 3-11、图 3-12 和视频 3-4）是规模化兔场经常采用的兔笼，大多用冷拔钢丝镀锌制作，网丝直径多为 2.3 毫米，网孔一般为 20 毫米 ×150 毫米或 20 毫米 ×200 毫米，适宜于室内养兔使用。其优点是组装方便、占用空间少、消毒方便。金属兔笼的缺点：一是容易生锈，用不了几年就要淘汰，从长远看，成本较大；二是笼底是整体固定的，清洗拆卸不方便；三是兔脚接触面小，兔子接触金属很容易得脚皮炎，而一旦得脚皮炎则很难治愈。建议底网不用金属网，改为使用竹片制作的底网。

视频 3-4 金属兔笼实例

图 3-11 金属兔笼

图 3-12 产仔一体笼

② 我国南方各地多采用水泥预制件兔笼，这类兔笼的侧壁、后墙和承粪板都采用水泥预制件组装成，配以竹片笼底板和金属或木制笼门（见图 3-13、图 3-14）。主要优点是耐腐蚀，耐啃咬，适于多种消毒方法，坚固耐用，造价低廉。缺点是通风隔热性能较差，移动困难。

图 3-13　水泥预制件兔笼　　　　图 3-14　水泥预制件兔笼养兔

　　③ 砖、石制兔笼采用砖（见图 3-15）、石、水泥或石灰砌成，是我国南方各地室外养兔普遍采用的一种兔笼，起到了笼、舍结合的作用，一般建造 2 ～ 3 层。主要优点是取材方便，造价低廉，耐腐蚀，耐啃咬，可防兽害，保温、隔热性较好。缺点是通风性能差，不易彻底消毒。

图 3-15　砖制兔笼

④ 瓷砖制兔笼采用瓷砖制成（见图 3-16 和视频 3-5、视频 3-6），目前山东省采用得比较多，一般建造 2～3 层。瓷砖兔笼的主要优点是易洗刷、不吸水、无污染，能保持笼内干燥无粪尿气味，不滋生有害细菌，有利于减少肉兔呼吸道疾病的传播；耐腐蚀，耐啃咬，可防兽害；侧壁厚度仅一厘米，占用空间小；重量是水泥兔笼的一半以下，安装劳动强度小，安装快。

图 3-16　瓷砖制兔笼

视频 3-5 瓷砖兔笼

视频 3-6 瓷砖兔舍与外挂式产仔箱

2）按兔笼层数划分为单层兔笼、双层兔笼和多层兔笼。其中国外使用单层兔笼较多，单层兔笼不能充分利用空间，四层兔笼太高，不便于操作，以二层或三层笼为宜，第三层笼的高度也要适中，以方便捉兔为准，总高度不能超过 2 米。第一层笼底距离地面不可过低，至少 25 厘米。笼的深度要方便捉兔，以 60 厘米为宜。兔笼高度以高兔笼为好，这样有利于兔体的生长发育，但总高度不超过 2 米，若建三层兔笼，每层笼高不得超过 40 厘米。若建 2 层兔笼，每层高度可达 50～60

厘米。

3）按兔笼组装排列方式划分为平列式兔笼、重叠式兔笼和阶梯式兔笼（包括半阶梯式兔笼和全阶梯式兔笼）。

① 平列式兔笼（见图3-17）均为单层，一般由竹木或镀锌冷拔钢丝制成，又可分单列活动式和双列活动式两种。主要优点是有利于饲养管理和通风换气，环境舒适，有害气体浓度较低。缺点是饲养密度较低，仅适用于饲养繁殖母兔。

② 重叠式兔笼（见图3-18）在长毛兔生产中使用广泛，多采用水泥预制件或砖结构组建而成，一般上下叠放2～4层笼体，层间设承粪板。主要优点是通风采光良好，占地面积小。缺点是清扫粪便困难，有害气体浓度较高。

图 3-17　平列式兔笼　　　　图 3-18　重叠式兔笼

③ 阶梯式兔笼（图3-19、图3-20）一般由镀锌冷拔钢丝焊接而成，在组装排列时，上下层笼体完全错开，不设承粪板，粪尿直接落在粪沟内。主要优点是饲养密度较大，通风透光良好。缺点是占地面积较大，手工清扫粪便困难，适于机械清粪兔场应用。

图 3-19 阶梯式兔笼　　　　图 3-20 阶梯式兔笼养兔

 **小贴士：**

　　兔笼要求造价低廉，经久耐用，便于操作管理，并符合家兔的生理要求。

2. 饲喂设备

　　肉兔的饲喂设备主要有料槽和草架。

　　（1）料槽　料槽又称食槽或饲料槽。目前常用的有竹制、陶制、铁皮制及塑料制等多种形式。料槽要求坚固、耐啃咬，易清洗消毒，方便实用，造价低廉。目前大型机械化兔场多采用自动喂料器，中小型兔场及家庭养兔可按饲养方式而定，采用陶制料槽或金属（塑料）料槽。一般料槽长 35 厘米、高 6 厘米、宽 10 厘米、底宽 16 厘米。

　　① 陶制食槽：陶制食槽（图 3-21）呈圆形，直径 12 ～ 14 厘米，高 10 厘米。陶制食槽价格便宜，但容易破损，最好每次喂料后即将食槽取出。

图 3-21　陶制食槽

②金属（塑料）食槽：金属（塑料）食槽（见图3-22～图3-24）用镀锌铁皮或塑料制成，槽口的大小应便于兔头出入食槽并吃到饲料，槽的高度以兔的前肢不能踏入槽内为宜，槽长一般为15～20厘米，宽10厘米，高10厘米。食槽须固定在笼壁上，易拆卸安装，右侧以挂钩固定，左侧用风钩固定，喂食时不需打开笼门，且不易损坏。加工金属食槽时要在槽口留有0.5厘米宽的卷边，可防饲料被扒到槽外。

③自动饲槽：又称为自动落料饲槽（见图3-22、图3-23）。自动饲槽按制作材料分为金属自动料槽和塑料自动料槽，有个体自动饲槽、母子自动饲槽和育肥自动饲槽三种规格。通常悬挂于笼门上，笼外加料，笼内采食。饲槽由加料口、贮料仓、采食槽和隔板组成。隔板将贮料仓和采食槽隔开，仅在底部留2厘米左右的间隙，使饲料随着兔的不断采食而由贮料仓通过间隙不断补充。为防止饲料粉尘在兔子采食时刺激兔的呼吸道，在饲槽的底部均匀地钻些小孔，也有的在饲槽的底部安装金属网片，以保证粉尘随时漏掉。

图 3-22　金属自动食槽　　　　图 3-23　塑料食槽

图 3-24　外挂食槽

　　（2）草架　兔用草架（图3-25）喂草可以节省喂草时间，又可以减少草的浪费，分为固定式、移动式和翻转式。草架通常设在笼门的外侧或设在两笼之间的中上部，一般呈"V"字形，固定在一个活动轴上，往外翻可添草，往里推可阻挡仔兔从草架空隙落出来。装上草架可以保持笼内清洁卫生，草架一般都用镀锌铁丝焊制而成，内侧缝隙宜宽，为 4～6 厘米，便于兔子食草，外侧缝隙要窄，为 1～1.5 厘米，或用钢丝网代替，以防小兔钻出笼外。但工厂化养兔，由于饲喂全价颗粒饲料，除种兔外，一般不设草架。

图 3-25　草架

3. 饮水设备

养兔常用的饮水器形式有多种，一般小规模兔场或家庭养兔场多用瓷碗或陶瓷水钵。优点是清洗、消毒比较方便，经济实用。缺点是每次换水要开启笼门，易被粪尿污染和推翻。笼养兔可用盛水玻璃瓶倒置固定在笼壁上，瓶口上接一橡胶管，通过笼前网伸入笼内，利用高度差将水从瓶内压出，让兔自由饮用。

规模化兔场一般常用乳头式饮水器（见图 3-26、图 3-27）、鸭嘴式饮水器（见图 3-28 ～图 3-30）、饮水碗（见图 3-31）3种饮水器，配合减压水箱（见图 3-32、图 3-33）供给肉兔饮水。乳头式和鸭嘴式两类饮水器，当兔触动饮水乳头时，其乳头受压力影响而使内部弹簧回缩，水即从缝隙流出。优点是能防止饮水污染，又节约用水。缺点是投资费用高，要求水质干净，容易堵塞和滴漏。

图 3-26 金属乳头式饮水器

图 3-27 塑料乳头式饮水器

图 3-28 金属鸭嘴式饮水器

图 3-29 双拉簧式饮水器

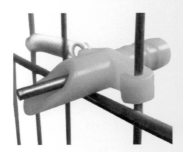

图 3-30 ABS 塑钢饮水器

图 3-31 不锈钢饮水碗

图 3-32　减压水箱（外观）　　图 3-33　减压水箱（内部结构）

减压水箱利用内部浮球阀自动控制水箱内的水位，容量12升的减压水箱尺寸为 36×20×26（厘米）。

4. 产仔箱

产仔箱又叫巢箱，是母兔用来产仔、哺乳的设备，是育仔的重要设施。一般多采用木板或金属网片、硬质塑料等制成。木板要光滑，没有钉、刺暴露。箱口钉以厚竹片，以防被兔咬坏。木箱的大小，以母兔能伏在箱内哺乳即可。箱的底部不要太光滑，否则易使仔兔形成八字腿。产仔箱分为固定式和外挂式两种。

（1）外挂式产仔箱（见图 3-34、图 3-35）　常用的外挂式产仔箱由木板或硬质塑料制成，悬挂在笼门上，产仔箱上方加盖一块活动盖板。在与兔笼接触的一侧留有一个 18 厘米 ×18 厘米的方形洞口，供母兔进入巢箱，并装有活动闸门，洞口下缘与笼底板相平，距离箱底有 7 厘米，此法的优点是被遗落到笼底板上的仔兔仍能爬到产箱内。这类产仔箱具有不占笼内面积、管理方便的特点。

图 3-34 外挂式塑料产仔箱

图 3-35 外挂式产仔箱应用实例

（2）平放式产仔箱（见图 3-36、图 3-37） 常用的平放式产仔箱由木板或硬塑料制成。用 1 ～ 1.5 厘米的厚木板钉成长40 厘米、宽 26 厘米、高 13 厘米的长方形敞开平口产仔箱，箱底有粗糙锯纹，并留有间隙或小孔，以防仔兔滑倒和利于尿液的排出。硬塑料制作的产仔箱尺寸为长 40 厘米（底的长度为36 厘米）、宽 26.5 厘米、高 15 厘米，产仔、哺乳时可横侧向以增加箱内面积，平时则以竖立向以防仔兔爬出箱外。

图 3-36 平放式产仔箱

图 3-37 木制产仔箱应用实例

还可以用稻草编扎成的草窝子作为产箱，顶部加盖，留有出气孔，既保暖又安全。使用这种产箱，母、仔必须分群管理，母兔喂奶后立即送回原笼。

5. 兔用电热板

兔用电热板用碳纤维制品或玻璃钢材料制作，通常尺寸为长34厘米、宽24厘米（见图3-38）。使用时平放于产仔箱底部，根据产仔箱内的温度调节发热温度。具有易清洗、加热快的特点，可有效避免仔兔因低温死亡。

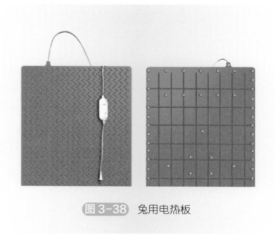

图 3-38　兔用电热板

6. 饲料加工设备

饲料加工设备包括粉碎机和颗粒饲料机等。

（1）粉碎机　饲料粉碎机主要用于粉碎各种饲料原料，饲料粉碎的目的是增加饲料表面积和调整粒度。增加表面积可提高饲料的适口性，且在消化道内易与消化液接触，有利于提高消化率，更好地吸收饲料营养成分。调整粒度一方面减少了畜禽咀嚼时耗用的能量，另一方面便于输送、贮存、混合及制粒，提高效率和质量。

　　一般的畜禽料通常采用普通的锤片粉碎机（见图3-39）、对辊粉碎机（见图3-40）和爪式粉碎机（图3-41）。选择粉碎机类型时首先应考虑所购进的粉碎机适合粉碎何种原料。

图 3-39　锤片式粉碎机

图 3-40　对辊式粉碎机

图 3-41　爪式粉碎机

粉碎谷物类饲料为主的，可选择顶部进料的锤片式粉碎机；粉碎糠麸谷麦类饲料为主的，可选择爪式粉碎机；若是要求通用性好，如以粉碎谷物为主，兼顾饼谷和秸秆，可选择切向进料锤片式粉碎机；粉碎贝壳等矿物饲料，可选用贝壳无筛式粉碎机；如用作预混合饲料的前处理，要求产品粉碎的粒度很细又可根据需要进行调节的，应选用特种无筛式粉碎机等。

（2）饲料颗粒机　饲料颗粒机（见图3-42）是将已混粉状饲料，经挤压一次成形为圆柱形颗粒饲料，在制粒过程中不需要加热加水，不需烘干，经自然升温达 70～80℃，可使淀粉糊化、蛋白质凝固变性。颗粒内部熟化深透，表面光滑，硬度高，不易霉烂、变质，可长期储存。颗粒料可提高畜禽的采食量和促进消化吸收，缩短畜禽的育肥期。

图3-42　小型饲料颗粒机

7. 人工授精设备

兔用人工授精设备包括采精器、输精枪、显微镜等设备。

（1）兔用人工授精采精器　兔人工采精需要用采精器桶、玻璃集精杯、采精器内胎、橡皮筋、固定皮圈等（见图3-43）组装成一个采精装置。

图 3-43　采精套装

（2）输精枪　兔人工授精输精枪（见图3-44）是用于将人工采集的公兔精液输入到发情母兔阴道内的器具。包括枪头、精液瓶和连续注射装置。可实现定量输精。

图 3-44　输精枪

（3）显微镜　显微镜（见图3-45）是用于检查采集到的公兔精液质量的器材。主要检查精子的密度、畸形率和活力。

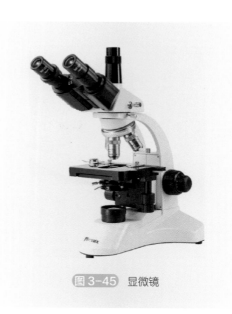

图3-45　显微镜

8. 编号工具

为了方便种兔记录及选种、选配等，对种兔及实验兔要进行编号。常用的编号工具有耳号钳和耳标。

（1）耳号钳　耳号钳（见图3-46）包括钳子一把、耳刺一副、专用字钉咬合垫一块、把手弹簧一个、号码钉一副（4份0～9字码钉，A～Z英文字母钉，4个空白字码钉）和刺号墨水（有红色、黑色和蓝色）。

（2）耳标　耳标是动物标识之一，用于证明牲畜身份，承载牲畜个体信息，加施于牲畜耳部。

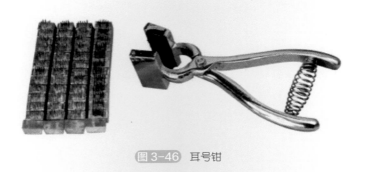

图 3-46　耳号钳

　　耳标（见图 3-47）由主标和辅标两部分组成，主标由主标耳标面、耳标颈、耳标头组成；主标耳标面的背面与耳标颈相连，使用时耳标头穿透牲畜耳部、嵌入辅标、固定耳标，耳标颈留在穿孔内。耳标面登载编码信息。耳标由铝或塑料制成，还要用专用的耳标钳（见图 3-48）方能安装。

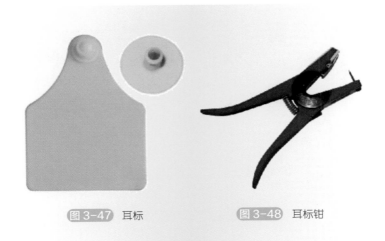

图 3-47　耳标　　　　　图 3-48　耳标钳

9. 清粪设备

目前，养兔生产中主要采取人工清粪、水冲清粪和机械清粪三种方式。

人工清粪设备简单，工具主要有铁锹、扫帚、推车等，成本较低，粪尿分离，粪便收集率高，用水量很小，粪污排放量小，但劳动强度大，适合较小规模的兔场。

水冲清粪需要建设集粪沟，粪沟要有0.5%～1%的倾斜坡度，清粪时直接用水冲。具有操作方便、劳动强度小的优点。缺点是用水量大、舍内潮湿、兔场排污量大，不适合大多数养兔场。

机械清粪有刮板清粪和传送带清粪。兔舍需要安装相应的清粪设备，刮板清粪是地面砌筑沟槽，将兔笼具架设在沟槽上方，兔粪尿落到沟槽内，启动刮粪板将粪便刮到一端。传送带清粪（见图3-49）是在每层兔笼具下面安装传送带清粪系统，兔粪随着传送带的转动将粪便输送到一端。

图 3-49　传送带清粪

机械清粪具有工作效率高、粪便清理及时、可有效降低兔舍内氨气含量和舍内湿度等优点。缺点是投资大、设备维护费用相对较高。机械清粪适合规模化肉兔养殖场。

第四节 肉兔舍环境控制

肉兔舍的环境控制包括温度、湿度、有害气体、光照、噪声等方面的控制，创造符合肉兔生理要求和行为习性的理想环境，以增加养兔生产的经济效益。

一、温度控制

初生至 1 周龄适宜温度范围为 30 ～ 35℃；1 周龄至 4 周龄适宜温度范围为 20 ～ 30℃；4 周龄至 8 周龄适宜温度范围为 20 ～ 25℃；成年肉兔适宜温度范围为 15 ～ 20℃。可见，肉兔的日龄愈小，对环境温度要求愈高。

温度对于小兔，包括仔兔的影响，主要表现在气温低会使小兔被冻死，从而影响仔兔的成活率。按照一般经验，产仔舍的温度最低在 10℃，方能为仔兔的成活提供基本的保证。

成年兔耐受低温、高温的极限是 -5℃和 30℃。当环境温度低于 10℃时，兔体为减少散热而蜷缩，耳温低；高于 25℃时，兔体伸张，四肢展开，且耳温高，肉兔呼吸频率加快；环境温度超过 30℃，就会出现明显的热应激反应，导致家兔繁殖能力下降，公兔精液品质恶化，母兔难孕，胚胎早期死亡。夏季高温是很多地区家兔减产或停产的重要原因。如果环境温度超过 35℃时，将出现虚脱，甚至死亡。

温度对肉兔的影响是显而易见的。温度控制就要根据当地气候特点选择合适的保暖、防暑和降温方法。要强调的是，选择合适的使用场地，以及做好兔舍的保温隔热设计和采用热阻值高的材料建设，是最合理、最经济的防寒、防暑方法。如在兔舍周围植树，可减少兔舍所受太阳辐射和降低兔舍周围气温，对于夏季防暑起到一定的辅助作用。如当外界环境温度达到33℃时，在大树下的兔舍内仍凉爽舒适，而无树遮阴的兔舍内，家兔燥热不安。

1. 兔舍的人工增温

寒冷地区进行冬繁时，自然温度难以达到理想温度，应给兔舍进行人工增温。通常在寒冷季节来临前对兔舍门窗通风口等进行封堵或安装厚门帘，如果还达不到适宜的温度，就要采取集中供热或局部供热的方法增加兔舍内的温度。采用锅炉或空气预热装置等集中产热，再通过管道将热水、蒸汽或热空气送入兔舍。在兔舍中单独安装局部供热设备，如热风炉、电热器、保温伞、散热板、红外线灯、火炉、火墙等。

另外，控制合理的养殖密度，种公兔每平方米 0.4 ～ 0.5 只，繁殖母兔每平方米 0.35 ～ 0.45 只，后备母兔 0.23 只，育肥兔每平方米 12 ～ 20 只，可保持舍内适宜温度。建地下窝，设立单独的供暖育仔车间、产房等也是有效又经济的方式之一。

2. 兔舍的人工降温

兔舍温度过高时，可采取加强通风、洒水、湿帘 - 风机降温、水冷空调等方式降温。加强通风虽不能明显降低温度，但加速了兔舍内及兔体热量的排出，使兔有清凉感，一般地区可采用开窗，靠自然风力和兔舍内外温差加强对流散热，达到通风散热的目的。水的蒸发可达到降温目的，利用地下水或经冷却的水喷洒，降温效果更好。安装湿帘 - 风机降温系统，在气候炎热的地区可取得较好的降温效果。但在夏季潮湿的地区湿帘冷风机的降温效率也受到限制，建议在中午和下午温度高、湿度低的时间段使用。水冷空调是利用空气与冷水（地下 15 米左右的低温浅层地下水）间的热交换来降温，与湿帘等蒸发类降温方式相比，水冷空调降温的优点在于降低气温时不会增加空气的相对湿度，有利于兔体的散热。

二、湿度控制

家兔生活的理想相对湿度为 60%～70%。家兔是较为耐湿的动物，尤其在 20～25℃时，对高湿度的空气有较强耐受力，一般不发病。我国南方多雨季节，空气相对湿度达 90% 以上，家兔能较好地生存，当然南方气温较高、温差小起了缓冲作用。但兔舍内空气湿度过大，会导致微生物的滋生，其中一些致病细菌、病毒和真菌会对兔体的健康带来威胁。另一方面，湿度过大也会污染被毛，加速锈蚀铁制笼具，缩短其使用寿命；反之兔舍相对湿度在 40% 以下，空气过于干燥，可导致肉兔呼吸道黏膜干裂、皮肤干裂，引起皮肤病、呼吸道疾病。

兔舍内湿度过大，应查找导致湿度过大的原因，如水管接头漏水、饮水器损坏漏水、地面积水无法及时排出、冬季舍内外温差大导致墙壁结水、舍内潮气等，都是常见的原因，从源头上解决好漏水和温差大的问题。加强通风也是将多余湿气排除的有效途径，但需注意通风与温度保持的矛盾。兔舍冬季供暖可缓解高湿度的不良作用。

相对湿度在 55% 时，可采取喷雾、洒水等办法增加舍内相对湿度。

三、有害气体控制

兔舍内常见的有害气体有氨气、硫化氢和二氧化碳，其中以氨气的危害最大。肉兔对氨气很敏感，当舍内氨气浓度达到 15.2～22.8 毫克/立方米时，会使肉兔的免疫力显著下降，损伤肉兔的上呼吸道，容易造成细菌感染，严重威胁肉兔安全生产。长期处于高浓度二氧化碳环境下，肉兔会出现慢性缺氧，生产力下降，体质衰弱，免疫力低下等。高浓度硫化氢能使肉兔呼吸道中枢麻痹，造成肉兔窒息死亡。长期处于低浓度硫化氢环境下，肉兔也会出现植物神经功能紊乱，造成体质下降，体重减轻，免疫力下降，生产力下降等。还有粉尘、灰尘对肉兔的健康和毛皮的品质都会有不良影响。

要求兔舍内氨气浓度低于 15.2 毫克 / 立方米，二氧化碳浓度不高于 0.20%，硫化氢浓度低于 10 毫克 / 立方米。

兔舍内产生有害气体的原因主要是肉兔呼吸和粪尿的分解。舍内温度越高，饲养密度越大，有害气体浓度越大。控制兔舍内有害气体超标的方法：一是及时清除粪便，尽量减少兔粪便在舍内的存留时间。同时注意减少兔舍内水管、饮水器的泄露，经常保持笼底板的清洁干燥；二是控制肉兔饲养密度；三是通风。

通风是控制兔舍有害气体的关键措施，在夏季可打开门窗自然通风，冬季靠安装通风装置加强换气，但应根据兔场所在地区的气候、季节、饲养密度等严格控制通风量和风速。通风量过大、过急或气流速度与温度之间不平衡等，同样可诱发兔的呼吸道疾病和腹泻等。确定通风量时可先测定舍内温度、湿度，再确定风速，控制空气流量。精确控制需通过专用仪器测，亦可通过观察防风打火机火苗的倾斜情况来确定风速；倾斜30°时，风速约0.1～0.3米/秒，倾斜60°时约为0.3～0.8米/秒，倾斜90°时则超过1米/秒，兔体附近风速不得超过0.5米/秒。

通风方式分自然通风和动力通风两种。为保障自然通风畅通，兔舍不宜建得过宽，以不大于8米为好，空气入口除炎热地区应低些外，一般要高些，在墙上对称设窗，排气孔的面积为舍内地面面积的2%～3%，进气孔为2%～3%。育肥商品兔舍每平方米饲养活重不超过20～30千克。动力通风多采用鼓风机进行正压或负压通风，负压通风是指将兔舍内的空气抽出，将鼓风机安装在两侧或前后墙，是目前比较多用的方法，舍内气流弱，又能排除有害气体。

四、光照控制

光照可影响肉兔的生长、发育和繁殖功能。适当的光照强度和光照时间（可见光），可以增强机体的代谢和氧化过程，加速蛋白质和矿物质沉积，促进生长发育，并提高抗病力。太阳光对兔舍环境还具有消毒杀菌和保持兔舍干燥的作用。

欧洲家兔养殖中推荐繁殖母兔采用 60 勒克斯、16 小时光照制度。要满足该照度要求，若采用荧光灯（日光灯），需要舍内达到每平方米 4 瓦的光源；若采用白炽灯泡，需要舍内达到每平方米 12～20 瓦的光源。

对于种公兔，每日适宜的光照时间为 16 小时。光照时间过长会导致公兔睾丸缩小，精液品质恶化，受精能力下降。

仔兔不需要提供光照，过多的光照反而会引起机体的功能紊乱，例如腹泻等。仔兔耐受的强度为每日 15～16 小时、5～10 勒克斯的光照。

育肥阶段家兔每日提供 8 小时光照强度为 30～45 勒克斯的光照即可。过强的光照会使育肥兔活动增加，影响采食和生长，饲料转化率降低；减少光照可以抑制育肥兔性腺的发育，促进生长，减少相互咬斗造成的伤害。

五、噪声控制

兔舍的噪声强度应小于 70 分贝。由于家兔生性胆小，怕惊扰，特别容易受到噪声的影响。噪声会使肉兔处于紧张状态，尤其是妊娠期和哺乳期的母兔，突然的噪声可造成妊娠母兔流产，分娩母兔难产，哺乳母兔泌乳量减少或拒绝哺乳，甚至引起食仔等严重后果。对于育肥兔，噪声会导致其采食量减少，消化功能下降，生长迟缓。

噪声控制首先要注意选址，兔舍的选址要远离主要道路、工矿企业、大型工厂等噪声区；其次在舍内设备选择时注意噪声指标，安装时做好防震、隔音和消音措施。兔舍四周的绿化也可以起到一定的减小噪声的作用。

日常管理上，应选择每日早间和晚上进行喂料、清粪等操作，在白天尽量避免在舍内的活动，以免影响肉兔的休息，或使其受到惊吓造成应激。

小贴士：

兔舍环境调控应以兔体周围局部空间的环境状况为调控的重点，充分利用舍外适宜环境，自然调节与人工调控结合，从工艺设计、改善场区环境、棚舍建筑、加强饲养管理、控制环境污染等多方面采取综合措施。

第四章

肉兔饲养品种的确定与繁殖

第一节 肉兔的品种

一、引进肉兔品种

1. 新西兰兔

新西兰兔原产于美国，由美国于 20 世纪初用弗朗德巨兔、美国白兔和安哥拉兔等品种杂交选育而成。新西兰兔毛色有白色、红黄色、黑色三种，其中白色新西兰兔最为出名（见图 4-1），是近代最著名的优良肉兔品种之一，世界各地均有饲养。在美国、新西兰等国家除作为肉用外，还广泛作为实验用兔。

【外貌特征】新西兰兔具有肉用品种的典型特征，属中型肉兔品种，有白色、黑色和红棕色三个变种。目前饲养量较多的是新西兰白兔，全身结构匀称，被毛白色浓密，头粗短，额宽，眼呈粉红色，两耳宽厚、短而直立，颈粗短，腰肋丰满，背腰平直，后躯圆滚，四肢较短，健壮有力，脚毛丰厚，适于笼养。

图 4-1 新西兰兔

【生产性能】新西兰兔体形中等，最大的特点是早期生长发育较快，初生重 50～60 克，在良好的饲养条件下，8 周龄体重可达 1.8 千克，10 周龄体重可达 2.3 千克。成年体重：公兔 4～5 千克，母兔 3.5～4.5 千克。屠宰率 52％左右，肉质细嫩。繁殖力强，年产 5 胎以上，平均每胎产仔 7～9 只。

【主要优缺点】新西兰兔的主要优点是产肉力高，肉质良好，适应性较强。主要缺点是毛皮品质较差，利用价值低，不耐粗饲，对饲养管理条件要求较高，中等偏下的饲养水平下，早期增重快的特点得不到充分发挥。

【利用情况】目前我国饲养的新西兰白兔，少部分是 1949 年前引进后遗留下来的，大部分是 20 世纪 70—80 年代从国外引进的，据统计，1978—1987 年，仅山东省就先后从美、法等国家引进新西兰白兔一千多只，在我国饲养数量多，分布广泛。用新西兰白兔与中国白兔、日本大耳兔、加利福尼亚兔杂交，则能获得较好的杂种优势。

2. 加利福尼亚兔

加利福尼亚兔原产于美国加利福尼亚州，所以又称为加州兔，是一个专门化中型肉用兔品种，系由喜马拉雅兔、青紫蓝兔和新西兰白兔杂交育成，是现代著名肉兔品种之一（见图 2-2 和视频 4-1）。世界各地均有饲养，饲养量仅次于新西兰白兔。

图 4-2　加利福尼亚兔

视频 4-1 加利福尼亚兔

【外貌特征】加利福尼亚兔皮毛为白色，鼻端、两耳、尾及四肢下部为黑色，故称"八点黑"。幼兔色浅，颜色随年龄增长而加深；冬季色深，夏季色浅。耳小直立，颈粗短，肩、臀部发育良好，肌肉丰满，眼呈红色。

【生产性能】该兔体形中等，早期生长速度快，仔兔初生重 50～60 克，40 日龄体重达 1.0～1.2 千克，仔兔发育均匀。3 月龄体重可达 2.5 千克以上。成年体重：公兔 3.6～4.5 千克，母兔 3.9～4.8 千克。屠宰率 52%～54%，肉质鲜嫩。繁殖力强，年产 4～6 胎，每胎均产仔 6～8 只，平均每窝产仔 7～8 只。

【主要优缺点】该兔种的主要优点是适应性好，抗病力强，杂交效果好，早熟易肥，肌肉丰满，肉质肥嫩，屠宰率高。母兔性情温驯，泌乳力高，是有名的"保姆兔"。主要缺点是生长速度略低于新西兰兔，断奶前后饲养管理条件要求较高。

【利用情况】我国于1978年引入加利福尼亚兔，现分布较广泛。利用加利福尼亚兔作为父本与新西兰白兔、比利时兔等母兔杂交，杂种优势明显。

3. 比利时兔

比利时兔又称巨灰兔，原产于比利时，是由英国育种家用野生穴兔改良选育而形成的大型优良肉兔品种（见图4-3和视频4-2）。

视频 4-2 比利时兔

图 4-3　比利时兔

【外貌特征】比利时兔被毛呈黄褐色或深褐色，毛尖略带黑色，腹部灰白，两眼周围有不规则的白圈，耳尖部有黑色光亮的毛边。眼睛为黑色，耳大而直立，稍倾向于两侧，面颊部突出，脑门宽圆，鼻骨隆起，类似马头，俗称"马兔"。

【生产性能】该兔体型较大，仔兔初生重 60 ～ 70 克，最大可达 100 克以上，6 周龄体重 1.2 ～ 1.3 千克，3 月龄体重可达 2.3 ～ 2.8 千克。成年体重：公兔 5.5 ～ 6.0 千克，母兔 6.0 ～ 6.5 千克，最高可达 7 ～ 9 千克。繁殖力强，平均每胎产仔 7 ～ 8 只，最高可达 16 只。

【主要优缺点】该兔种的主要优点是生长发育快，适应性强，泌乳力高。主要缺点是不适宜于笼养，饲料利用率较低，易患脚癣和脚皮炎等。

【利用情况】我国于 1978 年引入比利时兔，现分布较广泛，是培育肉兔品种的好材料，既可纯繁进行商品生产，又可与其他品种的种兔配套杂交。比利时兔与中国白兔、日本大耳兔杂交，可获得理想的杂种优势。

4. 公羊兔

公羊兔又名垂耳兔，是一个大型肉用品种。公羊兔因其两耳长宽而下垂，头形似公羊而得名（见图 2-4）。来源不详。可以认为首先出现在北非，之后分布在法国、比利时和荷兰，英国和德国也有很长的培育历史。由于各国的选育方法不同，使其在体型上有了很大的变化。可分为法系、德系和英系公羊兔。由于我国是从法国引进的，又称为法系公羊兔。

图 4-4　公羊兔

【外貌特征】公羊兔体型巨大，体质结实、体形匀称，公羊兔被毛颜色多为黄褐色，耳朵大而下垂，头形粗大、短而宽，额、鼻结合处稍微突起，形似公羊，眼小，颈短，颈部粗壮，背腰宽，臀部丰满，四肢粗壮结实。母兔颈部下面有肉瘤，乳头5对以上，排列整齐、均匀。

【生产性能】该品种兔早期生长发育快，40天断奶重可达1.5千克，成年体重6～8千克，最高者可达9～10千克。成年公兔体重为5～8千克；初生重80克，比中国家兔重1倍；40天断奶体重0.85～1.1千克，90天平均体重2.5～2.75千克。成年母兔体重为5～7千克；公羊兔母兔每窝平均产仔8～9只，年产6～7窝仔。公羊兔公兔的初配年龄为7～8月龄；母兔的初配年龄为6月龄。公羊兔种公兔和种母兔的配种使用年限均为3～4年。

【主要优缺点】该品种兔耐粗饲，抗病力强，易于饲养。性情温顺，不爱活动，因过于迟钝，故有人称其为"傻瓜兔"，其繁殖性能低，主要表现在受胎率低，哺育仔兔性能差，产仔少。

【利用情况】我国于1975年引入公羊兔。作为杂交父本与比利时兔（弗朗德巨兔）杂交，杂种优势明显，效果较好，二者都属大型兔，被毛颜色比较一致，杂交一代生长发育快，抗病力强，经济效益高。

5. 青紫蓝兔

青紫蓝兔原产于法国，由法国育种家用蓝色贝韦伦兔、嘎伦兔和喜马拉雅兔杂交育成，因毛色类似珍贵毛皮兽"青紫蓝绒鼠"而得名，是世界著名的皮肉兼用兔种（见图2-5）。在世界范围内分布很广。有三个不同的类型：标准型、美国型和巨型，但它们都是灰蓝色。

【外貌特征】被毛整体为蓝灰色，耳尖及尾面为黑色，眼圈、尾底、腹下和后额三角区呈灰白色。单根纤维自基部至毛梢的颜色依次为深灰色、乳白色、珠灰色、雪白色和黑色，被毛中夹杂有全白或全黑的针毛。眼睛为茶褐色或蓝色。

图4-5 青紫蓝兔

【生产性能】青紫蓝兔现有 3 个类型。标准型：体型较小，成年母兔体重 2.7 ～ 3.6 千克，公兔 2.5 ～ 3.4 千克。美国型：体型中等，成年母兔体重 4.5 ～ 5.4 千克，公兔 4.1 ～ 5.0 千克。巨型兔：偏于肉用型，成年母兔体重 5.9 ～ 7.3 千克，公兔 5.4 ～ 6.8 千克。繁殖力较强，每胎产仔 7 ～ 8 只，仔兔初生重 50 ～ 60 克，3 月龄体重达 2.0 ～ 2.5 千克。

【主要优缺点】该兔种的主要优点是毛皮品质较好，适应性较强，繁殖力较高；主要缺点是生长速度较慢，因而以肉用为目的时不如饲养其他肉用品种有利。

【利用情况】在我国分布很广，尤以标准型和美国型饲养量较大。多作为杂交母本。

6. 日本大耳兔

日本大耳兔又称日本白兔，原产于日本，由中国白兔和日本兔杂交选育而成（见图4-6）。日本大耳兔属于中型品种。

图 4-6 日本大耳兔

【外貌特征】兔头大小适中，额宽，面凸，被毛全白且浓密而柔软，皮张面积大，质地良好，眼红色，颈较粗，母兔颈下有肉髯。耳大，耳根细，耳端尖，耳薄，形同柳叶并向后竖立，血管明显，适于注射和采血，是理想的实验用兔。

【生产性能】日本大耳兔繁殖力较高，年产 4～5 胎，每胎产仔 8～10 只，多的达 12 只，仔兔初生重平均为 60 克。母兔母性好，泌乳量大。生长发育较快，2 月龄平均重 1.4 千克，4 月龄达 3 千克，成年体重平均为 4 千克，成年体长 44.5厘米，胸围 33.5 厘米。

【主要优缺点】该兔种的主要优点是早熟，生长快，耐粗饲；其母性好，繁殖力强，常用作"保姆兔"，肉质好，皮张品质优良。主要缺点是骨架较大，胴体不够丰满，屠宰率、净肉率较低。

【利用情况】我国引入后，除纯繁广泛用于试验研究外，由于肉质较佳，产肉性能较好，也和其他品种杂交生产商品肉兔，适合作为商品生产中杂交用母本。我国各地广为饲养，是目前我国饲养量较多的肉兔品种之一。

7. 德国花巨兔

德国花巨兔原产于德国，是著名的大型皮肉兼用品种。其育成历史有两种说法，一种认为由英国蝶斑兔输入德国后育成，另一种则认为由比利时兔和弗朗德巨兔等杂交选育而成（见图 4-7 和视频 4-3）。属于皮肉兼用兔品种。

图 4-7　德国花巨兔

视频 4-3 德国花巨兔

【外貌特征】德国花巨兔体躯被毛底色为白色，口鼻部、眼圈及耳毛为黑色，从颈部沿背脊至尾根有一锯齿状黑带，体躯两侧有若干对称、大小不等的蝶状黑斑，故也称"蝶斑兔"。体格健壮，体型高大，体躯长，呈弓形，骨骼粗壮，腹部离地较高。成年体重 5～6 千克，体长 50～60 厘米，胸围 30～35 厘米。

【生产性能】繁殖力强，每胎平均产仔 11～12 只，高的达 17 ～ 19 只，仔兔初生重 75 克，早期生长发育快，40 天断奶重达 1.1 ～ 1.25 千克，90 日龄体重达 2.5 ～ 2.7 千克。

【主要优缺点】德国花巨兔性情活泼，行动敏捷，善跳跃，抗病力强，但产仔数和毛色遗传不稳定，性情粗野，母性不强，哺育力较差。据南京农业大学徐汉涛等观察（1980），有的母兔站着产仔，有食仔癖；有时以嘴和前爪主动伤人。

【利用情况】据报道，美国自 1910 年引入花巨兔，经风土驯化与选育，培育出黑斑和蓝斑两种花巨兔。我国于 1976 年自丹麦引入花巨兔，由于饲养管理条件要求较高，哺育力差，饲养逐渐减少。哈尔滨白兔育成过程中，曾引入花巨兔的血统。

8. 弗朗德巨兔

弗朗德巨兔起源于比利时北部弗朗德一带（亦说起源于英国），体型大，因此得名。数百年来，它广泛分布于欧洲各国，但长期误称为比利时兔，直至 20 世纪初，才正式定名为弗朗德巨兔（见图 4-8）。该兔是最早、最著名和体型最大的肉用型品种。

图 4-8 弗朗德巨兔

【外貌特征】本品种体型结构匀称，骨骼粗重，背部宽平，产肉力高，肉质良好。依毛色不同分为 7 个品系，即钢灰色、黑灰色、黑色、蓝色、白色、浅黄色和浅褐色。

美国弗朗德巨兔多为钢灰色，且体型稍小，背扁平，成年母兔体重为 5.9 千克，公兔为 6.4 千克。英国弗朗德巨兔成年母兔体重为 6.8 千克，公兔为 5.9 千克。法国弗朗德巨兔成年体重为 6.8 千克，公兔为 7.7 千克。英国白色弗朗德巨兔为红眼，似天竺鼠，头耳较大，被毛浓密，富有光泽，黑色弗朗德兔眼为黑色。

【生产性能】年产 4～5 窝，每窝平均产仔 7～8 只，母兔泌乳力高，屠宰率为 52%～55%。

【主要优缺点】弗朗德巨兔适应性强，耐粗饲，其不足之处是繁殖力低，成熟较迟。

【利用情况】弗朗德巨兔对很多大型兔种的育成过程几乎都有影响，在我国东北、华北地区均有少量饲养。张家口农业高等专科学校育成的大型皮肉兼用兔新品种，就是用法系公羊兔与弗朗德巨兔二元轮回杂交，并经严格选育而成的。

二、配套系品种

1. 齐卡肉兔

齐卡（ZIKA）肉兔配套系，是由德国 zika 家兔育种中心和慕尼黑大学用 10 年的时间联合育成的、当前世界上著名的肉兔配套品系之一（见图 4-9）。我国在 1986 年由四川省畜牧兽医研究所首次引进、推广并试验研究。该配套系由大、中、小 3 个品系组成，大型品种为德国巨型白兔，中型品种为德国大型新西兰白兔，小型品种为德国合成白兔。

G 系称为德国巨型白兔，N 系为齐卡新西兰白兔，Z 系为专门化品系。生产商品肉兔是以 G 系公兔与 N 系母兔交配生产的 GN 公兔为父本，以 Z 系公兔与 N 系母兔交配得到的 ZN

母兔为母本（图 4-10）。

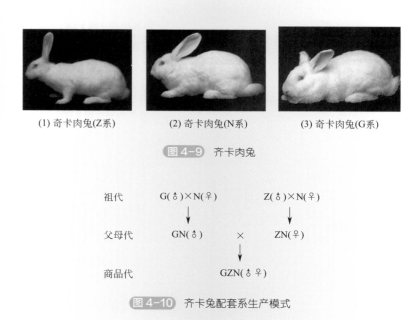

(1) 奇卡肉兔 (Z 系)　　(2) 奇卡肉兔 (N 系)　　(3) 奇卡肉兔 (G 系)

图 4-9　齐卡肉兔

祖代　　　G(♂)×N(♀)　　　　　Z(♂)×N(♀)
　　　　　　　↓　　　　　　　　　　　↓
父母代　　　GN(♂)　　　×　　　ZN(♀)
　　　　　　　　　　　　　↓
商品代　　　　　　　GZN(♂♀)

图 4-10　齐卡兔配套系生产模式

　　德国巨型白兔（配套系中的 G 系）：全身被毛纯白色，红眼，耳大而直立，头粗壮，体躯长大而丰满。成兔平均体重为 6～7 千克，初生个体重为 70～80 克，35 日龄断奶重为 1～1.2 千克，90 日龄体重为 2.7～3.4 千克，日增重 35～40 克，料肉比为 3.2：1，生产中多用作杂交父本。巨型白兔耐粗饲，适应性较好，年产 3～4 胎，每胎产仔 6～10 只。该兔性成熟较晚，6～7.5 月龄才能配种，夏季不孕期较长。

　　大型新西兰白兔（配套系中的 N 系）：全身被毛白色，红眼，头型粗壮，耳短、宽、厚而直立，体躯丰满，呈典型的肉用砖块型。成兔平均体重为 4.5 ～ 5.0 千克。该兔早期生长发育快，肉用性能好，饲料报酬高。据德国品种标准介绍，56 日龄体重为 1.9 千克，90 日龄体重为 2.8 ～ 3.0 千克，年产仔 50 只。

据四川省畜牧兽医研究所测定，35 日龄断奶重为 700 ～ 800 克，90 日龄体重为 2.3 ～ 2.6 千克，日增重 30 克以上，料肉比为 3.2 ∶ 1。年产 5 ～ 6 胎，每胎产仔 7 ～ 8 只，高的可达 15 只。该兔对饲养管理要求较高。

德国合成白兔（配套系中的 Z 系）：该兔被毛白色，红眼，头清秀，耳短、薄而直立，体躯长而清秀。繁殖性能较好，母兔年产仔 60 只，平均每胎产仔 8 ～ 10 只。幼兔成活率高，适应性好，耐粗饲。成兔平均体重为 3.5 ～ 4.0 千克，90 日龄体重为 2.1 ～ 2.5 千克。

G、N、Z 三系配套生产商品杂优兔，德国标准为：全封闭式兔舍、标准化饲养条件下，其配套生产的商品兔，年产商品活仔 60 只，胎产仔平均为 8.2 只。肥育成活率为 85%。28 天断奶重 650 克，56 天体重为 2.0 千克，84 天体重为 3.0 千克，日增重 40 克，料肉比为 2.8 ∶ 1。据测定，在开放式自然条件下商品兔 90 日龄体重为 2.58 千克，日增重 32 克以上，料肉比（1.75 ～ 3.3）∶ 1。

经过四川省畜牧兽医研究所 6 年的培育与选择，齐卡肉兔在我国开放式饲养条件下，其主要生产性能已达到或超过引进原种的生产成绩，引种获得成功。

在一项研究中，三系选育群 G 系（141 只）、N 系（102 只）、Z 系（187 只）成年体重分别为 5.79 千克、4.55 千克、3.56 千克。162 只试验商品肉兔 3 月龄体重为 2.53 千克，肥育成活率为 96%，屠宰率为 52.9%，胴体背腰宽，后躯肌肉丰富。经研究表明，齐卡商品肉兔的产肉性能明显优于全国广泛推广的加利福尼亚兔和我国新育成的哈尔滨大白兔。

2. 艾哥肉兔

艾哥（ELCO）肉兔配套系在我国又称布列塔尼亚兔，是由法国艾哥（ELCO）公司培育的大型白色肉兔配套系，该配套系具有较高的产肉性能和繁殖性能以及较强的适应性（见图4-11）。

图 4-11　艾哥肉兔

该配套系由 4 个品系组成，即 GP111 系（祖代父系公兔）、GP121 系（祖代父系母兔）、GP172 系（祖代母系父兔）和 GP122 系（祖代母系母兔）。其配套杂交模式为：GP111 系公兔与 GP121 系母兔杂交生产父母代公兔（E231），GP172 系公兔与 GP122 系母兔杂交生产父母代母兔（P292），父母代公母兔交配得到商品代兔（PF320）（图4-12）。

GP111 系兔（祖代父系公兔）：毛色为白化型或有色，我国引进的是白化型。性成熟期为 26 ～ 28 周龄，70 日龄体重为 2.5 ～ 2.7 千克，成年体重达 5.8 千克以上，28 ～ 70 日龄饲料报酬为 2.8 ∶ 1。

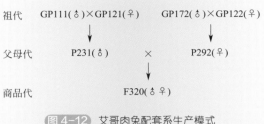

图 4-12 艾哥肉兔配套系生产模式

GP121 系兔（祖代父系母兔）：毛色为白化型或有色，我国引进的是白化型。性成熟期为 121±2 天，70 日龄体重为 2.5 ～ 2.7 千克，成年体重达 5.0 千克以上，28 ～ 70 日龄饲料报酬为 3.0 ：1，年产 6 胎，平均每胎产仔 9 只，每只母兔年可生产断奶仔兔 50 只，其中可选用的种公兔为 15 ～ 18 只。

GP172 系兔（祖代母系公兔）：毛色为白化型，红眼；性成熟期为 22 ～ 24 周龄，成年体重为 3.8 ～ 4.2 千克。公兔性情活泼，性欲旺盛，配种能力强。

GP122 系兔（祖代母系母兔）：毛色为白化型，红眼；性成熟期为 117±2 天，成年体重为 4.2 ～ 4.4 千克。母兔的繁殖能力强，每只母兔每年可生产成活仔兔 50 ～ 60 只，其中可选用种母兔 25 ～ 30 只。

P231（父母代公兔）：毛色为白色或有色，红眼，性成熟期为 22 ～ 24 周龄，成年体重为 4.0 ～ 4.2 千克，性欲强，配种能力强。

P292（父母代母兔）：毛色为白化型，性成熟期为 117±2 天，成年体重为 4.0 ～ 4.2 千克，窝产活仔 9.3 ～ 9.5 只，28 天断乳成活仔兔 8.8 ～ 9.0 只，出栏时窝成活 8.3 ～ 8.5 只，每年生产断乳成活仔兔 55 ～ 65 只。

PF320（商品代兔）：商品代 35 日龄断乳体重为 900 ～ 980

克，70日龄体重为2.4～2.5千克，35～70天料肉比为2.7∶1，屠宰率为59%，净膛率在85%以上。

布列塔尼亚兔引入我国后，在黑龙江、吉林、山东和河北等省饲养，表现出良好的繁殖能力和生长潜力。该品种特别适宜规模化养殖，需要较好的饲养管理条件。

3. 伊拉肉兔

伊拉（HYLA）肉兔配套系是法国欧洲兔业公司（EUROLAP）用九个原始品种经不同杂交组合和选育试验，于20世纪70年代末选育而成（见图4-13）。山东省安丘市绿洲兔业有限公司于1996年从法国首次将伊拉肉兔配套系引入我国。该配套系由A、B、C和D四个品系组成，4个品系各具特点。该配套系具有遗传性能稳定、生长发育快、饲料转化率高、抗病力强、产仔率高、出肉率高及肉质鲜嫩等特点，是优秀的肉兔配套系之一。其配套模式为：祖代A品系公兔与祖代B品系母兔杂交产生父母代公兔，祖代C品系公兔与祖代D品系母兔杂交产生父母代母兔，再由父母代公母兔杂交产生商品代兔。在配套生产中，杂交优势明显（图4-14）。

图4-13　伊拉肉兔

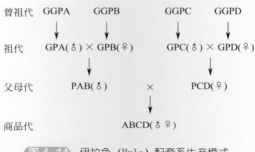

| 曾祖代 | GGPA | GGPB | | GGPC | GGPD |

图 4-14 伊拉兔 （Hyla） 配套系生产模式

　　A 品系：具有白色被毛，耳、鼻、四肢下端和尾部为黑色。成年公兔平均体重为 5.0 千克，成年母兔为 4.7 千克。日增重 50 克，母兔平均窝产仔 8.35 只，配种受胎率为 76%，断奶成活率为 89.69%，饲料报酬为 3.0 ∶ 1。

　　B 品系：具有白色被毛，耳、鼻、四肢下端和尾部为黑色。成年公兔平均体重为 4.9 千克，成年母兔为 4.3 千克。日增重 50 克，母兔平均窝产仔 9.05 只，配种受胎率为 80%，断奶成活率为 89.04%，饲料报酬为 2.8 ∶ 1。

　　C 品系：全身被毛为白色。成年公兔平均体重为 4.5 千克，成年母兔为 4.3 千克。母兔平均窝产仔 8.99 只，配种受胎率为 87%，断奶成活率为 88.07%。

　　D 品系：全身被毛为白色。成年公兔平均体重为 4.6 千克，成年母兔为 4.5 千克。母兔平均窝产仔 9.33 只，配种受胎率为 81%，断奶成活率为 91.92%。

　　商品代兔：具有白色被毛，耳、鼻、四肢下端和尾部呈浅黑色。28 天断奶重为 680 克，70 日龄体重达 2.52 千克，日增重 43 克，饲料报酬为（2.7 ～ 2.9）∶ 1，半净膛屠宰率为 58% ～ 59%。

4. 伊普吕肉兔

伊普吕（Hyplus）肉兔配套系由法国克里莫股份有限公司经过 20 多年的精心培育而成（见图 4-15）。伊普吕配套系是多品系杂交配套模式，共有 8 个专门化品系。

图 4-15　伊普吕肉兔

我国山东省菏泽市颐中集团科技养殖基地于 1998 年 9 月从法国克里莫股份有限公司引入 4 个系的祖代兔共 2000 只，分别是作为父系的巨型系、标准系和黑眼睛系，以及作为母系的标准系。据菏泽市牡丹区科协提供的资料，该兔在法国良好的饲养条件下，平均年产仔 8.7 胎，每胎平均产仔 9.2 只，成活率为 95％，11 周龄体重为 3.0 ～ 3.1 千克，屠宰率为 57.5％～ 60％。经过几年饲养观察，在 3 个父系中，以巨型系表现最好，与母系配套，在一般农户饲养条件下，年可繁殖 8 胎，每胎平均产仔 8.7 只，商品兔 11 周龄体重可达 2.75 千克。黑眼睛系表现最差，生长发育速度慢，抗病力也较差。

2005 年 11 月山东青岛康大集团公司从法国克里莫公司引

进祖代 1100 只，其中有 4 个祖代父本和一个祖代母本。其主要组合情况如下。

标准白：由 PS19 母本与 PS39 父本杂交而成。母本为白色，略带黑色耳边，性成熟期为 17 周龄，每胎平均产活仔 9.8～10.5 只，70 日龄体重为 2.25～2.35 千克；父本为白色，略带黑色耳边，性成熟期为 20 周龄，每胎平均产活仔 7.6～7.8 只，70 日龄体重为 2.7～2.8 千克，屠宰率为 58%～59%；商品代为白色，略带黑色耳边，70 日龄体重为 2.45～2.50 千克，70 日龄屠宰率为 57%～58%。

巨型白：由 PS19 母本和 PS59 父本杂交而成。父本为白色，性成熟期为 22 周龄，每胎产活仔 8～8.2 只，77 日龄体重为 3～3.1 千克，屠宰率为 59%～60%；商品代为白色，略带黑色耳边，77 日龄体重为 2.8～2.9 千克，屠宰率为 57%～58%。

标准黑眼：由 PS19 母本与 PS79 父本杂交而成。父本为灰毛黑眼，性成熟期为 20 周龄，每胎产活仔 7～7.5 只，70 日龄体重为 2.45～2.55 千克，屠宰率为 57.5%～58.5%。

巨型黑眼：由 PS19 母本与 PS119 父本杂交而成。父本为麻色黑眼，性成熟期为 22 周龄，每胎产仔 8～8.2 只，77 日龄体重为 2.9～3.0 千克，屠宰率为 59%～60%。

5. 康大 1 号、康大 2 号、康大 3 号肉兔

康大 1 号、康大 2 号、康大 3 号肉兔配套系是 2006 年由青岛康大兔业发展有限公司、山东农业大学以伊普吕肉兔配套系、香槟兔、泰山白兔等为育种素材，培育成的一个 3 系配套的肉兔配套系。2011 年 12 月初，通过国家畜禽新品种审定。

康大配套系是中国第一个肉兔配套系，也是国内第一个具有完全自主知识产权的肉兔配套系。

目前，康大肉兔配套系已经具备了 9 个独立的专门化品系（Ⅰ～Ⅸ），各品系已经建立核心群，生产性能经山东省种畜禽

质量测定站测定，康大系列肉兔配套系父母代平均胎产仔数为
10.30～10.89只，12周出栏体重为2845～3134克，全净膛
屠宰率为52.98%～54.70%，达到进口配套系的生产性能水平。

经山东、山西、四川等多地中试，康大配套系的生产适应
性、抗病抗逆性、繁殖性能的表现优于国外引进配套系，适于
在我国华东、华北、西南等肉兔主产区饲养。

三、我国培育品种

1.豫丰黄兔

豫丰黄兔是由太行山兔（又称虎皮黄兔）为母本、比利时
兔为父本杂交选育而成的中型肉皮兼用型品种（见图4-16）。
1994年12月8日被河南省科技委员会认定为中型皮肉兼用型
新品种，鉴定证书的编号为豫科鉴委字440号。

图4-16 豫丰黄兔

【外貌特征】

豫丰黄兔全身被毛黄色，腹部白色，毛短平光亮，皮板

薄厚适中，靠皮板有一层茂盛密实的短绒，不易脱落，毛细、密、短，毛绒品质优。头小清秀呈椭圆形，齐嘴头，成年母兔颌下肉髯明显；耳长大直立，个别兔向一侧下垂，耳郭薄，耳端钝；眼大有神，眼球黑色。背腰平直而长，臀部丰满，四肢强健有力，腹部较平坦。体躯正视似圆筒，侧视似长方形。

【生长性能】

豫丰黄兔成年公兔体重为4820克左右，体长58厘米左右，胸围39厘米左右；成年母兔体重为4756克左右，体长36厘米左右，胸围37厘米左右。

豫丰黄兔5.5月龄体成熟，适宜6月龄初配，母兔妊娠期平均为31天。平均窝产仔数为10只，初生窝重为513±85克左右，21日龄窝重为3009±500克左右，30天断奶窝重为5806±1000克，断奶成活率为96.6%。

【主要优缺点】

前期生长速度快，饲料利用率高，外貌美观独特，遗传性能稳定，适应性好，抗病能力大大优于其他肉兔品种。既适应高标准饲养，又能适应条件差的环境与低营养标准，既能适应南方热带，又能适应北方寒带饲养。抗病能力大大优于其他肉兔品种。缺点是该兔3月龄之后生长速度放缓。

2. 塞北兔

塞北兔是由张家口农业高等专科学校杨正教授研究团队培育的大型皮肉兼用型品种（见图4-17）。1978年以法系公羊兔和比利时的弗朗德巨兔为亲本，采用二元轮回杂交并经严格选育而成。1988年通过省级鉴定，定名为塞北兔。

【外貌特征】塞北兔的被毛色以黄褐色为主，其次是纯白色、少量黄色或橘黄色3种。体形呈长方形，头大小适中，眼眶突出，眼大而微向内陷。下颌宽大，嘴方正。鼻梁上有黑色山峰线，耳宽大，一耳直立，一耳下垂，或两耳均直立或均下垂，故称为斜耳兔，这是该品种的重要特征。体质结实、健壮。公兔颈部粗短，母兔颈下有肉髯。肩宽广，胸宽深，背腰平直，后躯宽而肌肉丰满，四肢短而粗壮。皮张面积大，皮板有韧性，坚牢度好，绒毛细密，是理想的皮肉兼用型新品种。

图 4-17 塞北兔

【生产性能】该兔种体型较大，繁殖力强，每胎平均产仔7.1 只，高者可达 15 ～ 16 只，初生窝重为 454 克，出生个体体重平均为 64 克，泌乳量（3 周龄窝重）为 1828 克。6 周龄断奶窝重为 4836 克，断奶个体平均体重为 820 克。成年体重为 5 370 克，成年体长 51.6 厘米，胸围 37.6 厘米。7 ～ 13 周龄日增重 24.4 克，14 ～ 26 周龄日增重 29.5 克，青年兔屠宰率为 52.6%，成年兔屠宰率为 54.5%，饲料报酬率为 3.29 ∶ 1。

【主要优缺点】塞北兔的主要优点是体型较大，生长较快，繁殖力较强，抗病力强，发病率低，耐粗饲，适应性强，性情温驯，容易管理。主要缺点是毛色、体型一致性差，有待于进一步选育提高。

3. 太行山兔

太行山兔又名虎皮黄兔，原产于河北省太行山地区的井陉县、威县一带，由河北农业大学选育而成，1985年通过鉴定，定名为太行山兔，属于皮肉兼用品种，是一个优良的地方品种（见图4-18）。

图 4-18　太行山兔

【外貌特征】太行山兔分标准型和中型两种。

标准型兔：全身毛色为栗黄色，腹部毛为淡白色，头清秀，耳较短厚直立，体型紧凑，背腰宽平，四肢健壮，体质结实。成年兔体重，公兔平均为3.87千克，母兔平均为3.54千克。

中型兔：全身毛色为深黄色，臀两侧和后背略带黑毛尖，头粗壮，脑门宽圆，耳长直立，背腰宽长，后躯发达，体质结实。成年兔体重，公兔平均为4.31千克，母兔平均为4.37千克。

太行山兔有两种毛色。

一种为黄色，单根毛纤维根部为白色，中部黄色，尖部为红棕色；眼球棕褐色，眼圈白色；腹毛白色。

另一种是在黄色基础上，背部、后躯、两耳上缘、鼻端及尾背部毛尖的被毛为黑色，这种黑色毛梢在 4 月龄前不明显，但随年龄增长而加深，眼球及触须为黑色。

【生产性能】该品种性成熟早，乳头一般为 4 对，母兔母性好，泌乳力强，泌乳量为 3500 克，3～4 月龄可以配种，仔兔出生重为 50～60 克，断奶重为 800 克，4 月龄体重为 3 千克。仔兔成活率为 85%～92%。成年兔屠宰率为 53.39%。

【主要优缺点】优点是遗传性能稳定，耐寒，耐粗饲，抗病力和适应性特别强。缺点是早期生长发育较缓慢，有待进一步选育提高。

4. 哈尔滨大白兔

哈尔滨大白兔是中国农业科学院哈尔滨兽医研究所运用家畜遗传繁育理论，制订最佳选育方案，以比利时兔、德国巨花兔为父本，以本地白兔、上海白兔为母本，组成八个杂交组合，进行定向培育。经过十年的严格选育，于 1986 年育成我国第一个家兔新品种（见图 4-19 和见视频 4-4）。

视频 4-4 哈尔滨大白兔

图 4-19 哈尔滨大白兔

【外貌特征】哈尔滨大白兔全身被毛粗长，呈纯白色，毛密柔软，眼大有神，呈粉红色，头大小适中，耳大直立，耳尖钝圆，耳静脉清晰，前后躯发育匀称，四肢强健，肌肉丰满，结构匀称，体形较大。脚毛较厚，雌雄都有肉髯。

【生产性能】哈尔滨大白兔早期生长发育较快，仔兔出生重为 60 克。在良好的饲养条件下，1 月龄达 0.65～1 千克，3 月龄达 2.5 千克。成年公兔体重为 5～6 千克，成年母兔体重为 5.5～6.5 千克。繁殖力强，年产 5～6 窝，平均每窝产仔 8～10 只。

【主要优缺点】哈尔滨大白兔的主要优点是适应性强，耐粗饲，繁育性能好，仔兔生长发育快，饲料报酬高达 3.11∶1，屠宰率高达 57.6％。主要缺点是有的地方表现生长速度慢，体型变小，需重视选育。

【利用情况】通过在全国十几年的推广扩繁，证明了哈尔滨大白兔遗传性能稳定，各项生化指标强于国外引进兔。在相同的饲养条件下各项生产指标均高于国外引进大型肉兔。该成果于 1990 年获国家科技进步三等奖，并已列入国家科技成果重点推广项目，推广十年经济效益增产值达 14.6 亿元人民币，创造了明显的经济效益和社会效益。该品种作杂交用父系效果较好。

四、地方品种

1. 闽西南黑兔

闽西南黑兔，原名福建黑兔，俗称黑毛福建兔，属小型皮肉兼用但以肉用为主的地方兔种遗传资源（见图 4-20）。2010 年 11 月通过国家畜禽遗传资源委员会鉴定，原农业部第 1493 号公告，命名为闽西南黑兔。

【外貌特征】闽西南黑兔全身披深黑色粗短毛，紧贴体躯，具有光泽，乌黑发亮，体型较小，头部清秀，两耳直立厚短，眼大而圆睁有神，眼睛虹膜为黑色。身体结构紧凑，胸部宽深，背平直，腰部宽，腹部结实钝圆，后躯丰满，四肢健壮有力。体型外貌和遗传性能稳定。

图4-20　闽西南黑兔

【生产性能】成年公兔体长（40.3±2.78）厘米，成年母兔体长（41.6±3.87）厘米。成年公兔胸围（29.0±2.0）厘米，成年母兔胸围（28.5±1.7）厘米；成年公兔平均体重为（2.24±0.161）千克，成年母兔平均体重为（2.192±0.199）千克。初生个体重40.0～52.5克，30日龄断奶重为380.5～410.5克，3月龄重为1230.83～1580.20克，6月龄重为2000～2250克；全净膛胴体重770～1000克；全净膛屠宰率为39.5％～50.0％；断奶后至70日龄的平均日增重为15～18克，断奶后至90日龄的平均日增重为13.2～14.1克；断奶至90日龄料肉比为（2.64∶1）～（3.14∶1）。

公兔性成熟期为4.5月龄，母兔性成熟期为3.5月龄；适配月龄，公兔为 5 月龄，母兔为 3.5 月龄；妊娠期为 29 ～ 31 天；初生窝重为 240 ～ 312 克，21 日龄窝重为 1045 ～ 1288 克，30 日龄断奶窝重为 1671 ～ 2010 克；窝产仔数为 5 ～ 7 只，窝产活仔数为 5 ～ 6 只，断奶仔兔数为 5 ～ 6 只，断奶成活率为 90％～ 95％。

【主要优缺点】闽西南黑兔具有适应性强、耐粗饲、早熟、胴体品质及风味好、屠宰率高、肉质营养价值高等优点，其缺点是生长速度相对较慢。

【利用情况】闽西南黑兔肉质营养价值高，可开发为保健食品，加工成旅游休闲食品。

2. 福建黄兔

福建黄兔俗称闽黄兔，属小型肉用型兔，是我国地方优良品种，已列入国家级畜禽遗传资源保护品种名录（见图 4-21）。

图 4-21　福建黄兔

【外貌特征】全身紧披深黄或米色粗短毛，富有光泽，下颌沿腹部至胯部呈白色带状。头部大小适中，呈微三角形，双耳小而稍厚，耳端钝圆，双耳直立呈"V"形，稍向前倾；眼睛圆睁有神，虹膜呈棕褐色或黑色；身体结构紧凑，小巧灵活，胸部宽深，背平直，腰部宽，腹部结实钝圆，后躯发达丰满；四肢健壮有力，后脚粗且稍长。

【生产性能】成年公兔体长（44.67±3.06）厘米，成年母兔体长（39.54±2.00）厘米。成年公兔胸围为（30.86±1.40）厘米，成年母兔胸围为（30.10±1.50）厘米；初生个体重为45.0～56.5克，30日龄断奶体重为356.49～508.77克，3月龄体重为858.10～1023.76克，6月龄体重为2817.50～2947.50克；全净膛胴体重为825.5～1215.0克，半净膛胴体重为940.0～1225克；全净膛屠宰率为40.5%～49.4%；断奶后至70日龄平均日增重17～20克，断奶后至90日龄平均日增重15～17.5克；断奶至70日龄料肉比为（2.48～2.83）：1，断奶至90日龄料肉比为（2.77～3.15）：1。

公兔性成熟期为5月龄，母兔性成熟期为4月龄；适配月龄，公兔6月龄，母兔5月龄；妊娠期为29～31天；初生窝重为283.5～355.9克，21日龄窝重为1120～1350克，30日龄断奶窝重为1935.5～2011.7克；窝产仔数为7～9只，窝产活仔数为6～8只，断奶仔兔数为6～7只，断奶成活率为89.5%～93.0%。

【主要优缺点】福建黄兔具有早熟、泌乳高峰出现早、肉质营养价值高、具有特殊药用功能、屠宰率高和胴体品质好等优点，其缺点是生长速度相对较慢。

【利用情况】

福建黄兔具有"三高三低"的特点，即"高蛋白质、高赖氨酸、高消化率、低脂肪、低热量、低胆固醇"。具有药膳的功能，对胃病、风湿病、肝炎、糖尿病等有独特疗效，可开发为保健品。

3. 四川白兔

四川白兔俗称菜兔，属于小型皮肉兼用兔（见图 4-22）。
2006 年入选国家级畜禽遗传资源保护名录。

图 4-22　四川白兔

【外貌特征】四川白兔体型小，头清秀，嘴较尖，无肉髯。
耳短小、厚度中等而直立，眼为红色。背腰平直、较窄，腹部
紧凑有弹性，臀部欠丰满，四肢肌肉发达。被毛纯白色，短而
紧密。

【生产性能】成年公兔体长 39.8 厘米，成年母兔体长 39.4
厘米。成年公兔胸围为 27.6 厘米，成年母兔胸围为 27.2 厘米；
公兔断奶重为 475 克，3 月龄体重为 1650 克，6 月龄体重为
2050 克 ,8 月龄体重为 2350 克，12 月龄体重为 2750 克；母兔
断奶重为 490 克，3 月龄体重为 1690 克，6 月龄体重为 2080
克 ,8 月龄体重为 2370 克，12 月龄体重为 2760 克；90 日龄全
净膛胴体重为 833.7 克，半净膛胴体重为 898.4 克；屠宰率为

49.92％；日增重为 21.6 克；料肉比为 3.63 ∶ 1。

性成熟期为 3.5 ～ 4 月龄；适配年龄为 4.5 ～ 5 月龄；妊娠期为 30.6 天；初生窝重为 332.6 克，21 日龄窝重为 1141.7 克，断奶窝重为 3136 克；窝产仔数为 7.2 只，窝产活仔数为 6.8 只，断奶仔兔数为 6.5 只，断奶成活率为 95.6％。

【主要优缺点】四川白兔具有性成熟早、配血窝能力强、繁殖率高、适应性广、容易饲养、体型小、肉质鲜嫩等特点。

【利用情况】四川白兔是开展抗病育种和培育观赏兔的优良育种材料，其利用价值及开发前景将日益凸显。利用四川白兔种质资源生产优质兔肉，开发风味兔肉食品亦具有一定的发展潜力。

4. 九嶷山兔

九嶷山兔，俗称宁远白兔，属小型肉用型兔，兼观赏与皮用。九嶷山兔是在九嶷山区特定的生态环境下，经过长期的自然选择和人工选择而形成的地方兔种（见图 4-23、图 4-24）。2004 年 12 月，经过湖南省畜禽品种审定委员会的鉴定，正式命名为九嶷山兔。2010 年，九嶷山兔被国家畜禽遗传资源委员会认定为国家级遗传资源。

图 4-23　九嶷山兔　　图 4-24　九嶷山兔

【外貌特征】九嶷山兔被毛短而密，以纯白色毛、纯灰色毛居多，纯白毛占存笼总数的73％；头形清秀，呈纺锤形；颈短而粗；眼球中等，白色毛兔眼珠为红色，灰色毛兔和其他毛色兔的眼珠为黑色；耳直立，厚薄、长短适中，成年兔平均耳长为10.0～11.5厘米，宽为5.8～5.9厘米；体躯结构紧凑，背腰宽平，稍弯曲，肌肉丰满；腹部紧凑而有弹性，乳头4～5对，以4对居多；前后躯骨骼粗壮结实，四肢端正，强壮有力，行动敏捷，足底毛发达；臀部较窄，肌肉欠发达，尾较短。

【生产性能】在良好的饲养管理条件下，母兔13周龄（3月龄）、公兔15周龄（3.5月龄）可达到性成熟。在传统粗放的饲养管理条件下，母兔15周龄（3.5月龄）、公兔16～17周龄（4月龄）可达到性成熟；一般情况下，母兔满21周龄（5月龄）、体重在2.2千克以上，公兔满22周龄（5月龄）、体重在2.3千克以上可以配种繁殖；妊娠期多为31天；在良好饲养管理条件下，母兔以繁殖15胎、最高繁殖年龄为30月龄为宜，其繁殖利用期为25个月。

【主要优缺点】九嶷山具有兔遗传性能稳定、耐粗饲和适应性强的特点，特别适合在农村比较粗放的条件下饲养；但九嶷山兔与引进的国外肉兔品种相比，其生长速度和饲料报酬相对较低。

【利用情况】为保存九嶷山兔品种的优良特性，进一步提高品种生产性能，要有计划地开展本品种选育。还可开展与其他品种的杂交，选择最优的杂交组合生产商品兔，提高养殖经济效益。

5.云南花兔

云南花兔，又称为云南黑兔、云南白兔，是一种肉皮兼用型兔（见图4-25）。

图4-25　云南花兔

【外貌特征】云南花兔毛色以白为主，其次为黑色，还有黑白花、黑白混杂，也有仅鼻端、额部、爪有白色的黑兔。外观全为粗毛，约3厘米长，光亮顺滑；在腹股沟、前臂部内侧可直接观察到绒毛。头、颈、腰、背结构紧凑，腹部稍大，全身肌肉结实，后躯发达，四肢粗壮、端正，强劲有力。耳的长、宽变化范围大，但均为直立，转动灵活。白毛兔的眼睛为红色或蓝色，其他毛色兔的眼睛为黑色，明亮有神。鼻、嘴较尖而长，部分兔成年后也有垂髯。

【生产性能】公兔12月龄体长38.9厘米，母兔12月龄体长39.2厘米。公兔12月龄胸围为29.5厘米，母兔12月龄胸围为29.3厘米；初生重为49.8克；32天断奶重为546.6克；公兔3月龄体重为1693.7克，6月龄体重为2369.3克,8月龄体重2640.3克，12月龄体重为2710.5克；母兔3月龄体重为1667.3克，6月龄体重为2467.5克,8月龄体重为2699.2克，12月龄体重为2810.3克；3月龄胴体重公兔为1689.8克、母兔为1658.9克，全净膛胴体重公兔为863.5克、母兔为839.4克，半净膛胴体重公兔为954.7克、母兔为937.3克；全净膛屠宰率公兔为51.1%、母兔为50.6%，半净膛屠宰率公兔为 56.7%、母兔为 56.5%；断奶至 70 日龄平均日增重公兔为 22.4 克、母兔为 21.0 克；断奶至 90 日龄的平均日增重公兔为 19.1 克、母兔为 18.5 克。

母兔性成熟期为 15 周龄、公兔为 16～18 周龄；母兔适配年龄为 18 周龄，体重达 2.1 千克以上，公兔为 21 周龄体重达 2.0 千克以上；妊娠期为 30～32 天；初生窝重为 393.6 克，21 日龄窝重为 2681.0 克，断奶窝重为 3680.3 克；窝产仔数为 6～10 只，窝产活仔数为 7.7 只，断奶仔兔数为 6.7 只，仔兔成活率为 96.5%。

【主要优缺点】云南花兔最突出的特点是肉香、鲜、细、味道好，是当地最喜欢吃的家兔肉，也是云南人做药膳时的特定黑兔；缺点是毛色多，色型杂，个体小，生长速度慢，繁殖力差异大。

【利用情况】云南花兔具有适应性广、抗病力强、耐粗饲、繁殖性能强、仔兔成活率高、屠宰率高等特点，是难得的育种材料。

6. 万载兔

万载兔，属小型肉用型兔（见图 4-26）。

图 4-26　万载兔

【外貌特征】万载兔分为两种，一种称为火兔，又称为月兔，体形偏小，毛色以黑色为主；另一种称为木兔，又名四季兔，体型较大，以麻色为主。兔毛粗而短，着生紧密，少数兔为灰色、白色；头清秀，大小适中。耳小而竖立，有耳毛。眼睛小，眼球为蓝色（白毛兔为红色）；背腰下直，肌肉丰满。前后躯紧凑而且发达，腹部紧凑而有弹性，前肢短，后肢长。

【生产性能】公兔体长 40.76 厘米，母兔体长 39.48 厘米；公兔胸围为 25.84 厘米，母兔胸围为 25.04 厘米；公兔体重为 2146.27 克，母兔体重为 2033.71 克；公兔全净膛重为 953.03 克，半净膛重为 1043.25 克；母兔全净膛重为 883.58 克，半净膛重为 959.23 克；公兔屠宰率为 44.67%，母兔屠宰率为 43.69%；性成熟期为 3～7 月龄；一般初配年龄为 4.5～5.5 月龄。母兔有乳头 4 对，少数为 5 对。母兔每月可发情 2 次，发情持续期 3 天；妊娠期为 30～31 天，哺乳期为 40～45 天，断奶后 10～15 天再次配种，每年可繁殖 5～6 胎；平均窝产仔数为 8 只，断奶仔兔数为 89.7%。

【主要优缺点】万载兔遗传性能稳定，具有肉质好、适应性广、耐粗饲、繁殖率高、抗病能力强等优点；缺点是体型小、生长慢、饲料报酬率低。

【利用情况】以肉用开发为主，能适应广东、浙江等省的市场需求，并以肉兔加工为主方向。

五、饲养品种的确定

选择养殖的肉兔品种时，应选择生命力旺盛、抵抗力强、适应性广、生长发育快、产肉高、饲料转化率高、前期生长快和屠宰率高的品种，这样的品种经济效益突出，具有良好的发展前景。

1. 符合品种特性要求

肉兔的品种很多，有肉用型，也有皮肉兼用型，主要品种有新西兰兔、比利时兔、日本大耳兔、中国白兔、德国花巨兔、哈白兔、伊拉配套系等。这些优良品种肉兔的品种特性十分突出。

比如白色的新西兰兔被毛纯白，眼球呈粉红色，头宽圆而粗短，耳朵短小直立，颈肩结合良好，后躯发达，肋腰丰满，四肢健壮有力，脚毛丰厚，全身结构匀称，具有肉用品种的典型特征，在良好的饲养管理条件下，8周龄体重可达到1.8千克，10周龄体重可达2.3千克，成年体重可达4.5～5.4千克；加利福尼亚兔体躯被毛为白色，耳、鼻端、四肢下部和尾部为黑褐色，俗称"八点黑"。眼睛为红色，颈粗短，耳小直立，体形中等，前躯及后躯发育良好，肌肉丰满。绒毛丰厚，皮肤紧凑，秀丽美观。"八点黑"是该品种的典型特征，其颜色的浓淡程度有以下规律：出生后为白色，1月龄色浅，3月龄特征明显，老龄兔逐渐变淡；冬季色深，夏季色浅，春秋换毛季节出现沙环或沙斑；营养良好色深，营养不良色浅；室内饲养色深，长期室外饲养，日光经常照射变浅；在寒冷的北部地区色深，气温较高的南部地区变浅；有些个体色深，有的个体则浅，而且均可遗传给后代，2月龄重为1.8～2千克，成年母兔体重为3.5～4.5千克，公兔体重为3.5～4千克；比利时兔被毛为深褐、赤褐或浅褐色，体躯下部毛色呈灰白色，尾内侧呈黑色，外侧呈灰白色，眼睛为黑色。两耳宽大直立，稍向两侧倾斜。头粗大，颊部突出，脑门宽圆，鼻梁隆起。体躯较长，四肢粗壮，后躯发育良好，幼兔6周龄体重可达1.2～1.3千克，3月龄体重达2.8～3.2千克，成年公兔体重为5.5～6.0千克，母兔为6.0～6.5千克，最高可达7～9千克。

在选择的时候，这些品种特性是判断该品种是否纯正的最主要依据。

2. 适应性好

对拟引进的种兔，特别是引进以前没有饲养过的品种，要了解该品种的原饲养地的自然资源和环境条件，并与当地条件相比较，两者差异越小，引种成功率越高，因为已形成的品种具有遗传的保守性，风土驯化的时间较长且作用有限。例如，将高寒地区培育的大型肉兔引到低温多雨、气候炎热的南方，肉兔会出现皮肤病、繁殖障碍，进而出现体重下降等现象。因此，就地、就近引种为首选，为防止近亲繁殖，再行少量异地引种。

3. 健康状况良好

健康种兔眼睑红润，眼睛明亮有神，眼角干净，无分泌物。体型适中，结构匀称，肌肉丰满，臀部发达。若眼无神，眼睑苍白、黄染、发绀、潮红，眼角有眼屎附着，均为病态。

健康种兔口腔各部黏膜颜色正常，牙齿闭合良好；口角干净，无口液流出；耳朵直立，转动灵活，耳穴干净，无癣痂和污物。

健康兔鼻孔干净、呼吸正常，凡流鼻涕、呼吸困难、打喷嚏的都为患病兔。

健康兔肛门外部干净，无稀便玷污。沿直肠轻轻外挤，可排出12粒正常粪球（见视频4-5）。若为稀便，可能患消化道病症；若无粪球，触摸腹部有坚硬的小球状物，为便秘。轻按阴部，辨别公母，阴部应保持清洁，无水肿、溃疡、结痂和脓性分泌物。

视频4-5 正常的
粪便

发育正常的种兔，用手抚摸其腰部脊椎骨，无明显颗粒状凸出，用手抓起颈背部皮肤，兔子挣扎有力，说明体质健壮、膘情理想，是最适宜的种兔体况。反之，用手抚摸脊椎骨，没有或者有算盘珠状的颗粒凸出，手抓颈背部，皮肤松弛，挣扎无力，都不适合作为种兔使用。

如果发现兔耳朵频频抖动，肢爪不断搔抓，可能患有耳癣；若四肢不敢着地或轮换着地，可能患脚癣或皮炎；后肢爬行，可能腰折。

种兔还要求无残疾、无畸齿、皮肤完整等。

4. 良好的繁殖性能

选择种公兔一定要挑选体质健壮、眼睛大而有神、体膘适中、臀部丰满、四肢有力、躯体各部分匀称、性欲旺盛、生殖器官正常发育、精液品质良好的兔，其睾丸应匀称、富有弹性、干净、无水肿和溃疡。单睾、隐睾和睾丸大小不一的公兔均不能选作种用。

种母兔选择要重点考查其繁殖性能和母性。种母兔要求母性好，体格健壮，乳房发育匀称、饱满，乳头数应在8只左右，低于8只乳头或不成对的不宜作种用。如果连续7次拒绝交配，或交配后连续空怀2～3次，连续4胎产活仔数均低于4只的母兔应淘汰。泌乳力不高、母性不好、甚至有食仔癖的母兔不能留作种用。应选受胎率高、产仔多、泌乳力高、仔兔成活率高、母性好的母兔作种用。

5. 年龄要适宜

种兔年龄与生产性能、繁殖性能均有密切关系，一般种兔的使用年限只有3～4年，老兔种兔的生产价值低，没有引种价值。此外，30日龄内未断奶的仔兔因适应性和抗病性较差，引种时也需注意。青年兔对环境条件有较强的适应能力，引种成功率高，利用年限长，种用价值高，能获得较高的经济效益。因此，引种应以3～5月龄的青年兔或者体重在1.5千克以上的青年兔为好。

6. 系谱资料齐全

购买种兔一定要到正规有种苗经营许可证的单位购种。种兔的资料须完整、可靠、系谱清楚，并编有清晰耳号。否则将会影响购种繁殖数量和质量。同时要注意选择青、壮年兔做种兔。

以欧洲国家为代表的肉兔生产国非常重视以配套系进行商品生产。采用专门化品系配套杂交生产"杂优"商品肉兔，是当前世界上最先进、合理的肉兔生产形式之一，代表着肉兔育种生产的发展方向。纯正的配套系种兔在母性、受胎率、产活仔数、后代杂交优势表现程度等方面优势明显，其生产效率和效益要明显高于普通的品种及商品杂交。

肉兔良种选择上容易犯的错误有以下几个方面：一是不重视优良个体选择；二是选择配套系的商品兔作生产种兔；三是未掌握选种的方法；四是测算不准确或没有测算生产数据；五是选择的准确性差。生产中要避免这些问题出现。

第二节　繁殖管理

一、家兔的繁殖特性

1. 母兔的繁殖特性

（1）繁殖力强　兔常年发情，家兔的妊娠期仅为 29～31 天，性成熟在 4 月龄左右，年产仔 4～6 胎，高产者年产 8～11 胎，胎产仔数一般为 6～8 只，高者达 15 只以上，5～8 月龄即可配种繁殖。

（2）双子宫型　母兔的两侧子宫无子宫角和子宫体之分，两侧子宫各有一个子宫颈开口于阴道，属于双子宫类型。因此，不会发生像其他家畜那样，受精卵可以从一个子宫角向另一个子宫角移行的情况。

（3）刺激性排卵　只有在与公兔交配，相互爬跨，或注射激素以后才发生排卵，这种现象称为刺激性排卵或诱导排卵。

（4）假妊娠　母兔排卵后未受精，而黄体尚未消失，就会出现假妊娠现象。假孕可延续 16 ～ 17 天。

管理中应注意三个方面：要养好种公兔，采用重复配种或双重配种；繁殖母兔要单笼饲养，防止母兔相互爬跨刺激；发现假孕现象可注射前列腺素促进黄体消失，若生殖系统出现炎症应及时对症治疗。

（5）营巢分娩行为　母兔妊娠以后，在产前 2 ～ 3 天开始衔草做窝，并将胸部毛拉下铺在窝内，这种行为持续到临产，大量拉毛则出现在临产前 3 ～ 5 小时。

2. 公兔的繁殖特性

（1）睾丸位置的变化　睾丸是公兔生殖系统的重要组成部分之一，其主要功能是产生精子和分泌雄性激素。从胎儿期起，一生中兔睾丸的位置不断变化。胎儿期和初生幼兔的睾丸位于腹腔，附着于腹壁。随着年龄的增长，睾丸的位置下降，1 ～ 2 月龄睾丸下降至腹股沟管内，此时睾丸尚小，从外部不易摸出，表面也未形成阴囊。大约 2 个半月龄以上的公兔已有明显的阴囊。睾丸降入阴囊的时间一般在 3.5 月龄，成年公兔的睾丸基本上在阴囊内。由于腹股沟管短而宽，且终生不封闭，因此成年公兔的睾丸可以自由地缩回腹腔或降入阴囊。

在选种时，应注意到这种特性，不要把睾丸暂时缩回腹腔误认为隐睾。如有这种情况，只要将公兔头向上提起，用手轻拍臀部数下，或者在腹股沟管处轻轻挤压，就可以使睾丸降下。

（2）公兔的夏季不育现象　大多数公兔具有夏季不育现象。当外界温度超过 30℃ 时，公兔食欲下降，性欲减退，射精量减少；持续高温时，可导致公兔睾丸产生的精子减少，死精子和畸形精子比例增高，甚至不产生精子。

二、家兔发情生理

母兔性成熟后，卵巢会发育一批新的卵泡，成熟的卵泡产生一种卵泡素或雌激素，这种激素进入血液中，刺激母兔生殖器官发生一系列的生理变化。同时，又刺激中枢神经，引起母兔性兴奋，出现性欲，这就叫发情。

母兔由一次发情到另一次发情，生殖器官发生的各种生理变化需要一定的时间，这两次发情的间隔时间就叫发情周期。母兔发情是一种复杂的生理现象，正常情况下发情周期为7～15天，持续期为1～5天。但家兔发情周期不是很有规律，变动范围大。

当母兔达4～5年龄时，因卵巢失去了产生成熟卵泡的能力，而性周期也就会停止。

公兔经常发情，可随时参加配种，但季节对其性活动有一定影响。4月份公兔射精量和精液浓度最高，7月份最低。因高温影响公兔的繁殖功能，会使母兔受精率降低，胚胎减少，死胎率增高。当日照时间由8～12小时增加到16小时，公兔的睾丸重量和精子数量显著降低。母兔虽然一年四季都能发情配种，但在增加光照时间时发情率增高，到秋季换毛期，则发情推迟。母兔在春季发情比较集中，周期也短。到夏季时，特别是大型母兔发情就不明显。

三、家兔发情鉴定技术

母兔性成熟后，卵巢中的卵泡迅速发育，由卵泡内膜产生的雌激素作用于大脑的性活动中枢，导致母兔出现周期性的性活动表现，称为发情。母兔从上一次发情开始到下一次发情的间隔时间，或由这一次排卵至下一次排卵的间隔时间，称为发情周期。每次发情的持续时间称为发情持续期。发情鉴定的目的就是及时发现发情母兔，正确掌握配种时间，防止误配、漏配，提高受胎率。由于母兔发情后其精神状态、性行为和生殖道等方面出现变化，发情鉴定就是依据这些变化进行的，一般采用行为观察法、外阴检查法和试情法三种方法（见视频4-6）。

视频 4-6 母兔发情检查

1. 行为观察法

处于发情期的母兔常表现为兴奋不安，食欲减退，躁动，常以后脚踩笼底，频频排尿，用下颌摩擦餐具，并有叼草筑窝和隔笼观望等行为，愿意接受公兔追逐爬跨。用手抚摸母兔时，如果母兔发情，则表现温顺，扒贴笼底，展开身子，翘起尾巴。非发情母兔则没有这些异常表现。

2. 外阴检查法

家兔发情与否，可根据其外阴黏膜的色泽和湿润情况来进行判断。如果外阴黏膜苍白、干燥，则说明没有发情；如果外阴黏膜呈粉红色、较松软，则说明为发情初期；如果外阴黏膜潮红、湿润，说明是发情盛期；如果外阴黏膜紫红、皱缩，则说明是发情的后期。在实际生产中，饲养工作人员要细心观察，认真检查。一般在发情盛期、外阴黏膜潮红湿润时配种，受胎率最高。生产实践中，人们总结出"粉红早、黑紫迟、大红配种正当时"的配种时机。

3. 试情法

若母兔发情，把母兔放在公兔笼内，母兔主动接近公兔，如公兔性欲不强，母兔会咬舔公兔，甚至爬跨公兔；当公兔追逐并爬跨时，母兔愿意接受，并主动将后躯升高。若母兔不发情，放入公兔笼内，则不让交配，跑躲甚至撕咬公兔，即使公兔追逐并爬跨时，母兔也不翘尾巴，用尾巴紧紧压盖外阴部。

四、配种技术

配种技术是家兔繁殖中最基本的技术，其目的是通过配种，促进母兔受胎，生产更多的后代仔兔和商品兔。配种的方式通常有自然交配、辅助交配和人工授精三种配种方法。

1. 自然交配

自然交配即把发情良好、身体健康、适宜配种的母兔轻轻放入公兔笼内，如果母兔不拒绝并表现亲近配合，即可顺利进行配种。配种时公兔追逐母兔，母兔举尾迎合，公兔将阴茎插入母兔阴道内，臀部屈躬，随射精动作发出"咕咕"尖叫声，后肢卷缩，滑下倒向一侧，数秒钟后，爬起顿足，表示顺利射精，交配完毕。配完后应立即在母兔臀部轻拍一下，母兔紧张即可将精液深深吸入，以防止精液倒流，促进精卵结合受胎，最后将母兔送回原笼。注意要将母兔放入种公兔笼内进行配种，不能将公兔放入母兔笼内进行配种，若将公兔放入母兔笼内，公兔因环境的改变，容易影响性欲，甚至不爬跨母兔，导致配种失败。

切忌公、母兔混群饲养在一起，任凭公、母兔自由交配的粗放式自然配种管理方式。这样做的缺点很多，由于公、母兔在一起混群饲养，使公兔整日追逐母兔而过多消耗体力，配种次数过多，精液品质自然降低，导致母兔受胎率低和产仔数量少。乱交乱配易导致近亲交配，使品种退化、毛皮质量下降。公兔与母兔混群饲养易引起争斗致伤，影响毛皮和配种。此外，还容易传播疾病，容易引起流产。

2. 人工辅助交配

人工辅助交配又称强制交配，当母兔发情接触到公兔后，不愿举尾迎合，公兔无法交配，此时可采取人工辅助。人工辅助交配的方法是先用绳子拴住母兔尾巴，从背部拉向前方，露出母兔外阴部，辅助人一手抓住母兔耳朵和颈部及细绳，另一手伸向母兔腹下靠后肢处，将腹部微微托起，迎合公兔交配，让公兔顺利爬跨。公、母兔交配完毕，应立即将母兔从公兔笼内取出，检查其外阴部，有无假配。如无假配现象立即将母兔臀部提起，并在后躯部轻轻拍击一下，以防精液逆流，然后将母兔放回原笼。配种时要保持环境安静，禁止围观和大声喧哗，及时做好配种登记。

3. 人工授精

人工授精是家兔配种的一种新技术，它可充分利用优良种公兔的种用价值，提高受胎率，有利于迅速改进兔群质量，减少疾病传播，还能减少公兔的饲养量，节省饲料，提高经济效益，是集约化、规模化兔场最科学的一种配种方法。

（1）采精方法　采精的工具是假阴道。采精时可将发情母兔放入公兔笼内，采精者一手抓住母兔两耳及颈部皮肤，用来固定好母兔头部，另一手持假阴道置于母兔腹下两后腿之间。当种公兔爬跨时，将假阴道口对准公兔阴茎伸出的方向，即可采精。一般成年公兔，日采精次数一般不宜超过 2 次，连续采精 3 ～ 4 天后，应让公兔休息 1 天。

（2）精液检查　对采集的精液需要进行品质检查，方可确定是否能用于输精。检查项目有射精量、精液色泽、气味、精子活力、精子密度（见图 4-27、图 4-28）。成年公兔一般每次射精量为 0.5 ～ 2 毫升，正常为乳白色，肉眼可观察到云雾状的翻滚现象，这是精子密度大、活力强的标志。新鲜的精液有腥味。精子的活力受温度的影响很大，温度高时，精子活力强、存活时间长；相反，温度低时，则活动缓慢，甚至出现"冷休克"现象而影响精子生存能力。因此，在精液品质检查时，一般将环境温度控制在 35 ～ 37℃为宜。

图 4-27　正常精液　　　　　　图 4-28　掺杂尿液的精液

（3）精液稀释　精液稀释的目的是增加精液体积和延长精子的寿命，以便于运输和保存。常用的稀释液有生理盐水（0.9%的氯化钠）或5%葡萄糖溶液。为了给精子补充营养物质，可用葡萄糖、蔗糖、牛奶或卵黄等。常用的保护剂有青霉素、链霉素等。一般精液稀释倍数为3～5倍，每毫升精液中，活力旺盛的精子数应不低于1000万，稀释后的精液应立即进行输精。

（4）输精方法　常用的输精工具为特制的兔用输精器，或用普通注射器和胶管组成。操作方法是：将输精器插入母兔阴道内7～8厘米，输入精液0.3～0.5毫升即可。由于家兔属刺激性排卵动物，输精前应进行促排卵处理，即肌注促排卵3号5微克，肌注后2～5小时内进行输精（见图4-29）。

（5）人工采精、输精的注意事项

① 必须严格进行消毒，实行无菌操作。各种器具均需进行严格消毒。　②采精时的室温应保持在15℃以上，假阴道内壁温度要求保持在40～41℃，稀释液的温度应与精液等温（25～35℃），要防止温度过高或过低。　③输精时动作要轻而

缓慢，输精部位要准确。输精前，需将母兔外阴部用浸过1％氯化钠溶液（或6％葡萄糖液）的纱布或棉球擦拭干净。一般最好每只母兔用1支输精器，以杜绝疾病传播。

图4-29 输精操作

五、母兔妊娠诊断

检查母兔是否受胎是确保养兔生产效益的一项必要技术，熟练掌握受胎检查技术，可有的放矢地做好妊娠母兔营养、保胎和接产准备，对空怀母兔及时进行补配，以提高母兔的繁殖率，增加养兔效益。如果不进行检查，不但不能保证效益，反而还会喂坏种群。比如母兔妊娠后期应该加料时却没有及时加料，使仔兔初生重不理想，母兔怀孕后期营养不足会导致母兔产后失重过多，产后前几天奶水不足、质量差；相反，如果没有怀孕的母兔本来不能加料，需要重新配种，却按照妊娠标准加料，造成母兔营养过剩偏肥，肥胖母兔配种概率下降，反复几次未配上的种兔将失去生育能力，最终搭工费料且无效益。

所以要掌握正确的受胎检查技术，通过检查来决定母兔是否要加料或再继续配种，并做好繁配记录。常用以下 4 种方法检查母兔是否受胎：

1. 外部检查

母兔妊娠后阴道黏膜苍白、干涩，食欲增强，采食量增加。观察母兔采食情况，如果母兔吃食多且快，被毛洁净有光，腹部明显增大，证明母兔已经怀孕。配种 15 天后，妊娠母兔体重明显增加，腹围增大。

2. 复配检查

在交配后 5 ~ 7 天进行一次复配，如母兔拒绝交配，沿笼逃窜，发出"咕咕"的叫声，则表示已经受胎；如不发出叫声，而仍乐意交配，就是表示未曾受胎，但此种方法不一定准确。

3. 称重检查

成年母兔交配前先称重，记下体重，半个月后再复称一次，如此时体重比配种前有显著增加，就表示已经受胎，如果还是相差不多，甚至减少，就表示未受胎。

4. 摸胎检查

胚胎发育经历胚胎期、胎前期和胎儿期三个阶段，胚胎期是交配后第 1 ~ 12 天，从卵受精开始到受精卵与母体建立联系（形成胎盘）为止。主要是胚胎细胞分裂和增殖；胎前期是交配后第 13 ~ 18 天，从附植开始到胎儿基本成型为止。主要是胚胎细胞分化，各器官迅速形成；胎儿期是交配后第 19 ~ 30 天，胎儿各组织器官迅速生长，体重增长很快。摸胎就是根据胚胎发育的特点，确定配种母兔是否妊娠的最常见诊断方法。摸胎检查操作简单，准确率高，其技术细节如下：

（1）摸胎时间　摸胎应在母兔配种后 8 ～ 10 天进行，安排在母兔空腹时进行检查。初学者对胚胎及胎位缺乏了解，可在母兔配种后 12 ～ 14 天进行，以便于准确鉴定。

（2）摸胎方法　摸胎时，先将待查母兔放于平板或地面上，也可以在兔笼中进行，使兔头朝向检查者，一只手抓住母兔的双耳和颈部皮肤保定好，另一只手使拇指与其余四指呈"八"字形，手掌向上，伸到母兔腹下，轻轻托起后腹，使腹内容物前移，五指慢慢合拢，触摸腹内容物的形态、大小和质地（见图 4-30），如有触摸到腹内柔软如棉，说明没有妊娠；若触摸到有花生大小的肉球一个挨一个，肉球能滑动又富有弹性，这就是胎儿，表明母兔已经妊娠。检查过程中，往往个别母兔怀胎个数少，检查时需由前向后反复触摸，才能检查出胚胎。

图 4-30　摸胎检查

（3）摸胎注意事项　一是早期摸胎，初学者容易把 8 ～ 10 天的胚胎与粪球相混淆，粪球多为扁圆形，表面较粗糙，没有弹性，腹腔内分布面积大，并与直肠粪球相接。胚胎的位置比较固定，用手轻轻捏压，表面光滑而有弹性，手摸容易滑动。二是摸胎时动作要轻，切忌用手指捏压或捏数胚胎，以免引起流产或死胎。15天以后可摸到好几个连在一起的小肉球，20天以后可摸到成形的胎儿，24天可检查出母兔乳房开始肿胀，腹大而下垂，30天左右母兔开始产崽。

六、接产技术

1. 做好接产准备

要做好接产准备，首先要知道母兔的预产期。在母兔临产前2～3天，应将清洁的产仔箱放入母兔笼内。产仔箱里应铺上干净而松软的垫草（稻草、刨花等），厚约7厘米。对母性不强和不拉毛做窝的母兔应进行人工辅助诱导拉毛。临产前适当减少精饲料喂量，临产时要保证供给足够的清洁饮水，以防缺水导致母兔食子甚至形成食子癖。在母兔产后供给鲜嫩的青草，以防其便秘。

2. 创造安静的环境

母兔产子时要保证环境的安静、光线暗淡，不让其受到惊吓。对超过预产期1～2天的母兔，应检胎，视胎儿活动强弱及时进行人工催产，以减少死胎数和保母子平安。

3. 做好产后护理

母兔产完仔后，会自动跳出产仔箱。这时饲养员应及时取出仔兔称重、计数，并清除箱内污物及死仔兔，换上干净垫草，放回仔兔，用母兔拉下的毛将仔兔遮盖好，放在能保温、防鼠的地方，让母兔好好休息。还要保证仔兔及时吃上初乳。

七、诱导分娩技术

生产实践中，母兔多在夜间进行分娩。但是在冬季，尤其是那些初产和母性差的母兔，若产后得不到及时护理，仔兔易产在窝外被冻死，最好将母兔的产仔时间调整到白天。母兔妊娠期已达到 32 天以上，还没有任何分娩的迹象；有食仔恶癖的母兔，需要在人工监护下产仔；母兔由于产力不足，不能在正常时间内结束分娩，母兔怀的仔兔数少（1～3 只）；在 30 天或 31 天没有产仔，惟恐仔兔发育过大而造成难产等等，为提高仔兔成活率，均可采用诱导分娩技术。通常诱导分娩的方法有糖皮质激素法、催产素法、前列腺素及其类似物法、拔毛吸乳法等。

1. 催产素法

催产素法是利用催产素有刺激母兔子宫肌强直收缩的作用，实现妊娠母兔能按照人们希望的时间分娩。一般每只母兔肌内注射人工催产素（脑垂体后叶素）注射液 3～4IU，注射后 10 分钟左右便可产仔。由于激素催产见效快，母兔的产程短，注射后需要人工护理。

注意催产素的用量一定要得当。应根据母兔的体型、仔兔数的多少灵活掌握。一般体型较大和怀仔兔数较少的母兔，可适当加大用量。体型较小和胎儿数较多的应减少用量。另外，对于胎位不正可能造成母兔难产的，不能轻易采用激素催产，应将胎位调整后再行激素处理。

2. 雌激素 + 催产素法

在母兔妊娠第 28 天下午 2 点半时，给每只母兔臀部注射雌激素 0.25～0.35 毫升，到母兔妊娠第 30 天下午 2 点半时每只再注射缩宫素 5 单位。

3. 前列腺素及其类似物法

赵树科等研究发现，在母兔妊娠 29 日龄时白天给孕兔注射 0.2 毫升氯前列烯醇钠注射液，其同期分娩率较为理想。

4. 四步法

采取四步法诱导妊娠母兔分娩。

第一步拔毛。拔掉母兔乳头周围的被毛。首先将待产母兔从笼子中轻轻取出，置于干净而平整的地面或操作台上，左手抓住母兔的耳朵及颈部皮肤，使其腹部向上，右手拇指和食指及中指捏住乳头周围的毛，一小撮一小撮地拔掉。拔毛面积为每个乳头周围 12 ～ 13 平方厘米，即以每个乳头为圆心，以 2 厘米为半径画圆，拔掉圆内的毛即可。

第二步吹乳。选择产后 4 ～ 10 天的仔兔 1 窝，要求仔兔数为 5 只以上，发育正常无疾病，6 小时之内没有吃过奶。将选择的这窝仔兔连其巢箱一起取出，把待催产并拔过毛的母兔放在产箱里，轻轻保定母兔，防止其跑出或蹬踏仔兔，让仔兔吃奶 3 ～ 5 分钟，然后将母兔取出。

第三步按摩。用消毒过的毛巾，在温水中浸泡后拿出拧干摊开放到母兔腹部，轻轻按摩母兔腹部半分钟至一分钟。接着把母兔放回已经准备好的干净巢箱内，铺好垫草，观察母兔表现，一般 5 ～ 12 分钟即可分娩。

第四步护理。母兔分娩后对仔兔加强护理。

5. 注意事项

（1）实行诱导分娩前，必须查看母兔的配种记录和妊娠检查记录，并再次摸胎，以准确判定母兔是否适合实施诱导分娩。

（2）诱导分娩是母兔分娩的辅助手段，仅在出现以上所列情况下采用，不可随意使用，因为诱导分娩技术会对母兔产生应激。

八、提高兔群繁殖力的措施

1．选择优良健康的种兔进行繁殖

严格按选种要求选择符合种用的公、母兔，要防止近亲交配，公、母兔保持适当的比例。一般商品兔场，公母比例为（1：8）～（1：10），种兔场纯繁以（1：5）～（1：6）适宜。种兔群老年、壮年、青年兔的比例以2：5：3为宜。种兔群的组成以1～2.5岁壮年兔为主，3岁以上的老龄兔除个别优秀的有育种价值的以外，其余均应淘汰。一般每年淘汰1/3，做到3年一轮换，让适龄种兔在兔群中占绝对优势。

剔除患有生理缺陷或患有疾病的种兔。如母兔产后子宫内留有死胎及阴道狭窄，公兔的隐睾和单睾等。患有子宫炎、子宫留有死胎、阴道狭窄都是影响母兔繁殖的因素。隐睾或单睾导致公兔无法产生精子，或者产生精子的能力较差，配种时不能使母兔受胎或受胎率不高。

2．加强配种公母兔的营养

如果出现营养缺乏或营养过剩都会影响家兔的正常繁殖。从配种前两周起到整个配种期，公、母兔都应加强营养，尤其是蛋白质和维生素的供给要充足。

3．加强配种管理

配种前要对种兔体质进行检查。凡体弱、发育较差、有病的种兔，都不能参加配种。有条件的地方还应对种公兔定期进行精液品质检查，及时剔除精液品质差的公兔。

选择合适的公、母兔配种。选择种兔时应严格遵循以下原则：一是近亲不配。选配前对交配双方的亲缘关系有所了解，坚持交配双方三代以内无血缘关系，以免造成近交衰退；二是公母年龄要合理搭配。一般以壮年兔配壮年兔最佳，壮年公兔配青壮年母兔或以青年公兔配壮年母兔也可以。避免"老配老""青配青""老配青"的错误搭配方法。

配种季节。虽然兔可以四季繁殖产仔，但盛夏气候炎热，多有"夏季不孕"现象发生，即公兔性欲降低，精液品质下降；母兔多数不愿接受交配，即使配上，产弱仔、死胎也较多。繁殖一般不宜在盛夏季，春秋两季是繁殖的好季节，冬季仍可取得较好的效果，但须注意防寒保温。

配种最佳时机。除安排好季节外，母兔发情期内还要选择最佳配种时机，即发情中期，母兔阴部大红或者含水量多、特别湿润时配种。

创造适宜的配种环境。确定了公兔后，将公兔笼中的食具全部移出，并在笼底垫一块大木板，以免兔爪夹入笼缝中扭伤。配种时应在外界最安静的时候进行，宜选在下午 13～14 时第一次配种，晚上 22～23 时复配，此时外界环境干扰小，有助于提高受胎率。

催情。对长期不发情，拒绝交配的母兔，除加强饲养管理外，还可采用激素、性诱等人工催情方法。激素催情可用雌二醇、孕马血清促性腺激素等诱导发情，促排卵素 3 号对促使母兔发情、排卵也有较好效果。性诱催情对长期不发情或拒绝配种的母兔，可采用关养或将母兔放入公兔笼内，让其追逐、爬跨后捉回母兔，经 2～3 次后就能诱发母兔分泌性激素，促使其发情、排卵。

要注意种公兔的配种强度。合理安排种公兔的配种次数，在保持适宜膘情的同时，一般每天配种 2 次，连续配种 2～3 天休息 1 天，初配的公兔每天配种 1 次。公兔休息期后可能出现暂时性不育，但在第一次配种后即消失。因此，长期不配种的，首次配种要进行复配，如果人工授精，首次采的精液弃去不用。

采用重复配种和双重配种。重复配种是指第一次配种后，再用同一只公兔重配。重复配种可增加受精机会，提高受胎率和防止假孕。尤其是长时间未配种过的公兔，必须实行重复配种，这类公兔第一次射出的精液中，死精子较多；双重配种是指第一次配种后再用另一只公兔交配，双重配种只适宜于商品兔生产，不宜用于种兔生产，以防血缘混乱。双重配种可避免因公兔原因而引起的不孕，可明显提高受胎率和产仔数。在实施中须注意，要等第一只公兔的气味消失后再与另一只公兔交配，否则，因母兔身上有其他公兔的气味而可能引起斗殴，不但不能顺利配种，还可能咬伤母兔。

4. 配种后及时检胎，减少空怀。

5. 正确采取频密繁殖法

频密繁殖又称"配血窝"或"血配"，即母兔在产仔当天或第二天就配种，泌乳与怀孕同时进行。采用此法，繁殖速度快，但由于哺乳和怀孕同时进行，易损害母兔体况，导致种兔利用年限缩短，自然淘汰率高，需要良好的饲养管理和营养水平。因此，采用频密繁殖生产商品兔，一定要用优质的饲料满足母兔和仔兔的营养需要，加强饲养管理，对母兔定期称重，一旦发现体重明显减轻时，就停止血配。在生产中，应根据母兔体况、饲养条件，将频密繁殖、半频密繁殖（产后7～14天配种）和延期繁殖（断奶后再配种）三种方法交替采用。

6. 创造良好的环境，预防流产

夏季做好防暑降温、冬季做好防寒保暖，使家兔的生活环境温度始终保持在适宜的温度范围内。防止母兔受强烈的噪声、突然的声响惊吓，保持适当的光照强度和光照时间。做好保胎接产工作，妊娠期间不喂霉烂变质、冰冻和打过农药的饲料，防止惊扰，不让母兔受到惊吓，以免引起流产。

九、防止种兔退化的办法

养兔场为防止种兔退化，要从种兔的选择、种兔的使用和饲养管理等方面做好工作。

1. 选择优良的种兔

优良种兔不仅本身生产性能要高，还要具有稳定的遗传性能，能将本身优良性能稳定地遗传给后代。因此，在种兔选择时就要按照种兔的标准、选择方法和选择程序进行认真选择。

外购种兔的，要选择种兔质量好、信誉高、售后服务好的种兔场出售的种兔。

本场自己选育种兔的，注意选用最优秀的公兔，与最优秀的母兔交配。选择优良个体不仅看公、母兔外貌特征和生产性能，更重要的是看其后代品质是否普遍优良，主要两项指标是断奶窝重和前期生长速度。选母兔要看产仔力、泌乳力和母性是否良好。选留多产仔的种兔，受遗传的影响，都能达到多产的效果。从仔兔初生开始，注意选留个体大、生长发育快的仔兔留作生产用种兔。

选留种兔的程序是：幼兔初选，青年兔定选，成年兔精选。对于外貌特征、生长发育突出的要重点培养。

2. 合理使用种兔

对引进的种兔，首先建立谱系，分组编号，公兔、母兔分别建立繁殖卡片，做到交配、产仔有记录，使兔群血缘清楚，避免近亲繁殖。

严格控制初配年龄和体重。达不到初配年龄和体重的坚决不配种。母兔 6 月龄，体重达到成年兔的 80% 以上方可配种，公兔一般比母兔还要晚一个月。

3. 加强饲养管理

兔群质量的提高，很大程度上取决于幼兔的饲养管理，对种用的生长兔，注意营养要全面，精饲料和青饲料要合理搭配。还要注意饲料营养水平需根据不同生长时期进行调整，尽量满足兔体生长发育的需要。

4. 做好种兔疫病防治工作

家兔得传染病、慢性消耗病和寄生虫病等，不仅会引起家兔大批死亡，也会造成生长兔发育停滞，失去种用价值。要有计划地对兔群进行免疫接种和药物预防，并创造良好的卫生条件，建立健康兔群，作为繁殖兔的核心群。对核心群的公、母兔，从小开始定期检疫和驱虫，淘汰病兔和带菌（毒）的兔，使其相对保持无病无寄生虫的状态，使兔群健康成长，优良种兔的优质性能稳定遗传。

第五章

肉兔的饲料保障

　　品质优良的饲料是肉兔获得高产的物质基础。针对肉兔在育成、空怀、妊娠、分娩、哺乳等不同阶段的营养需要，采用科学的配方和优质的原料，提供安全、全价、均衡的优质日粮，满足肉兔的营养需要，肉兔的生产潜力才能得以充分发挥，实现肉兔高产。只有高产才能降低饲养成本，而饲养成本越低，经济效益就越高。

第一节　肉兔的营养需要

　　肉兔的营养需要是指保证肉兔健康和充分发挥其生产性能所需要的饲料营养物质数量。要养好兔，首先必须了解肉兔需要哪些营养物质，需要多少，缺少某种营养物质，肉兔会有什么表现。了解和掌握家兔的营养需要，是制定和执行肉兔饲养标准，合理配合日粮的依据。所以，了解肉兔的营养需要，对提高养兔的生产水平及养兔的经济效益十分重要。

一、能量需要

肉兔机体的生命与生产活动，需要机体每个系统相互配合并正常、协调地执行各自的功能。在这些功能活动中要消耗能量。饲料中包含的碳水化合物、脂肪和蛋白质等有机物质都含有能量。

饲料中的营养物质不是都能被肉兔所利用的。未消化的物质从粪中排出，粪中也含有能量，饲料中总能减去粪能称为可消化能（DE）。食糜在肠道消化时也会产生以甲烷为主的可燃气体，也含有能量。被吸收的养分中，有些不能被利用的从尿中排出，这些甲烷气体和尿液里所含的能量都不能被肉兔所利用。因此，饲料的消化能减去甲烷能和尿能称代谢能（ME），代谢能也称为生理有用能。

代谢能是提供肉兔生命活动和物质代谢所必需的营养物质，它与其他营养物质有一定比例要求，因而，要使各种营养物质与可利用能量保持平衡。这一点在给肉兔配合日粮时非常重要，配合高能日粮时，其他的营养素也应有一个相应高的水平，配合低能量日粮时要适当降低其他营养素的水平。从而使肉兔所采食的日粮中，能量水平与其他营养素总是合乎比例要求。这样饲料利用才会经济合理。配合日粮要为能量而"转"，肉兔也是为"能"而采食的，对于高能量的日粮，肉兔采食到足够它需要的能量时，就停止采食；对低能量的饲料，肉兔就采食多一些，以满足它对能量的需要。

生长兔为了保证其日增重达到 40 克，饲料日喂量在 130克左右的情况下，每千克日粮所含的热能为 12558 千焦。为了保证生长兔最大生长速度，每千克日粮最低能量也应保持在 10467 千焦。妊娠母兔的能量需要随着胎儿的发育而增加。泌乳母兔每千克日粮应含 10467 ～ 12142 焦耳的消化能，才能保持正常泌乳。

二、蛋白质需要

蛋白质是生命的基础，是构成细胞原生质及各种酶、激素与抗体的基本成分，也是构成兔体肌肉、内脏器官及皮毛的主要成分。如果饲料中蛋白质不足，则肉兔生长缓慢，换毛期延长；公兔精液品质下降；母兔性功能紊乱，表现难孕、死胎、泌乳下降；仔兔瘦弱，死亡率高等。相反，日粮蛋白质水平过高，不仅造成浪费，还会产生不良影响，甚至引起中毒。肉兔日粮中粗蛋白质的添加量为：维持需要为12%，生长需要为16%，空怀母兔为14%，怀孕母兔为15%，哺乳母兔为17%。

蛋白质由氨基酸构成，所以兔对蛋白质的需要，实际上就是对氨基酸的需要。动物所需要的氨基酸有20多种，有的氨基酸不能在动物体内合成或合成量少，称为必需氨基酸，共有十种，即：赖氨酸、蛋氨酸、色氨酸、苯丙氨酸、亮氨酸、异亮氨酸、缬氨酸、苏氨酸、组氨酸和精氨酸。其中，赖氨酸、蛋氨酸、色氨酸极易缺乏，常把这三种氨基酸称为限制性氨基酸。对生长兔来说，最必需的有精氨酸（要求占日粮的0.6%）、赖氨酸（占日粮的0.6%）、含硫氨基酸（蛋氨酸和胱氨酸，占日粮的0.6%）。

日粮中能量和蛋白质含量要有一定的比例。若日粮中的能量不足，将分解大量的蛋白质满足能量的需要，降低了蛋白质的价值；若能量过高，影响肉兔的采食量，造成肉兔生产力下降。所说的"能量蛋白比"就是两者关系的指标。

三、脂肪需要

脂肪是能量来源与沉积体脂肪的营养物质之一，一般认为肉兔日粮需要含有2%～5%的脂肪。脂肪是由甘油和脂肪酸组成的。脂肪酸中的亚麻油酸、次亚麻油酸、花生油酸在肉兔体内不能合成，必须由饲料供给，所以这三种脂肪酸称为必需脂肪酸。若肉兔的日粮中缺乏这三种脂肪酸，就会影响肉兔的生长，甚至造成死亡。

饲料中的脂溶性维生素 A、维生素 D、维生素 E、维生素 K，被肉兔采食后，不溶于水，必须溶解在脂肪中，才能在体内输送，被肉兔消化吸收和利用。如果肉兔的日粮中缺乏脂肪，则维生素 A、维生素 D、维生素 E、维生素 K 不能被肉兔吸收利用，将出现维生素缺乏症。

日粮中脂肪含量将直接影响肉兔的采食量，肉兔喜欢吃含有 5%～10% 脂肪的日粮；日粮中脂肪含量低于 5% 或高于 20% 时，都会降低日粮的适口性。一般认为肉兔日粮中脂肪的添加量为：非繁殖成年兔 2%，怀孕和哺乳母兔 3%～5.5%，生长幼兔 5%，肥育兔 8%。

四、粗纤维的需要

粗纤维不易消化，吸水量大，起到填充胃肠的作用，给兔以饱腹感；粗纤维还能刺激胃肠蠕动，加快粪便排出。成兔摄取粗纤维过少，食物通过消化道的时间将延长两倍。日粮中粗纤维不足会引起消化紊乱，发生腹泻，采食量下降，而且易出现异食癖，如食毛、吃崽等现象。6～12 周龄肉兔，粗纤维含量应为日粮的 8%～10%。其他各类兔，日粮中粗纤维含量应以 12%～14% 为宜。

五、矿物质需要

矿物质是饲料中的无机物质，在饲料燃烧时成灰，所以也叫粗灰分，其中包括钙、磷及其他多种元素。

钙和磷：钙和磷是构成骨骼的主要成分。钙能帮助维持神经肌肉的正常生理功能，维持心脏的正常活动，维持酸碱平衡，促进血液凝固。各类肉兔日粮中钙的需要量不同，生长兔、肥育兔为 1.0%～1.2%，成年兔、空怀兔为 1.0%，妊娠后期和哺乳母兔为 1.0%～1.2%。磷是兔的骨骼和身体细胞的形成，以及碳水化合物、脂肪和钙的利用所必需的。各类肉兔日粮中磷的需要量：生长兔、肥育兔为 0.4% ～ 0.8%，妊娠后期和哺乳母兔为 0.4% ～ 0.8%，成年兔、空怀兔为 0.4%。钙、磷比例以维持在 2∶1 为好，并且应保证维生素 D 的供给。

豆科牧草含钙多；粮谷、糠麸、油饼含磷多；青草野菜含钙多于磷；贝壳粉、石灰石粉含钙多；骨粉、磷酸钙等含钙和磷都多，但钙比磷至少多一倍，是肉兔最好的钙、磷补充饲料。

氯和钠：氯和钠广泛分布于体液中，维持体内水、电解质及酸碱平衡，并维持细胞内外液的渗透压。钠还能调节心脏的正常生理活动。氯也是形成胃酸的原料，是胃液的主要组成部分。

如果兔的日粮里补盐不足，兔食欲下降，增重减慢，且易出现乱啃现象。一般植物饲料里含钠和氯很少，必须通过添加食盐来补充。兔对食盐的需要量，一般认为应占日粮的 0.5% 为宜，哺乳母兔和肥育母兔可稍高一些，应占日粮的 0.65% ～ 1%。

钾：钾在维持细胞渗透压和神经兴奋的传递过程中起着重要作用。肉兔缺乏钾会发生严重的进行性肌肉营养不良等病理变化。钾是钠的拮抗物，所以二者在代谢上密切相关。日粮中钾与钠的比例为（2 ～ 3）∶1 时对机体最为有利。常用的兔饲料钾元素含量高，日粮中不需要补钾，一般也不会发生缺钾现象。

铁、铜和钴：这三种元素在体内有协同作用，缺一不可。铁是组成血红蛋白的成分之一，担负氧的运输功能，缺铁会引起贫血症。每千克日粮应含铁 100 毫克左右才能满足兔的生理要求。铜有催化血红蛋白形成的作用，缺铜同样会贫血。每千克日粮中应含铜 5 ～ 20 毫克为宜。据试验，日粮添加高水平铜，主要通过硫酸铜的形式补给。钴是维生素 B_{12} 的组成部分，而维生素 B_{12} 是抗贫血的维生素，缺少钴就会妨碍维生素 B_{12}

的合成，最终也会导致贫血。仔兔每天需要钴不低于 0.1 毫克，成兔日粮中，每千克饲料应添加 0.1 ～ 1.0 毫克，以保证兔的正常生长发育与繁殖。

锰：锰主要存在于动物肝脏，参与骨组织基质中硫酸软骨素的形成，所以是骨骼正常发育所必需的。锰与繁殖及碳水化合物和脂肪代谢有关。肉兔缺锰表现为骨骼发育不良，腿弯曲骨脆，骨骼的重量、密度、长度及灰分含量均减少。兔的日粮中，生长兔每千克日粮含锰 0.5 毫克，成年兔含锰 2.5 毫克，就可防止锰的缺乏症。锰的摄取量范围约为每千克日粮含 10 ～ 80 毫克。

锌：锌是兔体内多种酶的成分，如红细胞中的碳酸酶，胰液中的羧肽酶等。锌与胰岛素相结合，形成络合物，增加胰岛素结构的稳定性，延长作用时间。日粮中如缺锌，常出现食欲不振，生长缓慢，皮肤粗糙结痂，被毛粗劣稀少和生殖功能障碍。肉兔对锌的需要量为每千克日粮含 30 ～ 50 毫克。

碘：碘的作用在于参与甲状腺素、三碘酪氨酸和四碘酪氨酸的合成。如碘摄入过多，每千克日粮碘超过 250 毫克，会导致肉兔大量死亡。缺碘会引起甲状腺肿大。最适宜含量为每千克日粮 0.2 毫克。

硫：兔体内的硫，主要存在于蛋氨酸、胱氨酸内，维生素中的硫胺素、生物素中含有少量硫。兔毛含硫 5%，多以胱氨酸形式存在，硫对兔毛、皮生长有重要作用。兔缺硫时食欲严重减退，出现掉毛现象。

硒：硒和维生素 E 一样具有抗氧化作用，在机体内生理生化活动中，硒对消化酶有催化作用，对兔生长发育有促进作用。缺硒时，肉兔出现肝细胞坏死、空怀、死胎等。肉兔的每千克饲粮中，添加 0.1 毫克硒就可以满足要求。

六、维生素需要

维生素是兔体的新陈代谢过程中所必需的物质，与肉兔的生长、繁殖和维持其机体的健康有着密切的关系。肉兔虽然对维生素的需要量微小，但缺乏时，轻者生长停滞，食欲减退，抗病力减弱，繁殖功能及生产力下降；重者，肉兔死亡。

维生素主要分两大类：脂溶性维生素和水溶性维生素。前者主要有维生素 A、维生素 D、维生素 E、维生素 K 等，后者包括整个 B 族维生素和维生素 C。对兔营养起关键性作用的是脂溶性维生素。

青绿饲料及糠麸饲料中均含多种维生素，只要经常供给肉兔优质的青绿饲料，一般情况下不会造成缺乏维生素。

七、水需要

肉兔体内的水约占其体重的 70%。在血液中可达到 80%，骨骼、肌肉、内脏的含水量为 45% ～ 75%。水参与兔体的营养物质的消化吸收、运输和代谢产物的排出，对体温调节也具有重要的作用。

给肉兔喂水是至关重要的，若缺少水就会使肉兔的新陈代谢发生紊乱。生产实践表明，兔在停止喂食后，在失去体重 40% 的情况下还可以生存。若停止供水，失水 5% 时，就会导致肉兔食欲不振，精神委顿；失水 10% 时，就会引起发病；失水 20% 就会造成肉兔的死亡。肉兔需水量的多少与季节、年龄、生理状态、饲料特性等有关。炎热的夏季，肉兔的需水量随气温的升高而增加，所以供水不能间断，要给肉兔供给充足的饮水。按照热天多、冷天少、晴天多、阴天少的原则供给饮水。根据饲料供水：喂干饲料多供水，喂青饲料少供水；饲料质优要多供水，饲料质劣要少供水。根据兔群体质供水：对肥胖兔多供水，对瘦小兔少供水；对便秘的兔增加供水，对腹泻兔减少供水。根据病态供水：对发热兔多供水，对有汗的兔供盐水，为防病可供加药的饮水。幼龄兔由于生长发育旺盛，需水量高于成年兔。妊娠、泌乳的肉兔需水量都比较大。特别是分娩时的肉兔易感口渴，若此时饮水不足，易发生残食仔兔的现象，所以此时应供给充足的饮水，以温水为宜（饮水时注意放入少量的食盐）。供给肉兔饮水时，还应考虑到饲料特性等因素，若喂给颗粒或粉状饲料，供水量就要适当加大。

家兔对水的需要量，一般为摄入干物质总量的 1.5～2 倍。各类兔对水的需要量如表 5-1 所示。

表 5-1　各类兔每天适宜的饮水量

不同时期的兔	需水量/升
空怀或妊娠初期的母兔	0.25
成年公兔	0.28
妊娠后期母兔	0.57
哺乳母兔	0.60
母兔和哺育 7 只仔兔（6 周龄）	2.30

第二节　兔的消化特性

兔是单胃草食家畜，与其他动物相比，有其独特的消化特点，主要表现在以下几个方面。

一、胃的消化特点

在单胃动物中，兔子的胃容积占消化道总容积的比例最大，约为 35.5%。由于兔子具有吞食自己粪便的习性，兔胃内容物的排空速度是很缓慢的。试验表明饥饿 2 天的家兔，胃中内容物只减少 50%，这说明兔子具有相当强的耐饥饿能力。胃腺会分泌胃蛋白酶原，它必须在胃内盐酸的作用下（pH 1.5）才具有活性，15 日龄以前的仔兔，胃液中缺乏游离盐酸，不能对蛋白质进行消化，16 日龄以后胃液中才出现少量的盐酸，30 日龄时胃的功能基本发育完善，在饲养中应注意这一特点。

二、对粗纤维的消化率高

家兔消化的最大特点在于发达的盲肠及其盲肠内微生物的消化，兔子消化道复杂且较长，容积也大，大、小肠极为发达，总长度为体长的 10 倍左右，体重 3 千克左右的兔子其肠道长度达 5 ～ 6 米，盲肠约 0.5 米，因而能吃进相当于体重 10% ～ 30% 的青草。

兔子盲肠有适于微生物活动所需要的环境，即较高的温度（39.6 ～ 40.5℃，平均 40.1℃）、稳定的酸碱度（pH 6.6 ～ 7.0，平均 6.79）、厌氧和适宜的湿度（含水率 75% ～ 86%），给以厌氧菌为主的微生物提供了优越的生存条件。盲肠微生物的巨大贡献是对粗纤维的消化，它们可分泌纤维素酶，将那些很难被利用的粗纤维分解成低分子有机酸（乙酸、丙酸和丁酸），被肠壁吸收。兔子对粗纤维的消化率为 60% ～ 80%，仅次于牛、羊，高于马和猪。

粗纤维是家兔的必需营养素，是任何其他营养素所不能替代的，当饲料中粗纤维含量不足时，易引起消化紊乱、采食量下降、腹泻等。兔子消化道中的圆小囊和蚓突有助于粗纤维的消化。圆小囊位于小肠末端，开口于盲肠，中空，壁厚，呈圆形，有发达的肌肉组织，囊壁含有丰富的淋巴滤泡，具有机械消化、吸收、分泌三种功能。经过回肠的食物进入圆小囊时，发达的肌肉将其加以压榨，经过消化的最终产物大量被淋巴滤泡吸收，圆小囊还不断分泌碱性液体，以中和由于微生物生命活动而形成的有机酸，保持大肠中有利于微生物繁殖的环境，有利于粗纤维的消化。蚓突位于盲肠末端，壁厚，内有丰富的淋巴组织，可分泌碱性液体。蚓突经常向肠道内排放大量淋巴细胞，参与肠道防卫，即提高机体的免疫力和抗病能力。家兔的盲肠和结肠发达，其中有大量的微生物，是消化粗纤维的基础。

三、对粗饲料中蛋白质的消化率较高

兔子对粗饲料中粗纤维具有较高消化率的同时，也能充分利用粗饲料中的蛋白质及其他营养物质。兔子对苜蓿干草中的粗蛋白质消化率达到了 74%，而对低质量的饲用玉米颗粒饲料中的粗蛋白质，消化率达到 80%。由此可见兔子不仅能有效地利用饲草中的蛋白质，而且对低质量饲草中的蛋白质也有很强的消化利用能力。

四、能耐受日粮中的高钙比例

兔子对日粮中的钙、磷比例要求不像其他畜禽那样严格（2：1），即使钙、磷比例达到 12：1，也不会影响它的生长，而且还能保持骨骼的灰分正常。这是因为当日粮中的含钙量增高时，兔的血钙含量也随之增高，而且能从尿中排出过量的钙。实验表明，兔日粮中的含磷量不宜过高，只有钙、磷比例为 1：1 以下时，才能耐受高水平磷（1.5%），过量的磷由粪便排出体外。饲料中含磷量过高还会降低饲料的适口性，影响兔子的采食量。另外，兔日粮中维生素 D_3 的含量不宜超过 1250 ~ 3250 国际单位，否则会引起肾、心、血管、胃壁等的钙化，影响兔子的生长和健康。

五、消化系统的脆弱性

兔子容易发生消化系统疾病。仔兔一旦发生腹泻，死亡率很高。故农村流传着，"兔子拉稀——没治了"的歇后语。造成腹泻的主要诱因是低纤维饲料、腹壁冷刺激、饮食不卫生和饲料突变。对低纤维饲料引起的腹泻一般认为是由于饲喂低纤维、高能量、高蛋白的日粮，过量的碳水化合物在小肠内没有完全被吸收而进入盲肠，过量的非纤维性碳水化合物使一些产气杆菌大量繁殖和过度发酵，最终破坏了肠中的正常菌群平衡。有害菌产生大量毒素，被肠壁吸收，造成全身中毒。由

于肠内过度发酵，产生小分子有机酸，使后肠渗透压增加，大量水分子进入肠道。且由于毒素刺激，肠蠕动增强，造成急性腹泻。肠壁受凉常发生于幼兔卧于温度较低的地面、饮用冰凉水、采食冰凉饲料等情况。肠壁受到冰凉刺激时，肠蠕动加快，小肠内尚未消化吸收的营养物质便进入盲肠，造成盲肠内异常发酵，导致腹泻。饲料突变及饮食不卫生时，肠胃不能适应，改变了消化道的内环境，破坏了正常的微生态平衡，导致消化功能紊乱。

第三节　肉兔的常用饲料原料

肉兔的常用饲料有能量饲料、蛋白质饲料、粗饲料、青绿多汁饲料、矿物质饲料和添加剂饲料六大类。

一、能量饲料

能量饲料是指饲料干物质中粗纤维含量低于18%，同时粗蛋白质含量小于20%的一类饲料，包括谷实类、糠麸类、块根块茎类。此外，饲料工业上常用的油脂类、糖蜜类也属于能量饲料。能量饲料的优点是含能量高、消化性好，几乎可以满足任何畜禽对能量的需要。其缺点是蛋白质含量低，一般粗蛋白含量均在10%左右。糠麸类蛋白质含量稍多（13%～15%），但质量差，赖氨酸、蛋氨酸和色氨酸均不足；钙含量低，磷含量虽高，但以肉兔不易消化利用的植酸磷为主；一般都缺乏维生素A、维生素D、维生素K和某些B族维生素等。肉兔采食过多时，消化调节性差，日粮中单独用或用的比例过高时易引起一些肠胃病。

养肉兔常用的能量饲料有玉米、大麦、燕麦、小麦、高粱、稻谷、麦麸、米糠、块根块茎和瓜类、制糖副产品等。

1. 玉米

玉米是最重要的能量饲料，在我国被称作饲料之王。玉米含粗纤维很少，仅 2%，无氮浸出物高达 72%，且主要是易消化的淀粉，其消化率可达 90% 以上，是禾本科籽实中含量最高的饲料。与其他谷物饲料相比，玉米粗蛋白质水平低，但能量值最高。以干物质计，玉米中淀粉含量可达 70%。玉米蛋白质含量低，为 7.8% ~ 9.4%，且品质差，氨基酸组成不合理，缺少赖氨酸、蛋氨酸、色氨酸等必需氨基酸。在配制以玉米为主体的全价饲料时，常与大豆饼粕和鱼粉搭配。玉米钙、磷含量较少，钙含量为 0.02%，磷含量为 0.27%，与其他谷物饲料相似。玉米钙少磷多，但磷多以植酸磷形式存在，肉兔利用率低。黄色玉米多含胡萝卜素，白色玉米则很少。各品种的玉米含维生素 D 都少，含硫胺素多，核黄素少，粉碎玉米在水分含量高于 14% 时易发霉变产生黄曲霉毒素，对家兔敏感，在饲喂时应注意。

2. 大麦

大麦分皮大麦和裸大麦两种。皮大麦即成熟时籽粒仍带壳的大麦，也就是普通大麦。根据籽粒在穗上的排列方式，又分为二棱大麦和六棱大麦。前者麦粒较大，多产自欧洲、美洲、澳大利亚等地。我国多为六棱大麦，主要供酿酒用，饲用效果也很好；裸大麦也叫青稞，成熟时皮易脱落，多供食用，营养价值较高，但产量低。主要产自东南亚和我国青藏高原、云南、贵州和四川山地。

大麦是优质的肉兔饲料。其生产啤酒的下脚料（如大麦皮、麦芽根、啤酒糟等）也是肉兔的良好饲料。大麦的粗蛋白质含量高于玉米，为 11% ~ 13%，粗蛋白含量在谷类籽实中是比较高的，略高于玉米，也高于其他谷实饲料（荞麦除外）。氨基酸组成与玉米相似，氨基酸中除亮氨酸（0.87%）和蛋氨酸（0.14%）外，均较玉米多，但利用率低于玉米。虽然大麦赖氨酸消化率（73%）低于玉米（82%），但由于大麦赖氨酸含量（0.44%）接近玉米的2倍，其可消化赖氨酸总量仍高于玉米。脂肪含量2%，为玉米的一半，但饱和脂肪酸含量较高。大麦的无氮浸出物的含量也比较高（77.5%左右），但由于大麦籽实外面包裹一层质地坚硬的颖壳，种皮的粗纤维含量较高（整粒大麦为5.6%），是玉米的2倍左右，所以有效能值较低，一定程度上影响了大麦的营养价值。淀粉和糖类含量较玉米少。热能较低，代谢能仅为玉米的89%。大麦中钾和磷含量丰富，其中63%的磷为植酸磷。其次还含有镁、钙及少量铁、铜、锰、锌等。大麦富含B族维生素，包括维生素B_1、维生素B_2和泛酸。虽然烟酸含量也较高，但利用率只有10%。脂溶性维生素A、维生素D、维生素K含量较低，有少量的维生素E存在于大麦胚芽中。

大麦中含有一定量的抗营养因子，影响适口性和蛋白质消化率。大麦易被麦角菌感染致病，产生多种有毒的生物碱，如麦角胺、麦角胱氨酸等，轻者引起饲料适口性下降，严重者发生中毒。

3. 高粱

高粱籽粒中蛋白质含量为9%～11%，其中约有0.28%的赖氨酸，0.11%的蛋氨酸，0.18%的胱氨酸，0.10%的色氨酸，0.37%的精氨酸，0.24%的组氨酸，1.42%的亮氨酸，0.56%的异亮氨酸，0.48%的苯丙氨酸，0.30%的苏氨酸，0.58%的缬氨酸。高粱籽粒中亮氨酸和缬氨酸的含量略高于玉米，而精氨酸的含量又略低于玉米。其他各种氨基酸的含量与玉米大致相等。高粱糠中粗蛋白质含量达10%左右，在鲜高粱酒糟中为9.3%，在鲜高粱醋渣中为8.5%左右。

高粱和其他谷实类一样，不仅蛋白质含量低，同时所有必需氨基酸含量都不能满足畜禽的营养需要。总磷含量中约有一半以上是植酸磷，同时还含有 0.2% ~ 0.5% 的单宁，两者都属于抗营养因子，前者阻碍矿物质、微量元素的吸收利用，而后者则影响蛋白质、氨基酸及能量的利用效率。

高粱的营养价值受品种影响大，其饲喂价值一般为玉米的 90% ~ 95%。高粱在兔日粮中使用量的多少，与单宁含量高低有关。单宁含量高的用量不能超过 10%，含量低的使用量可达到 70%。高单宁高粱不宜在幼龄动物饲养中使用，以避免造成养分消化率的下降。

去掉高粱中的单宁可采用水浸或煮沸处理、氢氧化钠处理、氨化处理等，也可通过饲料中添加蛋氨酸或胆碱等含甲基的化合物来中和其不利影响。使用高单宁高粱时，可通过添加蛋氨酸、赖氨酸、胆碱等，来克服单宁的不利影响。在肉兔饲粮中含量不宜过多，以 5% ~ 15% 为宜，喂过量易引起肉兔便秘。

4. 燕麦

燕麦分为皮燕麦和裸燕麦两种，是营养价值很高的饲料作物，可用作能量饲料、青干草和青贮饲料。

燕麦壳比例高，一般占籽实总重的 24% ~ 30%。因此，燕麦壳粗纤维含量高，可达 11% 或更高，去壳后粗纤维含量仅为 2%。燕麦淀粉含量仅为玉米淀粉含量的 1/3 ~ 1/2，在谷实类中最低，总可消化率为 66% ~ 72%；粗脂肪含量为 3.75% ~ 5.5%，能值较低。燕麦粗蛋白质含量为 11% ~ 13%。燕麦籽实和干草中钾的含量比其他谷物或干草低。因为壳重较大，所以燕麦的钙含量比其他谷物略高，约占干物质的 0.1%，而磷占 0.33%。其他矿物质与一般麦类比较接近。

燕麦因壳厚、粗纤维含量高，适宜饲喂兔。

5. 小麦

小麦是人类最重要的粮食作物之一，全世界 1/3 以上的人口以它为主食。美国、中国、俄罗斯是小麦的主要产地,小麦在我国各地均有大面积种植,是主要粮食作物之一。

小麦籽粒中主要养分含量:粗脂肪 1.7%,粗蛋白 13.9%,粗纤维 1.9%,无氮浸出物 67.6%,钙 0.17%,磷 0.41%。总的消化养分和代谢能均与玉米相似。与其他谷物相比,粗蛋白含量高。在麦类中,春小麦的蛋白质水平最高,而冬小麦略低。小麦钙少磷多。在小麦价格低于玉米时,可用小麦代替大部分玉米。生产中小麦添加量在 15% 以内没有发现不良反应。

6. 小麦麸

小麦麸俗称麸皮,是我国畜禽养殖常用的饲料原料。成分可因小麦面粉的加工要求不同而不同,一般由种皮、糊粉层、部分胚芽及少量胚乳组成,其中胚乳的变化最大。在精面生产过程中,大约只有 85% 的胚乳进入面粉,其余部分进入麦麸,这种麦麸的营养价值很高。在粗面生产过程中,胚乳基本全部进入面粉,甚至少量的糊粉层物质也进入面粉,这样生产的麦麸营养价值就低得多。

麦麸的粗蛋白质含量高,为 12.5% ~ 17%,这一数值比整粒小麦含量还高,而且质量较好。与玉米和小麦籽粒相比,小麦麸的氨基酸组成较平衡,其中赖氨酸、色氨酸和苏氨酸含量均较高,特别是赖氨酸含量(0.67%)较高。由于小麦种皮中粗纤维含量较高,使麦麸中粗纤维的含量也较高(8.5% ~ 12%),这对麦麸的能量价值稍有影响,其有效能值较低,可用来调节饲料的养分浓度。脂肪含量约 4%,其中不饱和脂肪酸含量高,易氧化酸败。B 族维生素及维生素 E 含量高,维生素 B_1 含量达 8.9 毫克 / 千克,维生素 B_2 达 3.5 毫克 / 千克。但维生素 A、维生素 D 含量少。矿物质含量丰富,但钙(0.13%)磷(1.18%)比例极不平衡,钙∶磷比为 1∶8 以上,磷多属植酸磷,约占 75%,但含植酸酶,因此使用小麦麸时要注意补钙。小麦麸的质地疏松,含有适量的硫酸盐类,有轻泻作用，可防止便秘。在肉兔饲粮中一般用量为10%～30%。

7. 米糠

米糠俗称"油糠""青糠""全脂米糠""皮糠""精糠"等，系糙米加工过程中脱除的果皮层、种皮层及胚芽等混合物，亦混有少量稻壳、碎米等。100斤稻谷可得到6斤左右米糠。

米糠的营养价值受稻米精制加工程度的影响，精制程度越高，则米糠中混入的胚乳就越多，其营养价值也就越高。米糠中蛋白质含量高，为14%，比大米（粗蛋白含量为9.2%）高得多。氨基酸平衡情况较好，其中赖氨酸、色氨酸和苏氨酸含量高于玉米，但与动物营养需要相比仍然偏低。粗纤维含量不高，故有效能值较高。脂肪含量达12%以上，其中主要是不饱和脂肪酸，易氧化酸败。B族维生素及维生素E含量高，是核黄素的良好来源，在糠麸饲料中仅次于麦麸。且含有肌醇，但维生素A、维生素C、维生素D含量少。矿物质含量丰富，钙少（0.08%）磷多（1.6%），钙磷比例不平衡，磷主要是植酸磷，利用率不高。此外，米糠中锌、铁、锰、钾、镁、硅含量较高。米糠中含有胰蛋白酶抑制因子，给单胃动物大量饲喂米糠，可引起蛋白质消化障碍和雏鸡胰腺肥大，加热处理可使米糠中胰蛋白酶抑制因子失活。此外，不饱和脂肪酸含量较高，容易氧化变质，不耐贮存。

8. 脱脂米糠

脱脂米糠也叫糠饼和米糠粕，是米糠先经过榨油机榨油，得到糠饼（其中仍然含有5%左右的残油），工艺更先进的，还要进行有机溶剂浸油处理，使糠饼中残油含量降低到1%，则得到米糠粕，大大提高了米糠的保存性，同时在加工过程中，由于高温的工艺，使其中的胰蛋白酶抑制因子灭活，所以比起全脂米糠（即米糠或油糠），脱脂米糠大量喂养动物时，并不会引起腹泻和蛋白质消化不良等现象。不过，由于脱脂米糠含粗纤维相对较多，大量喂脱脂米糠会引起动物便秘（粗纤维大量吸附水分的结果），与全脂米糠引起腹泻正好相反。喂脱脂米糠需要注意粗纤维的影响。同时，还要注意植酸磷对磷的消化吸收的影响。

脱脂米糠的营养成分如下：水10%、粗蛋白质15%～18%、粗脂肪5%、粗纤维9%、无氮浸出物49%、粗灰分7%、钙0.07%、磷1.28%。脱脂米糠在饲料中的应用量，应该比全脂米糠大一些，因为它去除了胰蛋白酶抑制因子和脂肪。

9. 块根、块茎及瓜类饲料

包括胡萝卜、萝卜、甘薯、马铃薯、甜菜和南瓜等，是肉兔的优质饲料。这类饲料的特点是：嫩而多汁，适口性好，营养丰富，便于贮藏，在冬季枯草季节，可弥补青饲料的不足。尤其是胡萝卜，不仅适口性好，而且具有较好的调养作用。哺乳母兔供给适量的多汁饲料可提高泌乳量，促进仔兔生长；对繁殖母兔则具有促进发情，提高受胎率的作用。值得注意的是，块根、块茎类和瓜类有轻泻作用，饲喂时不宜过量，应与青干饲料结合供给。

由于这类饲料含有一定的毒性，饲养中应格外注意。如甘薯腐烂、黑斑，马铃薯生芽发绿，刚收获的饲用甜菜等。

10. 制糖副产品

糖蜜、甜菜渣等也可作为肉兔饲料。糖蜜是制糖过程中的主要副产品，来自甘蔗和甜菜，其含糖量可达46%～48%，主要是果糖。干物质中粗蛋白含量，甘蔗糖蜜4%～5%，甜菜糖蜜约10%。肉兔的饲料中加入糖蜜可提高饲料的适口性，改善颗粒饲料质量，有黏结作用，可减少粉尘，并可取代饲粮中其他碳水化合物，以供给能量。糖蜜的矿物质含量很高，主要是钾。糖蜜具有轻泻作用。

甜菜渣是甜菜制糖过程中的主要副产品，干燥后用作饲料。喂兔时适口性低于苜蓿粉。蛋白质含量较低，消化能较高。纤维成分容易消化，消化率可达 70%，是肉兔较好的饲料。缺点是水分含量高，不容易干燥。甜菜渣的轻泻作用大于甘蔗糖蜜，可适当增加粗纤维进行调节。加工颗粒料时最大添加量为 3% ～ 6%。

二、蛋白质饲料

蛋白质饲料是指干物质中纤维含量低于 18%、粗蛋白含量大于或等于 20% 的饲料。与能量饲料相比，此类饲料蛋白质含量很高，且品质优良，在能量方面则差别不大。蛋白质饲料一般价格较高，供应量较少，在肉兔日粮中所占比例也较少，只作为补充蛋白质不足的饲料。蛋白质一般可分为植物性蛋白饲料、动物性蛋白饲料、微生物蛋白饲料等。

1. 植物性蛋白饲料

养肉兔常用植物性蛋白饲料主要包括豆科籽实、饼粕类、糟渣等。

（1）豆科籽实　豆科籽实蛋白质含量丰富，约为 20% ～ 40%，蛋白质品质好，而无氮浸出物较谷实类低，只有 28% ～ 62%。由于豆科籽实有机物中蛋白质含量较谷实类高，故其消化能较高，达 85% 以上。特别是大豆，含有很多油脂，故它的能量价值甚至超过谷实类中的玉米。无机盐与维生素含量与谷实类大致相似，不过维生素 B_2 与维生素 B_1 的含量稍高于谷实类。含钙量虽然稍高一些，但钙磷比例不适宜，磷多钙少。豆科饲料在植物性蛋白质饲料中是最好的，尤其是植物蛋白中最缺乏的限制性氨基酸赖氨酸含量较高。蚕豆、豌豆和大豆饼的赖氨酸含量分别为 1.80%、1.76% 和 3.09%。但是豆类蛋白质中缺乏蛋氨酸，其在蚕豆、豌豆和大豆饼中的含量分别为 0.29%、0.34% 和 0.79%。

豆类饲料含有抗胰蛋白酶、致甲状腺肿大物质、皂素和血凝集素等，会影响豆类饲料的适口性、消化率及动物的一些消化生理过程。但这些物质经适当的热处理（100℃加热 3 分钟）后就会失去作用。养肉兔生产中多将豆类饲料煮熟后拌料饲喂，以提高饲料的营养价值、适口性和利用率。

（2）饼粕类　富含脂肪的豆科籽实和油料籽实经过加温压榨或溶剂浸提取油后的副产品统称为饼粕类饲料。经过压榨提油后的饼状副产品称作油饼，包括大饼和瓦片状饼；经浸提脱油后的碎片状或粗粉状副产品称为油粕。油饼、油粕是我国主要的植物蛋白质饲料，使用广泛，用量大。常见的有大豆饼粕、棉籽（仁）饼粕、菜籽饼粕、花生饼粕、芝麻饼粕、向日葵（仁）饼粕、亚麻饼粕、玉米胚芽饼粕等。

① 大豆饼粕：大豆饼粕是肉兔最常用的优质植物性蛋白饲料，适口性好，一般含粗蛋白质 35% ～ 45%，必需氨基酸含量高，组成合理。尤其赖氨酸含量高达 2.4% ～ 2.8%，是饼粕类饲料中含量最高者，另外异亮氨酸含量高达 2.3%，也是饼粕类饲料中含量较高者。色氨酸和苏氨酸含量很高，分别为 1.85% 和 1.81%，与玉米等谷实类配伍可起到互补作用。其缺点是蛋氨酸缺乏，其含量比芝麻饼、向日葵饼粕低，比棉籽饼粕、花生（仁）饼粕、胡麻饼粕高。钙含量低，磷含量也不高，以植酸磷为主。胆碱和烟酸含量多，胡萝卜素、维生素 D、维生素 B_2 含量少。通常以大豆饼粕蛋白质含量作为衡量其他饲料蛋白质的基础。

生豆饼粕中含抗胰蛋白酶、脲酶、血凝集素等有害成分，会对肉兔产生不良影响，不宜饲喂生长兔。大豆饼粕在肉兔饲粮中的用量可达 20% 左右。

② 棉籽（仁）饼粕：棉籽（仁）饼粕是棉籽榨油后的副产物。压榨取油后的称饼，预榨浸提或直接浸提后的称粕。棉

籽经脱壳后取油的副产物称为棉仁饼和粕。

棉籽（仁）饼粕的营养价值因棉花品种、榨油工艺不同而变化较大。完全脱壳的棉仁制成的棉仁饼、粕粗蛋白质含量可高达40%，甚至高达44%，与大豆饼的粗蛋白质含量不相上下；而由不脱壳的棉籽直接榨油生产出的棉籽饼粗纤维含量达16%～20%，粗蛋白质含量仅为20%～30%。不同取油方法由于饼、粕中脂肪含量不同，粗蛋白质含量有一定差异。农村小型压榨机或液压法生产出的土榨饼，由于含壳量大，甚至不经蒸炒或蒸炒不充分，脱油率很低，饼中脂肪含量很高，粗纤维含量高而粗蛋白质含量却很低。氨基酸组成特点是赖氨酸（1.3%～1.6%）不足，精氨酸（3.6%～3.8%）过高，赖氨酸和精氨酸之比达100:270以上，远超出100:120的理想值，因此利用棉籽（仁）饼粕配制日粮时，不仅要添加赖氨酸，还要与精氨酸含量低的原料相搭配。此外，棉籽（仁）饼粕的蛋氨酸含量也低，约为0.4%，所以棉籽（仁）饼粕与菜籽饼粕搭配，不仅可使赖氨酸和精氨酸互补，而且可减少蛋氨酸的添加量。棉籽（仁）饼粕中胡萝卜素含量极少，维生素D的含量也很低，矿物质中钙少磷多，多为植酸磷。

在肉兔饲养中，棉籽（仁）饼粕的用量也相当大，但是它含有有毒物质棉酚，可引起肉兔中毒，其中对繁殖功能的影响较大。在使用中一定要经脱毒处理或限量使用，一般占日粮的5%左右，控制在8%以下，妊娠母兔使用时应格外慎重。

③菜籽饼粕：菜籽饼粕是以油菜籽为原料经过取油后的副产物，呈淡灰褐色。菜籽饼、粕的粗蛋白质含量分别为34%～39%和37.1%～41.8%。氨基酸组成的特点是蛋氨酸含量高（仅次于芝麻饼、粕），赖氨酸含量亦高，特别是可消化含硫氨基酸消化率也较高，而精氨酸含量低。菜籽饼、粕的有效能值偏低（淀粉含量低加之菜籽壳难以消化利用）。矿物质中钙和磷的含量均高，硒和锰的含量亦高，特别是硒的含量是常用植物饲料中最高的，所以日粮中菜籽饼粕和鱼粉占的比

例较大时，即使不添加亚硒酸钠，也不会出现缺硒症。

菜籽中还含有硫葡萄糖苷、芥酸、单宁、植酸等抗营养因子，大量使用会引起中毒。因此，需进行脱毒处理或限量使用，一般控制在 5% 以内。

④ 花生饼粕：花生饼粕有甜香味，适口性好，营养价值仅次于豆饼，也是一种优质蛋白质饲料。去壳的花生饼（粕）能量含量较高，粗蛋白质含量为 44% ～ 49%，能值和蛋白质含量在饼粕中最高。带壳的花生饼（粕）粗纤维含量为 20% 左右，粗蛋白质和有效能值相对较低。花生饼的氨基酸组成不佳，赖氨酸和蛋氨酸含量较低，赖氨酸含量仅为大豆饼粕的 52%，精氨酸含量特别高，在配合饲料中使用时应与含精氨酸少的菜籽饼（粕）、血粉等混合使用。花生饼（粕）中含残油较多，在贮存过程中，特别是在潮湿不通风之处，容易酸败变苦，并产生黄曲霉毒素。家兔中毒后精神不振，粪便带血，运动失调，与球虫病症状相似，肝、肾肥大。该毒素在兔肉中残留可使人患病。蒸煮或干热均不能破坏黄曲霉毒素，所以发霉的花生饼粕千万不能饲用。兔日粮中推荐用量小于 15%。

⑤ 芝麻饼粕：芝麻饼（粕）是芝麻取油后的副产品，有很浓的香味，不含对家兔有不良影响的物质，是一种很有价值的蛋白质来源。芝麻饼粕蛋白质含量较高，约 40%，氨基酸组成中蛋氨酸、色氨酸含量丰富，尤其蛋氨酸含量高达 0.8% 以上，为饼粕类之首。赖氨酸缺乏，不及豆饼的 50%，精氨酸含量极高，赖氨酸与精氨酸之比为 100：420，比例严重失衡，配制饲料时应注意，将其与豆饼、菜籽饼或动物性蛋白饲料搭配使用，则可起到氨基酸互补作用。粗纤维含量低于 7%，代谢能低于花生、大豆饼粕，约为 9.0 兆焦 / 千克。矿物质中钙、磷含量较多，但多以植酸盐形式存在，故钙、磷、锌的吸收均受到抑制。维生素 A、维生素 D、维生素 E 含量低，核黄素、烟酸含量较高。芝麻饼（粕）中的抗营养因子主要为植酸和草酸，二者能影响矿物质的消化和吸收。

⑥ 向日葵（仁）饼粕：葵花子（仁）饼（粕）营养价值决定于脱壳程度如何。脱壳的葵花仁饼（粕）含粗纤维少，粗蛋白质含量为 28% ～ 32%，赖氨酸不足，蛋氨酸含量高于花生饼、棉仁饼及大豆饼，铁、铜、锰含量及 B 族维生素含量较丰富。

⑦ 亚麻籽饼粕：又称胡麻饼粕，粗蛋白质含量一般为 32% ～ 36%，氨基酸组成不佳，赖氨酸（1.12%）和蛋氨酸（0.25%）含量均较低，精氨酸含量（3%）高，赖氨酸与精氨酸之比为 100∶250。B 族维生素含量丰富，胡萝卜素、维生素 D 和维生素 E 含量少。钙、磷含量高，硒含量也高。

亚麻籽饼粕中含有生氰糖苷，可引起氢氰酸中毒，此外还含有亚麻籽胶和抗维生素 B_6 等抗营养因子。亚麻籽饼粕适口性不好，具有轻泻作用。

⑧ 玉米胚芽饼粕：玉米胚提油后的副产品即为玉米胚芽饼粕，一般将压榨法提油后的产品称为玉米胚芽饼，溶剂浸出法提油后的产品称为玉米胚芽粕。玉米胚芽粕中含粗蛋白质 18% ～ 20%，粗脂肪 1% ～ 2%，粗纤维 11% ～ 12%。其氨基酸组成与玉米蛋白饲料（或称玉米麸质饲料）相似。名称虽属于饼粕类，但按国际饲料分类法，大部分产品属于中档能量饲料。从蛋白质品质上看，玉米胚芽粕的蛋白质品质虽高于谷实类能量饲料，但各种限制性氨基酸含量均低于玉米蛋白粉及棉、菜籽饼粕。干法玉米胚芽粕较湿法玉米胚芽粕中的粗蛋白质含量和粗纤维含量均较低，两者的有效能值近似。矿物质及微量元素含量因加工工艺而异。维生素 E 含量丰富，适口性好，价格低，是较好的肉兔饲料。

（3）糟渣类　糟渣类是禾谷类、豆类籽实和甘薯等原料在酿酒、制酱、制醋、制糖及提取淀粉过程中所残留的糟渣产品，包括酒糟、酱糟、醪糟、粉渣等，其营养成分因原料和产品种类而差异较大。其共同特点是含水量高，不易保存，一般就地新鲜使用。干燥糟渣有的可作蛋白质饲料或能量饲料，而有的只能做粗饲料。

① 酒糟：酒糟是制造各种酒类所剩的糟粕，由于大量的可溶性碳水化合物发酵成醇而被提取，其他营养物质如蛋白质、粗纤维、粗脂肪和粗灰分等都相应浓缩，而无氮浸出物的浓度则降低到 50% 以下。酒糟中各类营养物质的消化率与原料相比没有差异，所以其能值下降不多，但在酿造过程中，常常加入 20% ～ 25% 的稻壳作为疏松透气物质以提高出酒率，从而使粗纤维含量提高，营养价值也大大降低。由于发酵 B 族维生素含量大大提高。酒糟由于含水量（70% 左右）高，不耐存放，易酸败，必须进行加工贮藏后才能充分使用。

啤酒糟是用大麦酿造啤酒提取可溶性碳水化合物后所得的糟渣副产品，其成分除淀粉减少外与原料相似，但含量比例增加。干物质中粗蛋白质含量为 22% ～ 27%，氨基酸组成与大麦相似。粗纤维含量（15%）较高，矿物质、维生素含量丰富。粗脂肪含量为 5% ～ 8%，其中亚油酸占 50% 以上。

喂酒糟易引起便秘，因此在配合饲料中以不超过 40% 为宜，并应搭配玉米、糠麸、饼类、骨粉、贝粉等，特别应多喂青饲料，以补充营养和防止便秘。

② 酱油糟和醋糟：酱油的生产原料主要是大豆、豌豆、蚕豆、豆饼、麦麸及食盐等，这些原料按一定比例配合，经曲霉菌发酵使蛋白质和淀粉分解等一系列工艺而酿制成酱油，将酱油分离后余下的残渣经干燥就得到酱油糟。酱油糟的营养价值受原料和加工工艺影响而有所不同，鲜酱油糟含水量为 25% ～ 50%，粗蛋白质含量为 25% 左右，粗纤维含量高而无氮浸出物含量低，有机物质消化率较低，因此有效能值低。酱油糟的突出特点是粗灰分含量高，有一多半为食盐，高达 7%，用作饲料时应注意。酱油糟热能低，需配合高热能原料使用。鲜酱油糟易发霉变质，具有很强的特殊异味，适口性差。但经干燥后气味减弱，易于保存，可用作饲料，但使用时应测定其盐分含量，防止中毒。

醋糟是以高粱、麦麸及米糠等为原料，经发酵酿造提取醋后的残渣。其营养价值受原料及加工方法的影响较大。粗蛋白质含量为 10%～20%，粗纤维含量高。其最大特点是含有大量醋酸，有酸香味，能增加动物食欲，调匀饲喂能提高饲料的适口性。但使用时应避免单一使用，最好和碱性饲料一起饲喂，以中和其中过多的醋酸。

③ 豆腐渣和粉渣：豆腐渣是来自豆腐、豆奶工厂的加工副产品，为黄豆浸渍成豆乳后，部分蛋白质被提取，过滤所得的残渣。过去主要供食用，现多作饲料。鲜豆腐渣是兔的良好多汁饲料。

干物质中粗蛋白、粗纤维和粗脂肪含量较高，维生素含量低且大部分转移到豆浆中，与豆类籽实一样含有抗胰蛋白酶因子。以干物质为基础进行计算，其蛋白质含量为 19%～29.8%，并且豆渣中的蛋白质含量受加工的影响特别大，特别是受滤浆时间的影响，滤浆的时间越长，则豆渣中的可溶性营养物质包括蛋白质越少。

豆腐渣水分含量很高，不容易加工干燥，一般鲜喂，作为多汁饲料。保存时间不宜太久，太久容易变质，特别是夏天，放置一天就可能发臭。鲜豆腐渣经干燥、粉碎可作配合饲料原料，但加工成本较高，宜鲜喂。

粉渣是以豌豆、蚕豆、马铃薯、甘薯等为原料生产淀粉、粉丝、粉条、粉皮等食品的残渣。由于原料不同，营养成分差异很大。鲜粉渣水分含量高，一般为 80%～90%。

④ 玉米蛋白粉和玉米麸料：玉米蛋白粉和玉米麸料都是玉米淀粉厂的主要副产品之一。蛋白质含量因加工工艺不同而有很大差异，一般为 35%～60%。氨基酸组成不佳，蛋氨酸含量很高，与相同蛋白质含量的鱼粉相等，而赖氨酸和色氨酸严重不足，不及相同蛋白质含量鱼粉的 1/4。代谢能水平接近玉米，粗纤维含量低、易消化。矿物质含量少，钙、磷含量均低。胡萝卜素含量高，B 族维生素含量少。

玉米麸料（玉米蛋白饲料）是含有玉米纤维质外皮、玉米浸渍液、玉米胚芽粉和玉米蛋白粉的混合物。一般纤维质外皮占40%～60%，玉米蛋白粉占15%～25%，玉米浸渍液固体物占25%～40%。其蛋白质含量为10%～20%，粗纤维在11%以下。

2. 动物性蛋白饲料

动物性蛋白饲料主要来自畜、禽、水产品等肉品加工的副产品及屠宰厂、皮革厂废弃物和缫丝厂的蚕蛹等，主要有鱼粉、血粉、水解羽毛粉、蚕蛹粉、蚯蚓粉和骨肉粉等，是一类优质的蛋白质饲料。特点是蛋白质含量高，有较多的必需氨基酸，尤其是赖氨酸、蛋氨酸和色氨酸含量丰富，有较多的维生素及无机盐，是常用的蛋白质添加饲料。由于肉兔是草食性动物，动物性饲料适口性差，如鱼粉常用于调整和补充某些必需氨基酸，但因价格较高，且有特殊的鱼腥味，适口性差，肉兔不喜欢采食。加之市场上销售的动物性饲料质量差异较大，使用不当易出现问题（尤其是发生魏氏梭菌病），因此肉兔日粮中动物性饲料占据很小的分量（1%～3%），多数兔场不使用动物性饲料。

3. 微生物蛋白饲料

微生物蛋白饲料主要是单细胞蛋白质饲料（SCP），包括细菌、酵母、真菌、某些藻类以及原生动物。

饲料酵母属单细胞蛋白质饲料，常用啤酒酵母制成。饲料酵母的粗蛋白质含量为50%～55%，单细胞蛋白质饲料的品质介于动物性和植物性蛋白质饲料之间，氨基酸组成全面，富含赖氨酸，蛋白质含量和质量都高于植物性蛋白质饲料，消化率和利用率也高。饲料酵母含有丰富的B族维生素，因此在兔的配合饲料中使用饲料酵母可以补充蛋白质和维生素，并可提高整个日粮的营养水平。在兔日粮中添加量一般不超过10%。

三、粗饲料

粗饲料是指干物质中粗纤维含量在 18% 以上、天然水分在 45% 以下的一类饲料。主要包括青干草、藁秕和树叶等。其特点是含水量低、粗纤维含量高、可消化物质少、适口性差、消化率低，其营养价值受收获、晾晒、运输和贮存等因素的影响。但来源广、数量大、价格低，是兔饲料中不可缺少的原料之一，一般在日粮中所占的比例为 30% 左右。其中，青干草因气味芳香，适口性好，宜作为家庭养兔的主要粗饲料；如果饲喂荚壳类，最好经粉碎后与其他精料混合制成颗粒料饲喂。

1. 干草

干草是指将青干草或栽培青绿饲料在结籽实前的生长植株地上部分刈割，经一定方法干燥的制成品。制备良好的干草仍保持青绿色，故也称为青干草。干草是青绿饲料的加工产品，是为了保存青绿饲料的营养价值而制成的贮藏产品，因此它与作物秸秆是完全不同性质的粗饲料。

干草营养价值高低与植物种类、生长阶段、干制方法有关。优质干草叶多，适口性好，蛋白质含量较高，胡萝卜素，维生素 D、维生素 E 及矿物质丰富。粗蛋白质含量在禾本科干草中为 7% ～ 13%，豆科干草中为 10% ～ 21%；粗纤维含量高，约为 20% ～ 35%，但纤维素消化率可达 70% ～ 80%；所含能量为玉米的 30% ～ 50%，有机物质消化率在 46% ～ 70%。平均每公斤干草的胡萝卜素含量为 5 ～ 40 毫克，维生素 D 含量为 16 ～ 150 毫克。干草矿物质含量比较丰富，豆科干草钙含量足以满足动物需要。优质干草，如苜蓿粉、三叶草粉、松针粉等，同样可用于单胃动物。

2. 藁秕

藁秕饲料是指农作物在籽实成熟后，收获籽实所剩余的副产品。藁秕饲料是粗饲料中的一类，粗纤维含量在33%～45%，消化能多在8.37兆焦耳/千克以下。主要有秸秆、秕壳和棉籽皮等，饲喂时对于藁秕的种类及用量要谨慎考虑，否则会影响肉兔的生产水平。

（1）秸秆　秸秆又称为藁秆，是指农作物籽实收获以后所剩余的茎秆和残存的叶片，主要可分为豆科和禾本科两大类。主要包括稻草、玉米秸、麦秸、豆秸等。秸秆的营养特点是粗纤维含量高，占干物质的31%～45%，木质素和硅酸盐含量高。而且纤维素、半纤维素和木质素结合紧密、质地粗硬、适口性差、消化率低。秸秆中粗蛋白质含量低，豆科秸秆粗蛋白含量较禾本科秸秆高。秸秆饲料经过加工调制后，营养价值和适口性有所提高。

（2）秕壳　秕壳是农作物籽实脱壳后的副产品，包括谷壳、稻壳、高粱壳、花生壳、豆荚等。实际上，农作物在收获脱粒时还会分离出很多包被籽实的颖壳、荚皮、外皮与瘪籽等物，都统称为秕壳。除了稻壳和花生壳外，秕壳的营养成分高于秸秆。

（3）棉籽皮　棉籽皮含粗蛋白4%～6%，粗脂肪2.4%，粗纤维46%，无氮浸出物34%～43%。棉籽皮含游离棉酚（含量0.01%）。

3. 树叶饲料

凡是无毒的树叶和嫩枝，只要无臭味、异味，家兔不拒食的均可作为饲料。树叶的营养成分和饲用价值因树种、产地、季节、补喂和调制方法不同而异，一般鲜叶、嫩叶营养价值最高，其次为青干叶粉、青落叶，枯黄干叶营养价值较差。同时在种类繁多的树叶中，以紫穗槐叶和刺槐叶等利用价值较高，适口性好。榆树、构树等叶子中粗蛋白含量也比较高，按干物质计量，均在 20% 以上，而且还含有十多种氨基酸，如松树叶；而构树、槐树、柳树、梨树、枣树等树叶中的有机物质含量、消化率和能值都较高；此外，已知的树种如家杨、泡桐、构树、桑树、榆树、水柳树、银合欢、五倍子、杞木树、枸杞树等的叶片中粗蛋白质含量分别接近或达到 20%。

有的树叶因含特殊成分，饲用价值有所降低。如核桃、山桃、橡树（柞树）、李子树、柿子树、毛白杨等树叶中含单宁，如栗树、柏树等，到秋季单宁含量达到 3%，有的高达 5% ～ 8%，应提前采摘饲喂或少量配合饲喂。夹竹桃等树叶有剧毒，严禁饲喂。

四、青绿多汁饲料

按饲料分类原则，这类饲料主要指天然水分含量高于 60% 的青绿多汁饲料。青绿多汁饲料以富含叶绿素而得名，种类繁多，有天然草地或人工栽培的牧草，如黑麦草、紫花苜蓿、紫云英、草木樨、沙打旺草、白三叶草、苕子、籽粒苋、串叶松香草、五芒雀麦和鲁梅克斯草等；叶菜类饲料，如苦荬菜、聚合草、甘草、牛皮菜、蕹菜、大白菜和小白菜；青饲作物，如常用的有玉米、高粱、谷子、大麦、燕麦、荞麦、大豆等；藤蔓类，其中不少属于农副产品，如甘薯蔓、南瓜藤等；水生饲料，如绿萍、水浮莲、水葫芦、水花生等；树叶类饲料，多数树叶均可作为兔的饲料，常用的有紫穗槐叶、槐树叶、洋槐叶、榆树叶、松针、果树叶、桑树叶、茶树叶等；药用植物，如五味子和枸杞叶等；根茎、瓜果类饲料，如胡萝卜、木薯、甘薯、甘蓝、芜菁、甜菜、萝卜、佛手瓜和南瓜等。不同种类的青绿饲料间营养特性差别很大，同一类青绿饲料在不同生长阶段，其营养价值也有很大的不同。

青绿饲料具有以下特点：一是含水量高，适口性好。鲜嫩的青饲料水分含量一般比较高，陆生植物牧草的水分含量约为 75% ～ 90%，而水生植物约为 95%；二是维生素含量丰富。青饲料是家畜维生素营养的主要来源；三是蛋白质含量较高。禾本科牧草和蔬菜类饲料的粗蛋白质含量一般可达到 1.5% ～ 3%，豆科青饲料略高，为 3.2% ～ 4.4%；四是粗纤维含量较低。青饲料含粗纤维较少，木质素少，无氮浸出物较多。青饲料干物质中粗纤维含量不超过 30%，叶菜类不超过 15%，无氮浸出物在 40% ～ 50% 之间；五是钙、磷比例适宜。青饲料中矿物质约占鲜重的 1.5% ～ 2.5%，是矿物质营养的较好来源；六是青饲料是一种营养相对平衡的饲料，是反刍动物的重要能量来源，青饲料与由它调制的干草可以长期单独组成草食动物日粮，并能维持较高的生产水平，为养兔基本饲料，且较经济。七是容积大，消化能含量较低，限制了其潜在的其他方面的营养优势，但是优良的青饲料仍可与一些中等能量饲料相比拟。

总之，青绿饲料幼嫩多汁，适口性好，消化率高，还具有轻泻、保健作用，是肉兔的主要饲料。

选择时以当地现有的品种为主，因地制宜，运输距离不能过大，否则会导致饲料成本高。特别要注意鉴别兔子绝对不能喂的青饲料。

五、矿物质饲料

矿物质饲料包括人工合成的、天然单一的和多种混合的矿物质饲料，以及配合有载体或赋形剂的痕量、微量、常量元素补充料。矿物质元素在各种动植物饲料中都有一定含量，虽含量有差别，但由于动物采食饲料的多样性，可在某种程度上满足其对矿物质的需要。但在舍饲条件下或饲养高产动物时，动物对它们的需要量增多，这时就必须在动物饲粮中另行添加所需的矿物质。在家兔日粮中的用量很少，但作用很大，是必不可少的家兔日粮组成成分。

目前已知畜禽明确需要的矿物元素有 14 种，其中常量元素 7 种：钾、镁、硫、钙、磷、钠和氯（硫仅对奶牛和绵羊），饲料中常不足，需要补充的有钙、磷、氯、钠 4 种；微量元素 7 种：铁、锌、铜、锰、碘、硒、钴。

常用的矿物质饲料有：食盐、石粉、贝壳粉、蛋壳粉、石膏、硫酸钙、磷酸氢钠、磷酸氢钙、骨粉、混合矿物质补充饲料等。

1. 食盐

植物性饲料大都含钠和氯，但是数量较少。食盐除了具有维持体液渗透压和酸碱平衡的作用外，还可刺激唾液分泌，提高饲料适口性，增强动物食欲，具有调味剂的作用。为了保持生理上的平衡，对以植物性饲料为主的畜禽，应补饲食盐。食盐不足可引起食欲下降，采食量低，生产成绩差，并导致异食癖。食盐是最常用，又经济的钠、氯的补充物。食盐中含氯 60%，含钠 39%。碘化食盐中还含有 0.007% 的碘。饲料用食盐多属工业用盐，含氯化钠 95% 以上。食盐过量时，只要有充足饮水，一般对动物健康无不良影响，但若饮水不足，可能出现食盐中毒。使用含盐量高的鱼粉、酱渣等饲料时应特别注意。除加入配合饲料中应用外，还可直接将食盐加入饮水中饮用，但要注意浓度和饮用量。将食盐制成盐砖更适合放牧动物舔食。

用量一般占风干日粮的 0.3% ～ 0.5%。在养兔常用饲料中食盐可以混入精饲料中或溶于水中供兔饮用。

食盐还可作为微量元素添加剂的载体。但由于食盐吸湿性强，在相对湿度 75% 以上时就开始潮解，因此作为载体的食盐必须保持含水量在 0.5% 以下，制作微量元素预混料以后也应妥善贮藏保管。

2. 石粉

石粉又称石灰石粉，为白色或灰白色粉末，由优质天然石灰石粉碎而成，是兔日粮中最经济实惠的补钙饲料。天然的碳酸钙（$CaCO_3$），一般含纯钙 35% 以上，是补充钙的最廉价、最方便的矿物质原料。或将石灰石高温煅烧成氧化钙（CaO，生石灰），用水将之调成石灰乳，再与二氧化碳作用，制成沉淀碳酸钙制品，此产品细而轻，为优质碳酸钙。其碳酸钙含量在 95% 以上，钙含量因成矿条件不同介于 34% ~ 38% 之间。按干物质计，石灰石粉的成分与含量如下：灰分 96.9%，钙 35.89%，氯 0.03%，铁 0.35%，锰 0.027%，镁 0.06%。除用作钙源外，石粉还广泛用作微量元素预混合饲料的稀释剂或载体。

天然的石灰石中，只要铅、汞、砷、氟的含量不超过安全系数，都可用作饲料。有些石灰石含有较多的其他元素，特别是有毒元素含量高的不能作为饲料级石粉。一般认为，饲料级石粉中镁的含量不宜超过 0.5%，重金属如砷等含量更有严格限制。

3. 磷酸氢钙

磷酸氢钙也叫磷酸二钙，是优质的钙、磷补充料，为白色或灰白色的粉末或粒状产品，又分为无水盐（$CaHPO_4$）和二水盐（$CaHPO_4 \cdot 2H_2O$）两种，后者的钙、磷利用率较高。磷酸二钙一般是在干式法磷酸液或精制湿式法磷酸液中加入石灰乳或磷酸钙而制成的。市售品中除含有无水磷酸二钙外，还含少量的磷酸一钙及未反应的磷酸钙，含磷 18% 以上，含钙 21% 以上。饲料级磷酸氢钙应注意脱氟处理，含氟量不得超过标准。

4. 贝壳粉

贝壳粉是各种贝类外壳（蚌壳、牡蛎壳、扇贝壳、蛤蜊壳、螺蛳壳等）经加工粉碎而成的粉状或粒状产品，多呈灰白色、灰色、灰褐色粉末。贝壳粉也是一种廉价钙补充料，主要成分也为碳酸钙，含钙量应不低于33%，一般在34%～38%之间。品质好的贝壳粉杂质少，含钙高，呈白色粉状或片状，含碳酸钙也在95%以上，是可接受的碳酸钙来源，尤其片状贝壳粉效果更佳。

我国沿海一带有丰富的贝壳资源，应用较多。贝壳粉内常掺杂砂石和泥土等杂质，使用时应注意检查。另外若贝肉未除尽，加之贮存不当，长期堆积易出现发霉、腐臭等情况，这会使其饲料价值显著降低。必须进行灭菌处理，以免传播疾病。选购及应用时要特别注意。

5. 蛋壳粉

禽蛋加工厂或孵化厂废弃的蛋壳，由蛋壳、蛋膜及蛋白残留物经干燥灭菌、粉碎后即得到蛋壳粉。无论蛋品加工后的蛋壳或孵化出雏后的蛋壳，都残留有壳膜和一些蛋白，因此除了含34%左右钙外，还含有7%的蛋白质及0.09%的磷。蛋壳主要是由碳酸钙组成，但由于残留物不定，蛋壳粉含钙量变化较大，一般在29%～37%之间，所以产品应标明其中钙、粗蛋白质含量，未标明的产品，用户应测定钙和蛋白质含量。蛋壳粉是理想的钙源饲料，利用率高。应注意蛋壳干燥的温度应超过82℃，以保证灭菌，防止蛋白腐败，甚至传播疾病。

6. 石膏

石膏为硫酸钙，通常是二水硫酸钙（$CaSO_4 \cdot 2H_2O$），是灰色或白色的结晶粉末。有天然石膏粉碎后的产品，也有化学工业产品。若是来自磷酸工业的副产品，则因其含有高量的氟、砷、铝等而品质较差，使用时应加以处理。石膏含钙量为20%～23%，含硫16%～18%，既可提供钙，又是硫的良好来源，生物利用率高。一般在饲料中的用量为1%～2%。

7. 骨粉

骨粉是常用的磷源饲料，分为蒸制骨粉和脱胶骨粉两种。含钙 30% 左右，磷含量为 10% ～ 16%，磷利用率较高，喂量可占日粮的 2% ～ 3%。家庭养兔用的骨粉可以自制，即将食余的畜禽骨骼高压蒸煮 1 ～ 1.5 小时，使骨骼软化，敲碎晒干后即可喂兔。喂量可占日粮的 2% ～ 3%。

8. 膨润土

膨润土是由酸性火山凝灰岩变化而成的，俗称白黏土，又名班脱岩，是蒙脱石类黏土岩组成的一种含水的层状结构铝硅酸盐矿物。膨润土含硅约 30%，还含磷、钾、锰、钴、钼、镍等动物生长发育所必需的多种常量和微量元素。并且，这些元素是以可交换的离子和可溶性盐的形式存在，易被畜禽吸收利用。

膨润土具有良好的吸水性、膨胀性功能，可延缓饲料通过消化道的速度，提高饲料的利用率。膨润土可用作微量元素的载体和稀释剂，同时可作为生产颗粒饲料的黏结剂，可提高产品的成品率。膨润土的吸附性和离子交换性，可提高动物的抗病能力。

肉兔日粮中添加 1% ～ 3% 的膨润土，能明显提高其生产性能，减少疾病的发生。

9. 麦饭石

麦饭石因其外观似麦饭团而得名，是一种经过蚀变、风化或半风化，具有斑状或似斑状结构的中酸性岩浆岩矿物质。麦饭石的主要化学成分是二氧化硅和三氧化二铝，二者约占麦饭石的 80%。

麦饭石具有多孔性海绵状结构，溶于水时会产生大量的带有负电荷的酸根离子，这种结构决定了它具有较强的选择吸附性，能吸附氨气、硫化氢等有害、有臭味的气体和大肠杆菌、痢疾杆菌等肠道病原微生物，减少动物体内某些病原菌和有害重金属元素等对动物机体的侵害。

不同地区的麦饭石其矿物质元素含量差异不大，均含有K、Na、Ca、Mg、Cu、Zn、Fe、Se等对动物有益的常量、微量元素，且这些元素的溶出性好，有利于体内物质代谢。

在畜牧生产中麦饭石一般用作饲料添加剂，以降低饲料成本。也用作微量元素及其他添加剂的载体和稀释剂。麦饭石可降低饲料中棉籽饼毒素。

肉兔日粮中适宜添加量为1%～3%。有试验证明，兔配合饲料中添加3%的麦饭石，其体重可增加23.18%，饲料转化率可提高16.24%。

六、饲料添加剂

饲料添加剂是指为了某种目的（满足营养需要；提高适口性、改善饲料品质）而以微小剂量添加到饲料中的物质的总称。饲料添加剂对改善饲料的营养价值，提高饲料利用率；提高动物生产性能，促进动物生产；改善饲料的物理特性，增加饲料耐贮性；增进动物健康；改善动物产品品质；降低生产成本等均有明显作用。饲料添加剂可分为营养性和非营养性两类。

1. 营养性饲料添加剂

营养性添加剂是指添加到配合饲料中，平衡饲料养分，提高饲料利用率，直接对动物发挥营养作用的少量或微量物质。主要包括氨基酸、维生素、微量元素。还有一些特殊生理功能的其他营养性添加剂。

（1）氨基酸　肉兔日粮中使用的氨基酸添加剂主要是蛋氨酸、胱氨酸及赖氨酸，依饲料中氨基酸含量，兔全价日粮中的添加量一般为0.1%～0.3%。

（2）维生素　维生素是维持动物正常生理机能和生命必不可少的一类低分子有机化合物。每一种维生素都起着其他物质所不能替代的特殊营养生理作用。维生素作为营养物质具有两个特性：一是动物每天对维生素的需要量很小，通常以微克（μg）或毫克（mg）计；二是维生素在体内起着催化作用，它们促进主要营养素的合成与降解，从而控制机体代谢。

维生素添加剂主要有维生素 A、维生素 D、维生素 E、维生素 K 及兔用多维素。生产上常用复合维生素添加剂，兔全价日粮中的添加量一般为 70 ～ 100 毫克 / 千克。

（3）微量元素　微量元素主要是指矿物质微量元素。为了补充兔日粮中微量元素铁、铜、锰、锌、钴的不足，在家兔的生产中使用矿物质微量元素添加剂，主要有食盐、石粉、贝壳粉、硫酸铜、硫酸亚铁、硫酸锌、硫酸锰、碘化钾、氯化钴等。

2. 非营养性饲料添加剂

非营养性添加剂是指加入到饲料中用于改善饲料利用率、保证饲料质量和品质、有利于动物健康或代谢的一些非营养性物质。非营养性添加剂对动物本身没有营养作用，但是可以通过防治疫病、减少饲料贮存期饲料损失、促进动物消化吸收等作用来达到促进动物生长、提高饲料报酬、降低饲料成本，获取更大经济效益之目的，是现代畜牧业中必不可少的。

根据它们的作用，大致可归纳为生长促进剂、驱虫保健剂、生物活性剂、中草药饲料添加剂、饲料保存剂和其他添加剂。

（1）生长促进剂　刺激畜禽生长，增进畜禽的健康，改善饲料利用率，提高生产能力，节省饲料费用的开支。包括抗生素（如杆菌肽锌等）、抗菌药物、激素、酶制剂等。

（2）驱虫保健剂　是重要的饲料添加剂，主要有两类：一类是抗球虫剂，一类是驱蠕虫剂。如黄霉素、盐酸氯苯胍、氯羟吡啶、地克珠利等。

（3）生物活性剂　包括酶制剂、寡糖、酵母及酵母培养物。

（4）中草药饲料添加剂　包括大蒜，艾粉松针粉，芒硝，党参叶，麦饭石，野山楂，鸡内金、橘皮粉，刺五加，苍术，益母草，青蒿，艾叶，神曲和麦芽等。

（5）饲料保存剂　指的是抗氧化剂和防霉剂。由于籽实颗粒被粉碎以后，丧失了种皮的保护作用，暴露出来的内容物极易受到氧化作用和霉菌污染。因而，抗氧化剂和防霉剂一直受到饲料厂家的重视，如丙酸钙、丙酸钠等。

（6）其他添加剂　主要是酸化剂、着色剂、调味剂（如乳脂香和糖精）、黏结剂、乳化剂等。

> **小贴士：**
>
> 饲料添加剂在使用上应注意以下方面：一是在能量、蛋白质及常量矿物元素满足肉兔营养需要时才有效；二是根据添加剂的性能、饲养目的、动物种类、生理特点、气候等准确选择；三是适时适量添加；四是注意添加方式和适用对象；五是注意配伍禁忌；六是搅拌均匀；七是观察肉兔的反应；八是总结经验，不断完善。

第四节　兔用饲料的选用原则

一、根据家兔的营养需要选用饲料

家兔需要的营养来源于饲料，只有喂给营养物质的种类、数量、比例都能满足家兔营养需要的日粮，才能促进家兔健康和高产。所以选用营养丰富、适口性好的饲料，才会提高家兔的饲料利用效率和生产效益。实践证明，家兔一天采食的饲料，应该在多种饲料基础上，经过合理搭配，使其营养需要的种类和数量能基本达到家兔的饲养标准所规定的指标，并且具有良好的适口性、消化性及符合经济要求。

二、根据家兔的采食性和消化特点选用饲料

家兔对饲料具有很强的选择性，喜欢采食颗粒饲料、植物性饲料、带甜味的饲料等。这些特点应是选择饲料的依据。实践证明，根据这些特点选用饲料，能增加家兔的采食量，减少饲料浪费。

家兔具有较强的消化能力，但是家兔的消化道壁薄，尤其是回肠壁更薄，具有通透性。幼龄兔的消化道壁更薄，通透性更强，且微生物区系未能很好地建立。所以，用于家兔的饲料，特别是幼龄家兔的饲料，应根据这一特点，选用容易消化的饲料。

三、根据饲料特性选用饲料

目前，我国养兔以青料为主，补以精料，这些饲料各有特点，用于家兔的青绿饲料以幼嫩期的品质好，精料以新鲜、全价、颗粒饲料为佳。两种类型的饲料都要注意其营养性、适口性、消化性和饲料容积，才能促进饲料的转化率，提高饲料的利用效果。

第五节　兔日粮配合的原则

一、"因兔制宜"

应根据肉兔的不同年龄、体重来配制日粮，因为幼兔、青

年兔、妊娠兔、哺乳兔等的饲养标准不同。

国内外肉兔的饲养标准基本上是空白的，肉兔生产者在实际生产中大多采用家兔的饲养标准，在肉兔的日粮配合中应考虑肉兔和家兔在营养需要上如蛋白质、赖氨酸、含硫氨基酸的区别，并及时观察在实际应用中的效果。家兔的营养需要量或饲养标准并不是一成不变的，养兔者在实际生产中应根据各地的具体情况和自己的经验适当地进行调整。

家兔饲养标准中给予的指标有很多，实际应用时应根据具体情况，如能查到的饲料原料的指标数、使用原料的种类及计算方便与否等确定选择指标数，一般配方中考虑能量、蛋白质、赖氨酸、蛋氨酸、钙、磷、粗纤维即可。

所以在目前国内尚未有统一饲养标准的情况下，应参照建议标准，来配制日粮，以满足不同生长时期各类肉兔的营养需要。

二、充分利用当地饲料资源

利用饲料要因地制宜，要了解当地哪些饲料数量最多，来源最广，价格最便宜，以保持饲料的品种和配合比例不会有很大的变化。

三、日粮营养要全面

日粮应尽可能用多种饲料配成，以便发挥各种营养物质的互补作用，必要时还应补充饲料添加剂，如生长素、必需氨基酸等，以提高饲料的消化利用率。使用粗饲料、能量饲料、蛋白质饲料或矿物质饲料等原料时，一般以 4 ～ 6 种为宜，不同属性的原料之间是不能互相替代的，还要注意营养成分变化很大的玉米秸、地瓜秧、花生秧、草粉、苜蓿粉等粗饲料原料。

四、粗纤维含量要适宜

肉兔的仔兔、幼兔和成年兔的日粮中粗饲料的比例一定要有所区别，仔兔和幼兔的日粮中粗饲料的含量应适中，太少会影响消化器官的发育，太多则造成消化不良。

在配合饲料中，粗纤维含量一般不能低于1%，以利于维持正常的消化功能，避免肠道疾病的发生。

五、适口性要好

配制家兔日粮时不仅要考虑饲料的营养价值，而且要考虑其适口性。利用适口性很差的饲料如血粉、菜籽饼等配制日粮时，必需限制其用量。由于家兔是草食家畜，因此动物性原料如鱼粉、肉骨粉等在日粮中占的比例不应太多，否则不仅会影响日粮的适口性，而且会增加饲料的成本。

六、日粮要保持相对稳定

一经确定兔喜食、生长快、饲料利用率高、成本低的日粮配方后，则应使日粮保持相对的稳定性，不宜变化太大、太快，以免造成应激，若要更换，应采取逐步过渡的饲喂方法，给兔有一个逐渐适应的过程。

七、安全性要好

选择任何饲料原料，都应按照对兔无毒无害，同时也要保证生产出的兔产品无毒无害，符合安全性的原则。因此，对于易受农药污染的青饲料及果树叶等，要在确保不受污染的情况下使用；需要注意含有游离棉酚的棉籽饼（粕）、含有黄曲霉毒素的花生饼（粕）、含有芥子苷的菜籽饼（粕）、含有龙葵碱的马铃薯、含有抗营养因子的大豆饼（粕）、含有单宁的高粱等的脱毒处理，在无脱毒或脱毒不彻底的情况下，要按规定的限制使用量；块根、块茎类饲料应无腐烂；所有饲料原料保证不发霉变质，无毒无害，无不良气味，绝对不允许添加违禁药品。

小贴士：

　　饲料的配制是养好肉兔的关键工作之一，配制好的饲料必须同时具备日粮因兔制宜、充分利用当地饲料资源、日粮营养要全面、粗纤维含量要适宜、适口性好、日粮要保持相对稳定、安全性要好七个方面的要求。切记不能饲喂单一饲料或者随意饲喂饲料。

第六节　颗粒饲料加工技术

　　颗粒饲料是用颗粒机将粉状配合料压成颗粒状的一种饲料。养兔场可以购买大型饲料厂生产的颗粒饲料，也可以自行制作。颗粒饲料的制作程序是：根据兔的饲养标准、饲料原料的营养价值、饲料资源的数量与价格，用多种饲料和多种添加剂按一定方法配制成混合料。如果配合饲料中各种营养物质的种类、数量及比例都满足家兔的营养需要，这样的配合饲料就称为全价配合饲料。将兔用全价配合饲料用颗粒机将粉状料制成颗粒，即为兔用颗粒饲料。自行制作颗粒饲料的方法有用颗粒饲料机制作（见视频5-1）和手工制作两种。

视频 5-1 颗粒
饲料的制作

一、颗粒饲料机制作法

1. 混合

　　混合是兔用颗粒饲料加工的重要环节，是保证其质量的主要措施。购买大型饲料厂生产的专业预混料或者将微量添加物料制成预混合料。自行生产预混料的养兔场，为了提高微量养分在全价饲料中的均匀度，凡是在成品中的用量少于 1% 的原料，均首先进行逐级稀释预混合处理。否则，混合不均匀就可能会造成动物生产性能不良，整齐度差，饲料转化率低，甚至造成动物死亡。

对添加剂预混料的制作，应按照微量混合、小量混合、中量混合、大量混合逐级扩大进行搅拌的方法。

2. 原料的准备

被混物料之间的主要物理性质越接近，其分离倾向越小，越容易被混合均匀，混合效果越好，达到混合均匀所需的时间也越短。物理特性主要包括物料的粒度大小、形状、容重、表面粗糙度、流动特性、附着力、水分含量、脂肪含量、酸碱度等。水分含量高的物料颗粒容易结块或成团，不易均匀分散，混合效果难以令人满意，所以一般要求控制被混物料的水分含量不超过 12%。

制造兔用颗粒饲料所用的原料粉粒过大会影响家兔的消化吸收，过小易引起肠炎。一般粉粒直径以 1 ~ 2 毫米为宜。其中添加剂的粒度以 0.6 ~ 0.8 毫米为宜，这样才有助于搅拌均匀和消化吸收。

3. 适宜的装料量

混合机主要靠对流混合、扩散混合和剪切混合三种混合方式使物料在机内运动达到将物料混合均匀的目的，不论哪种类型的混合机，适宜的装料量是混合机正常工作并且得到预期效果的重要前提条件。若装料过多，会使混合机超负荷工作，更重要的是过大的装料量会影响机内物料的循环运动过程，从而造成混合质量的下降；若装料过少，则不能充分发挥混合机的效率，浪费能量，也不利于物料在混合机里的流动，从而影响到混合质量。

各种类型的饲料混合机都有各自合理的充填系数，实验室试验和实践中已得出了它们各自较合理的充填系数，其中分批（间歇式）卧式螺带混合机，其充填系数一般以 0.6 ～ 0.8 为宜，物料位置最高不应超过其转子顶部的平面；分批立式螺旋混合机的充填系数一般控制在 0.6 ～ 0.85；滚筒式混合机为 0.4 左右；行星式混合机为 0.4 ～ 0.5；旋转容器式混合机为 0.3 ～ 0.5；V 形混合机为 0.1 ～ 0.3；双锥形混合机为 0.5 ～ 0.6。各种连续式混合机的充填系数不尽相同，一般控制在 0.25 ～ 0.5，不要超过 0.5。

4. 物料添加顺序

正确的物料添加顺序应该是：配比量大的组分先加入或大部分加入机内后，再将少量及微量组分加在它的上面；在各种物料中，一般是粒度大的组分先加入混合机，后加入粒度小的；物料之间的比重差异较大时，一般是先加入比重小的物料，后加入比重大的物料。

对于固定容器式混合机，应先启动混合机后再加料，防止出现满负荷启动现象，而且要先卸完料后才能停机；而旋转容器混合机则应先加料后启动，先停机，后卸料；对于 V 形混合机，加料时应分别从两个进料口进料。

5. 严格控制混合时间

一般卧式螺带混合机每批混合 2.6 分钟，立式混合机则需混合 15 ～ 20 分钟。注意混合时间不可过短，也不可过长。因为混合时间过短，物料在混合机中得不到充分混合便被卸出，混合质量肯定得不到保证。但是，也并非混合时间越长，混合的效果就越好，实验证明，任何流动性好、粒度不均匀的物料都有分离的趋势，如果混合时间过长，物料在混合机中被过度混合就会造成分离，同样影响质量，且增加能耗。因为在物料的混合过程中，混合与分离是同时进行的，一旦混合作用与分离作用达到某一平衡状态，那么混合程度即已确定，即使继续混合，也不能提高混合效果，反而会因过度混合而产生分离。

6. 颗粒的含水量要求

为防止颗粒饲料发霉，应控制水分，北方低于 14%，南方低于 12.5%。由于食盐具有吸水作用，在颗粒料中，其用量以不超过 0.5% 为宜。另外，在颗粒料中还应加入 1% 的防霉剂丙酸钙，0.01% ～ 0.05% 的抗氧化剂丁基化羟甲苯（BHT）或丁基化羟基氧基苯（BHA）。

7. 控制适宜蒸汽量

为保证颗粒具有一定硬度和黏度，应控制适宜蒸汽量，使粉化率不高于 5%。

8. 装袋时温度

装袋时颗粒料温度不高于环境温度 7 ～ 8℃。

9. 颗粒的规格

成品颗粒饲料的直径以 4 ～ 5 毫米、长度以 8 ～ 10 毫米为宜。用此规格的颗粒饲料喂兔收效最好。

10. 纤维含量

颗粒料所含的粗纤维以 12% ～ 14% 为宜。

11. 注意加工过程中养分流失问题

在制粒过程中，由于压制作用使饲料温度提高，或在压制前蒸汽加温，会使饲料处于高温下的时间过长。高温对饲料中的粗纤维、淀粉有益，但对维生素、抗生素、合成氨基酸等不耐热的养分则有不利的影响，因此在颗粒饲料的配方中应适当增加不耐高温养分的比例，以便弥补遭受损失的部分。

二、手工制作颗粒饲料的方法

手工制作颗粒饲料有三种方法：

第一种方法是将配合饲料搅拌均匀后，放入柳筐或面盆内，再把适量的新鲜青绿饲料用刀切成粉料，双手握住柳筐或面盆做圆周运动，使草粒在筐内滚动（与滚元宵的做法一样）。少时粉料便会均匀地黏附在草粒上，如不黏，可喷洒少量温开水，直到滚成如兔粪大小的颗粒，即可放入食盆内饲喂。可现滚现喂，也可晒干贮存备用。

第二种方法是将混合饲料加适量水搅拌，以手握成团而指缝不滴水为宜（如混合饲料中无添加剂可用开水调制）。然后把拌匀的混合饲料，分次倒入绞肉机内，摇动摇把，即可加工成圆柱形颗粒饲料。最好用多少加工多少。加工的饲料如短期喂不完，可烘干或晒干贮存备用。

第三种方法是将混合饲料加水调和后（料中可适当加入少量小麦粉）用擀面棒加工，再用刀切成面条状放在阳光下晾晒，晒干后即可喂兔，干制条状饲料要妥善保管，以防受潮而发霉变质。

小贴士：

按照兔子的生理需要采用全价颗粒饲料喂兔子好处很多。颗粒饲料有一定的硬度适合兔子的啃咬习性，兔子爱吃，吃得干净，不浪费，容易被家兔消化吸收而且能够满足兔子生长发育需求。同时颗粒饲料干燥、卫生，喂兔不会因为饲料而给兔子带来球虫的传播感染。

第六章

肉兔的饲养管理

第一节　肉兔的生活习性

一、夜行性和嗜眠性

野生兔体格弱小，御敌能力差，根据"适者生存"的学说，兔的这一习性是在长期一定的生态环境下形成的。所谓夜行性就是白天穴居洞中，夜间外出活动和觅食。家兔在白天表现较安静，夜间很活跃。兔在夜间采食频繁，晚上所吃的日粮和水约占全部日粮和水的 75% 左右。根据这一习性，在饲养管理上要做好合理安排，晚上要喂足充分的草料，白天要尽量让兔保持安静、多休息。

家兔在一定的条件下很容易进入困倦或者睡眠状态，在此状态下兔的痛觉降低或消失，这一特性称为嗜眠性，这与兔在野生状态下的昼伏夜行有关。利用这一特性，能顺利地投药注射和进行简单的手术，所以兔是很好的试验动物。

二、胆小怕惊

兔耳长大，听觉灵敏，能转动并竖起耳朵收集来自各方的声音，以便逃避敌害，对环境变化非常敏感。兔属于胆小的动物，遇到敌害时，能借助敏锐的听觉做出判断，并借助弓曲的脊柱和发达的后肢迅速逃跑。在家养的情况下，突然的声响、生人或者陌生的动物如猫、狗等都能导致兔惊恐不安，一直在笼中奔跳和乱撞，并以后足拍击笼底发出声响。因此，在饲养过程中，无论何时都应保持舍内和环境安静。动作要尽量轻、稳，以免发出易使兔子受惊的声响，同时要防止生人和其他动物进入兔舍，这对养好兔子是十分重要的。

三、喜干燥，恶潮湿，喜清洁

家兔喜好清洁、干燥的生活环境，兔舍内相对湿度在60%～65%之间最适于其生活需要。干燥、清洁的环境有利于兔体的健康，而潮湿和污秽的环境，则是造成兔子患病的原因。根据这一习性，在兔场设计和日常的饲养管理工作中，都要考虑为兔提供清洁、干燥的生活环境。

四、耐寒怕热

因兔子全身被毛，汗腺很少，只分布于唇的周围，因此兔子怕热不怕冷，最适宜的温度为15～25℃，一般不超过32℃，如果长期超过32℃，生长、繁殖均受到影响，表现为夏季不孕。故夏天应注意防暑。但刚出生的仔兔无被毛，对环境温度依赖性强，当温度降至18～21℃，便会冻死，所以仔兔要注意保温，窝温一般要求在30～32℃。

五、性喜穴居

家兔仍具有野生穴兔打洞的本能，以隐藏其自身并繁殖后代。在兔舍建筑和散放群养时应注意防范，以免兔打洞逃出和遭受敌害。

六、性孤独，合群性差，同性好斗

特别是公兔群养在新组合的兔群中，互相斗咬的情况更为严重，在饲养管理上应该特别注意，家兔应分笼饲养。

七、草食性和选择性

家兔采食饲料以植物性食物为主，喜吃多汁带甜味的青饲料及颗粒料。家兔不喜欢吃粉料，尤其是过细的粉料，粉料比例不当，易引起肠炎。

八、啮齿性

兔的门齿是恒齿，不断生长，兔需在采食时不断地磨牙。若兔子没有啮齿行为，一年内上门齿可以长到 10 厘米，下门齿可以长到 12 厘米。门齿的主要作用就是切断食物。兔笼最好是砖、水泥、瓷砖和铁结构的，笼子用砖、水泥板或瓷砖，笼门用铁丝。如用木头或竹片就容易被咬坏。防止兔笼被咬坏的方法是保证笼壁平整，不留棱角；一年四季提供青草，一方面满足粗纤维的需求，另一方面满足啮齿行为；笼内放木棒供兔磨牙；使用颗粒饲料，既营养全面，又能满足啮齿需要，对个别种兔牙齿过长的，应人工剪短（见视频6-1）。

视频 6-1 给兔子剪牙

九、食粪性

肉兔排出的粪便分两种，一种是白天排出的硬粪球，另一种则是清晨或夜间排出的来自盲肠的软粪团，其外面包被特殊光泽的薄膜。这种软粪中包含有兔子的盲肠在消化过程中分解出的大量营养物和菌体蛋白，若直接排出体外，就会丢失大量营养物质，所以兔子会在肛门口直接将它们吞食。这是一种重新获得营养和水分的方法，是正常的生理现象，是兔子为适应恶劣环境所形成的生物学特性。几乎所有的家兔和野生穴兔从一开始会进食时，就有食粪行为，终生保持，患病即停止。

十、嗅觉相当发达，视觉较弱

常以嗅觉辨认异性和栖息领域，母兔通过嗅觉来识别亲生或异窝仔兔。所以，在仔兔需要并窝或寄养时要采用特殊的方法使其辨别不清，从而使寄养或并窝获得成功。

第二节　肉兔的生理数据

一、体温范围

兔子正常体温是 38.5 ～ 39.5℃。

二、心率

兔子的心率一般为 180 ～ 250 次 / 分。

三、呼吸频率

呼吸频率为 51（38 ～ 60）次 / 分。

四、血压

动脉血压为 110（95 ～ 130）毫米汞柱。

第三节　肉兔的适宜环境温度范围

肉兔最适宜生活和繁殖的温度是 15 ～ 25℃。肉兔理想的环境温度随着年龄的变化而变化。初生仔兔为 30 ～ 32℃，5 ～ 10 日龄为 25 ～ 30℃，成年兔为 10 ～ 25℃，育肥兔为 18 ～ 24℃，肉兔的临界温度为 5℃和 30℃，低于 5℃和高于 30℃对肉兔都会产生不良影响。

肉兔是恒温动物，平均体温为 38.5 ～ 39.5℃，为了维持正常的体温，肉兔必须随时调节它与环境的散热和自身的产热。低温会明显影响家兔的生长发育，增加饲料消耗，降低母兔的繁殖性能和仔兔的成活率；高温则可引起食欲减退，消化不良，膘情下降，公兔性欲减退，精液品质下降，母兔受胎率低，产仔数减少，死胎率增加。

第四节 肉兔各阶段的饲养管理

一、种公兔饲养管理

种公兔在兔群中的比例虽然小，但对整个兔群的生产性能和品质高低起到决定性作用。在生产中，不但要求种兔符合该品种的特征、特性，而且对种公兔要求有健壮的体质、旺盛的性欲、良好的精液品质。因此，加强种公兔科学化管理是十分重要的。

1. 单笼饲养

种公兔群是兔场最优秀的群体，应特殊照顾，给其提供理想的生活环境。种公兔要单笼饲养，笼位要宽大。禁止两只种公兔同笼饲养，也不应将种公兔与母兔或其他兔同笼饲养，公兔笼最好远离母兔笼，以保证公兔充分休息，减少体力消耗。大笼位主要是配种的需要，因为配种时要将母兔放到公兔笼内，不宜将公兔放到母兔笼内，以免影响配种效果。公母兔交配时会有追逐过程，若笼位过小，跑动困难会影响配种。同时，大笼位还可增大公兔的活动空间。有条件的兔场最好建造种兔运动场，每周让公兔运动 2 次，每次 1 ~ 2 小时。

2. 保持笼具清洁卫生并及时检修

种公兔的笼位是配种的场所，应保持清洁卫生、干燥、凉爽、安静等，减少应激因素，减少细菌滋生。在配种时种公兔笼底板承重大，特别容易损坏，因此要及时检修，以免影响配种效果。特别是在高温季节，公兔睾丸下降到阴囊中，阴囊下垂、变薄，血管扩张（以增大散热面积，可见睾丸露出腹毛之外），易与笼底板接触，如果笼底板有损坏、不光滑，甚至有钉、毛刺，则很容易刮伤阴囊引起感染和炎症，甚至使种公兔丧失种用价值。

3. 合理调配日粮，保持适宜体况

所提供的日粮应能全面满足种公兔对能量、蛋白质、氨基酸、矿物质、维生素等的需要，以保证种公兔体质健壮、性欲旺盛和精液品质良好。

种公兔日粮中的能量水平不宜过高，控制在中等水平即可，以 10.46 兆焦 / 千克为宜。能量过高，会导致种公兔过肥，性欲减退，配种能力差；能量过低，会造成种公兔过瘦，精液数量少，配种能力差，配种效率低。对于未成年的种公兔，日粮的能量水平应比成年兔高，以保证其正常生长发育。在配种旺季，日粮的能量水平也应提高，或通过调整采食量来提高能量水平。

由于种公兔精液干物质中大部分是蛋白质，蛋白质的供给也非常重要。如果日粮中蛋白质不足，会造成精液数量减少、精子密度低、精子发育不全、活力差，甚至出现死精和丧失配种能力；所配母兔受胎率下降，所产后代质量差，甚至不孕。因此，在配制种公兔日粮时，必须保证蛋白含量，植物性蛋白

质饲料和动物性蛋白质饲料比例要合适。试验结果表明，长期饲喂低蛋白日粮引起精液质量和数量下降时，对种公兔每天补喂 15 ～ 20 颗浸泡并煮熟的黄豆或豆饼、蚕蛹以及紫云英、苜蓿等豆科牧草，能明显提高种公兔的精液品质。一般而言，种公兔日粮中粗蛋白水平应维持在 16% ～ 18%，赖氨酸含量不低于 0.7%。

　　维生素不足会影响种公兔的正常生理代谢，造成食欲减退、生长停滞、正常精子数量少和受精能力下降。维生素 A、维生素 E 与生育有关，在饲料中经常缺乏时会使精子数量减少，出现畸形，甚至使睾丸萎缩，不产生精子，性反射降低。B 族维生素也是种公兔维持健康和正常繁殖功能所必需的。很多因素会影响种公兔日粮中维生素含量，如日粮配制不当、维生素补充料质量差、饲料储存不当、温湿度等环境条件。高温高湿条件下维生素质量下降，因此夏季日粮中维生素的添加量要高于需要量。同时，建议配制好的饲料在 4 个月内用完。实践证明，供给种公兔营养丰富的青绿饲料或南瓜、胡萝卜、大麦芽、菜叶等维生素含量高的饲料，或在饲料中添加复合维生素，可显著提高种公兔的繁殖成绩。

　　矿物质元素，特别是钙、磷是种公兔精液形成所必需的营养物质。饲料中钙含量不足时，会导致四肢无力、精子发育不全、精子活力低。磷是核蛋白的主要成分，也是精子生成所必需的矿物质。锌对精子的成熟具有重要意义，缺锌时精子活力降低，畸形精子增多。硒能够影响公兔生殖器官的发育和精子的产生，缺硒时睾丸和附睾的重量减轻，精子的活力和受精力均降低。饲喂种公兔的矿物质饲料有骨粉、蛋壳粉、贝壳粉等，并要注意钙磷比例合理，应为（1.5 ～ 2）：1。生产中还可以通过在饲粮中添加微量元素添加剂的方法来满足公兔对微量元素的需要。

　　饲养种公兔，除了保证饲料营养全面均衡外，还要保持营养长期稳定。实践证明，对于精液品质不良的种公兔，改喂优质饲料后 20 天左右方能见效。因此，要提高种公兔精液品质，在配种前 30 天就要加强饲养。同时，根据配种强度适当增加蛋白质饲料，以达到改善精液品质和提高受胎率的目的。

为了满足种公兔的营养需要，应根据 NRC 标准等配制日粮进行饲喂。种公兔的饲料宜精，适口性要好，容易消化。要注意饲料品质，不宜饲喂体积过大、营养浓度低的粗饲料，以免造成种公兔腹大下垂，形成"草腹肚"，影响配种。种公兔的饲喂应定时定量，控制采食量，以保持八分膘为佳。当种公兔过肥时，要减少喂料量，增加配种频率，过瘦的公兔则应增加饲喂量，并适当减少配种次数或者停配，待体况恢复后再正常使用。

4. 合理利用

要充分发挥优良种公兔的作用，实现多配、多产、多活，必须科学合理地使用。首先，青年公兔应适时进行初配，过早过晚都会影响性欲，降低配种能力。公兔的性成熟早于体成熟，初配体重为成年体重的 75% ～ 80%，初配年龄要比性成熟晚 0.5 ～ 1 个月。

其次，公母比例要适宜。商品兔场公母兔比例以 1：（8 ～ 10）为宜，种兔场公母兔以 1：（4 ～ 5）为宜。一些规模化兔场若采用人工授精，公母比例可以达 1：（50 ～ 100），能大大降低种公兔的饲养量。一般而言，兔群规模越小，公兔所占比例越大；兔群规模越大，公兔所占比例越小。

再次，要控制好配种强度，不能过度使用。强健的壮年种公兔，可每天配种 2 次，上、下午各一次或第 2 天上午重复一次，配种间隔时间以 8 ～ 10 小时为宜。冬季配种时，上午可将时间推迟到 9:00 ～ 10:00，下午可提前到 17:00 ～ 18:00。夏季配种时，上午可提前到 6:00 ～ 7:00，下午可推迟到 20:00 ～ 21:00。连续使用 2 ～ 3 天后休息 1 天；体质一般的种公兔和青年公兔，每天配种 1 次，配种 1 天休息 1 天。在配种旺季，可适当增加饲料喂量，保证种公兔营养。如果种公兔出现消瘦现象，应停止配种 1 个月，待其体况和精液品质恢复后再参加配种。在长期不使用种公兔的情况下，应降低饲喂量，否则容易造成种公兔过肥，引起性欲降低和精液品质变差。为改善配种效果，宜采用重复配种和双重配种的方式，提高母兔受胎率。

最后，要做到"五不配"，即达不到初配年龄和初配体重不配，食欲不振、患病不配，换毛期不配，吃饱后不配，天气炎热且无降温措施不配。

5. 定期检查精液品质

为保证精液品质，对种公兔精液应经常检查，以便及时了解日粮是否符合营养需要，饲养管理是否符合要求，特别是种公兔是否可以参加配种，及时淘汰生产性能低、精液品质不良的种公兔。在配种旺季前 10 ～ 15 天应检查 1 次精液品质，特别是秋繁开始前，由于夏季高温应激，对种公兔精液品质影响较大，及时进行精液品质检查有利于减少空怀。

6. 控制疾病

兔笼应保持清洁干燥，经常洗刷消毒。除常规的疫病防治外，还要特别注意对种公兔生殖器官疾病的诊治，如公兔的阴茎炎、睾丸炎或附睾炎等，对患有生殖器官疾病的种兔要及时治疗或淘汰。

7. 做好配种记录

在种公兔的引进与选留时应结合其父母、半同胞、同胞的生产成绩，对其作详细、全面的检查，以得到准确的评分。有条件的兔场应该建立健全种兔的系谱资料，避免近亲交配而导致的生殖器官畸形和性腺发育不全。配种时，一定要按配种计划进行，不能乱交滥配。记录配种公兔耳号、笼号与配种母兔耳号、笼号及配种时间。

二、种母兔饲养管理

种母兔在肉兔养殖业中占有十分重要的地位。根据母兔不同饲养阶段的生理状态有着显著的差异，对空怀母兔、妊娠母兔、哺乳母兔进行分阶段饲养，采取相应的饲养管理措施，有利于母兔生产力水平的提高。

1. 空怀母兔的饲养管理

空怀母兔是指性成熟后或仔兔断奶到再次配种受胎之前这段时间的母兔，也叫休产期母兔。母兔空怀的长短视繁殖密度而定。如年产 4 胎，每胎休产期为 10 ～ 15 天；而实行频密繁殖的，如年产 7 胎以上，就没有休产期。此期饲养管理的要求是母兔能正常发情与受胎，对长期不发情或屡配不孕的母兔要采取措施。

（1）加强营养调控　母兔由于哺乳期消耗了大量养分，身体比较瘦弱，需要多种营养物质来提高其健康水平。所以在这个时期要给予优质的青绿多汁的饲料，并适当喂给精料。以补给哺乳期中落膘后复膘所需要的一些养分，使它能正常发情排卵，以便适时配种受胎，这个时期的母兔不能养得过肥或过瘦。饲喂上坚持"看膘给料"的原则，即根据母兔的膘情调整其营养水平，过瘦时加料，过肥时减料，甚至不喂精饲料，只喂青粗饲料。空怀时期的母兔，最好饲喂全价颗粒饲料。也可以因地制宜，就地取材，夏季可多喂青绿饲料，冬季一般给予优良干草、豆渣、块根类饲料，再根据营养需要适当地补充精料，还要保证供给正常生理活动所需的营养物质。但配种前 15 日应转换成符合怀孕母兔营养标准的全价颗粒饲料，使其具有更好的健康状况。母兔在自由采食颗粒饲料时，每只每天的饲喂量不超过 140 克；混合饲喂时，补喂的精料混合料或颗粒饲料每只每天不超过 50 克。

（2）创造适宜的环境　为空怀母兔创造适宜的环境条件，如温度、湿度要适宜，光照要充分，加强母兔运动。特别是笼养母兔，每天定时将其放到舍外运动场随意运动，接受阳光照射。

（3）促进母兔发情　对长期不发情的母兔可采用诱情法，即增加与公兔的接触次数，通过追逐、爬跨刺激，诱发母兔性激素分泌、增加受胎机会。如将母兔和公兔关在同一个笼内，或者与公兔一起放到运动场让公兔追逐，以刺激母兔发情。也可以采取注射孕马血清促性腺激素（1 次肌内注射 100 国际单位）或苯甲酸求偶二醇（每只注射 1 毫升）等办法促进母兔发情。对采取上述措施仍不怀孕的母兔应予以淘汰。

（4）加强配种管理　母兔属刺激性排卵动物，是经公兔交配刺激后排卵的，所以应在第一次配种后间隔 8 ～ 10 小时再复配 1 次，即重复配种。第一次交配的目的是刺激母兔排卵，第二次交配的目的是正式受孕，这样可提高母兔受胎率和产仔数。8 时和 17 时左右为最佳配种时间。一只母兔连续与两只公兔交配，中间相隔时间不超过 20 ～ 30 分钟，这叫作双重配种。采用重复配种或双重配种，可使母兔受胎率提高 10% ～ 20%，产仔数增加 1 ～ 3 只。

2. 妊娠母兔的饲养管理

妊娠母兔是指母兔配种受胎后到分娩产仔这段时间的母兔。母兔的妊娠期为 30 ～ 31 天。整个妊娠期可分为 3 个阶段：即胚胎期 12 天，胎前期 6 天，胎儿期 12 天，也可分为两个阶段，即妊娠前期和妊娠后期。妊娠前期指孕后前 18 天，包括胚胎期和胎前期。在妊娠期间，母兔除维持本身的生命活动外，还有胚胎、乳腺发育和子宫的增长代谢增强等方面都需要消耗大量的营养物质。怀孕母兔在饲养管理上主要是供给母兔全价营养物质，保证胎儿正常发育；加强护理防止流产。所以在母兔交配 7 天后要马上进行怀孕检查，若确实已经受胎的要做好下列工作：

（1）加强营养　母兔在怀孕期间特别是怀孕后期能否获得全价的营养物质，对胚胎的正常发育和母体健康以及产后的泌乳能力关系密切。因前期胚胎增重速度很慢，需要的营养物质不多，饲养水平稍高于空怀母兔即可。妊娠后期即胎儿期，从妊娠第 19 天开始，胎儿增重很快，该阶段的增重量为初生仔兔重量的 70%～90%，所以妊娠后期的饲养水平要比空怀期高 1～1.5 倍。

对怀孕母兔在怀孕期间特别是怀孕后期给予母兔良好的饲养条件，则母体健康，泌乳力强，所产仔兔发育良好，生活力强；相反则母兔消瘦，泌乳力减弱，仔兔生活力差。所以，在怀孕期间应给予营养价值高的饲料。尤其是怀孕后期，饲料的数量和质量对胎儿的生长关系很大，应根据胎儿的发育情况除要逐步增加优质青绿饲料外，也需补充豆饼、花生饼、豆渣、麸皮、骨粉、食盐等含蛋白质、矿物质丰富的饲料，自受胎到受胎后 15 天饲料量要相应增加，直到临产前 3 天才减少精料量，每天只喂较少的精料，但要多喂青饲料。怀孕母兔的喂料量每天控制在 140～180 克，如以青粗饲料为主补加精饲料时，精饲料的量应控制在 100～120 克为宜。注意给母兔喂料要视母兔消化和膘情而定，不能突然加料，以免引起母兔消化不良或过度肥胖。

（2）防止流产　母兔流产一般多在妊娠后 13 天和 23 天。避免捕捉妊娠母兔，特别是在妊娠后期更应加倍小心。必须捕捉时，要保持母兔安静、温顺，应该用两只手操作，一手抓颈部，一手托臀部，并保证不使母兔身体受到冲击，轻捉轻放。妊娠期间保持兔舍内环境安静，避免母兔受到干扰。摸胎时动作要轻柔，已断定受胎者尽量不要再触及腹部。到怀孕 15 天后，应单笼饲养。如若因条件所限，在怀孕母兔舍内还养有其他各种家兔（哺乳兔、幼兔、中兔、成兔）时，在每天喂料时应先喂怀孕母兔，尤其是怀孕后期的母兔。严禁喂给发霉变质及冰冻的饲料，否则易引起母兔流产。冬季应饮用温水，水太凉会引起子宫收缩，导致流产。保持笼舍清洁干燥，避免潮湿污秽。毛用兔在妊娠期特别是妊娠后期禁止采毛。

（3）做好产前准备　规模兔场母兔大多是集中配种，集中分娩。因此，最好将兔笼进行调整。将怀孕已达 25 天的母兔均调整到同一兔舍内，以便于管理；兔笼和产箱要进行消毒，消毒后的兔笼和产箱应用清水冲洗干净，消除异味，以防母兔乱抓或不安。消毒好的产箱即放入笼内，让母兔熟悉环境，便于衔草、拉毛做窝。产仔箱内的垫草可随气温变化多放或少放，但不能不放。产房要有专人负责，冬季室内要保温，夏季要防暑、防蚊。

（4）分娩及产后管理　分娩时保持兔舍及周围环境的安静。分娩后及时提供清洁饮水，因母兔分娩后会口渴，如无供水会咬伤甚至吃掉仔兔。生产中为了防止母兔食仔，可给母兔提供糖盐水。

3. 哺乳母兔的饲养管理

哺乳期是指从母兔分娩到仔兔断奶这段时期。哺乳母兔要分泌大量乳汁，加上自身的维持需要，每天都要消耗大量的营养物质，而这些营养物质必须从饲料中获取。这就要求哺乳母兔的饲料必须营养全面，富含蛋白质、维生素和矿物质。同时，仔兔在哺乳期的生长速度和成活率，主要取决于母兔的泌乳量。因此，保证哺乳母兔充足的营养，是提高母兔泌乳力和仔兔成活率的关键。

哺乳母兔的饲喂量要随仔兔的生长发育逐渐增加，充分供给饮水，以满足其不断增长的营养需要。饲喂量不足，会导致营养缺乏，从而消耗大量体内贮存的营养，母兔很快消瘦，既影响母兔的健康，又影响下一胎次的妊娠和仔兔的生长发育。

应根据仔兔的周龄，随时调整母兔饲料的用量。也就是在母兔分娩后，要将母兔与仔兔分别称重。前3周每周称重1次。若仔兔能正常发育，则生后1周龄的仔兔比初生的仔兔体重增加1倍，第2周龄在第1周龄的基础上又增加1倍，第3周龄又在第2周龄的基础上增加1倍。如果仔兔体重增长情况符合这个规律，母兔体重也不下降，则说明母兔、仔兔生长良好。否则，说明饲料配合不当，应立即增加营养丰富的饲料。在自由采食颗粒的同时适当补喂青绿多汁的饲料。

具体饲喂上，在产仔1～4天内应多喂豆科、菊科唇形花科、菊科、伞形花科的青饲料。豆科牧草如白三叶草、紫花苜蓿草等，多喂可以增加产奶量。菊花科牧草如苦麻菜、蒲公英、剪刀草、牛舌头草等有白浆、味极苦的草清热败毒，防治母兔乳腺炎效果好。产仔后前4天保证母兔奶质好，奶量大；4天后母兔食量大增，多喂颗粒饲料，少喂青饲料，饲料品质要优质，数量要大，不应限制母兔采食量，并每隔3～7天喂1次豆科、菊科青饲料。严禁喂含水分多的青料，如菜叶、红苕藤等，否则尽管母兔虽然产奶量大，但奶汁清稀，有效养分不足，仔兔能吃饱，但排尿多，导致越来越瘦，衰竭死亡。

兔场自制颗粒饲料的配方中应加入大量的优质草粉，如豆科类紫云英、三叶草、紫花苕、苜蓿草等。还必须加入具有败毒消炎而且营养丰富的杂草如野菊花、蒲公英、艾蒿、青蒿、米汤蒿、牛尿蒿、白脸蒿、紫苏、夏枯草、黄蒿、茵陈蒿、飞镰草、苍耳草、牛蒡子等制作的草粉，在饲料配方中用量为40%～50%，这些是保证母兔不发生乳腺炎的基础。

另外，还可根据巢箱中仔兔的粪、尿调整母兔的饲料日粮。如仔兔在睁开眼之前所吃的乳汁大部分都被消化吸收，粪尿很少，说明喂给母兔的饲料日粮比较正常。若巢箱内尿水很多，说明母兔饲料含水分过多。若仔兔粪便过多，则表明母兔饲料中水分太少。应及时对母兔饲料日粮进行适当的调整。

需要注意母兔分娩前后的正常反应。由于产前3天母兔分娩生理反应和产后 3 天内脏器官组织的逐渐恢复，在此期间母兔腹痛分娩继续反应强烈，表现扒窝扯毛含草，喜吃青料厌吃颗粒饲料精料，喜饮水。由于摄入养分浓度不足，需要消耗自身体内贮积的营养以维持生命和泌乳，因而身体略有消瘦，属正常现象，不应乱用药物而干扰肠道菌群，否则母兔会出现厌食、绝食的现象。母兔喂奶是母兔的主动行为，正常情况下不需人为干预。个别拒绝哺乳的母兔，应采取人工干预的办法，让其哺乳仔兔（见视频 6-2）。

视频 6-2 解决
母兔拒绝哺乳
的方法

对产前未拉毛做巢的母兔进行人工辅助拉毛，供做窝絮巢之用，并刺激母兔泌乳。及时清理产仔箱，清除被污染的垫草、毛和死胎，并盖好仔兔。经常检查维修产仔箱、兔笼，减少乳房、乳头被擦伤和剐伤的机会；保持笼舍及其用具的清洁卫生，减少乳房或乳头被污染的机会。母兔哺乳时保持安静，以防吊乳和影响哺乳。除正常检查外不准捕捉母兔，不准用脏手触摸哺乳母兔乳头。经常检查母兔的乳房、乳头，了解泌乳情况，如发现乳房有硬块、红肿，应及时进行治疗，防止诱发乳腺炎。

三、仔兔的饲养管理

兔子从出生到断奶这段时期称仔兔，这是兔子在饲养管理过程中最难养的一个阶段。仔兔饲养管理，依其生长发育特点可分为睡眠期和开眼期两个阶段。

1. 仔兔生长发育特点

仔兔出生时裸体无毛，体温调节功能还不健全，一般产后 10 天才能保持体温恒定。炎热季节巢箱内闷热特别易整窝中暑，冬季易冻死。初生仔兔最适宜的环境温度为 30 ～ 32℃。

视觉、听觉未发育完全。仔兔出生后闭眼，耳孔封闭，整天吃奶睡觉。出生后 8 天耳孔张开，11 ～ 12 天眼睛睁开。

生长发育快。仔兔初生重 40 ～ 65 克。在正常情况下，出

生后 7 天体重增加 1 倍，10 天增加 2 倍，30 天增加 10 倍，30
天后亦保持较高的生长速度。因此对营养物质要求较高。

2. 睡眠期的饲养管理

仔兔出生后至开眼前，称为睡眠期。在这个时期内饲养管
理的重点是：

（1）早吃奶，吃足奶　初乳中有许多免疫抗体，能保护仔
兔免受多种疾病的侵袭，应保证初生仔兔早吃奶、吃足奶。母
性强的母兔一般边产仔边哺乳，但有的母兔尤其是初产母兔产
后不喂仔兔。仔兔出生后 5～6 小时内，一般要检查吃奶情况，
对有乳不喂的母兔要采取强制哺乳措施。另外，仔兔每日仅被
哺乳 1 次，通常在凌晨，整个哺乳可在 3～5 分钟内完成，吸
吮相当于自身体重 30% 左右的乳汁。如果仔兔连续 2 天，最
多连续 3 天吃不到乳汁就会死亡。而睡眠期的仔兔只要能吃饱
奶、睡好，就能正常生长发育。

（2）精心管理　初生仔兔全身无毛，产后四五天才开始长
出茸茸细毛，这个时期的仔兔对外界环境的适应能力差、抵抗
力弱。因此，冬季要防冻，夏秋炎热季节要降温、防蚊，平时
要防鼠害。认真做好清洁卫生工作，稍有疏忽就会感染疾病。

对于吊奶的要及时把仔兔放回巢箱内。

产仔箱每天要检查，发现下部及四角潮湿，或母兔在箱内
大便，要及时清理，防止仔兔误食母兔粪便感染球虫病。晴天
产箱要多晒太阳，起到消毒杀菌的作用。仔兔开食后，粪尿增
多，更要保持产箱的清洁卫生。

（3）做好仔兔寄养　一般情况下，母兔只有 8 个乳头，母
兔哺乳仔兔数应与其乳头数一致。对于产仔过少的母兔可为产
仔多的、无奶的、死亡的、产后发生乳腺炎的及母兔食仔的母
兔代乳，称为寄养。实行工厂化养兔的商品兔场，对同期分娩
的所有仔兔根据体重大小、强弱等，进行统一调整，重新分组
哺乳，利用寄养的方法实现高产高效。

由于兔子具有嗅觉相当发达，但视觉较弱的特性。因此，母兔是通过嗅觉来识别亲生或异窝仔兔的。如果母兔嗅出不是自己的仔兔，不但不哺乳还会将仔兔咬伤咬死。所以，在仔兔需要并窝或寄养时要采用特殊的方法使其辨别不清，从而使寄养或并窝获得成功。

① 代养母兔的选择：代养母兔即俗称的"保姆兔"，要求选择体型较大，体况好，性情温顺，母性好，抗病力强，采食量大，泌乳能力强的母兔作为保姆兔。带仔数取决于母兔的泌乳能力，母兔泌乳能力强，带仔数就多，反之，带仔数就少。

据有关资料介绍，母兔分娩前拉毛与不拉毛，泌乳量差异极显著。同胎次、同条件的母兔泌乳量差异显著；同一母兔的后代，不同胎次泌乳量差异也显著。需要饲养员对每个母兔都要细心观察。

② 寄养的方法：寄养方法有个别寄养、全窝寄养和并窝寄养等。个别寄养适用于母兔乳量不足，胎产过多，发育不均，可挑选体强的仔兔寄养；全窝寄养适用于母兔缺乳或母性差，体弱有病或有恶癖，亦或品种母兔亟需频密繁殖时，可将仔兔全窝寄养；并窝寄养适用于当两窝产期相近且仔兔都发育不全时，将仔兔按体质强弱或体形大小调整成两窝。新组合成一窝的仔兔，日龄差异应控制在 3 天以内，体重差异在 10 克以内较为适宜。否则会因拼乳能力差异大而导致仔兔的差异越来越大，尤其对偏弱仔兔的生长发育不利。由泌乳量大且质量高、母性好的母兔哺乳弱小部分。

可以采用三种办法实施寄养。

第一种寄养方法是混合仔兔与保姆兔的味道。通过被寄养仔兔接触保姆兔产箱原来兔毛和垫草，遮盖仔兔身上的味道，以及实现仔兔身上原有味道与保姆兔产箱内味道的混合，达到寄养成功的目的。首先将保姆兔从产箱里拿出来，然后把被寄养的仔兔放入窝中心，盖上兔毛、垫草，2～3 小时后再将母兔放回产箱内即可完成。

第二种寄养方法是改变仔兔身上味道。首先将保姆兔从产箱里拿出来，然后把被寄养的仔兔身上涂抹数滴保姆兔乳汁或尿液，将被寄养的仔兔放入产箱内，盖上兔毛、垫草，2～3小时后再将保姆兔放回产箱内。

第三种寄养方法是扰乱母兔嗅觉。首先将保姆兔从产箱里拿出来，用石蜡油、碘酒或清凉油涂在母兔鼻端，以扰乱母兔嗅觉，然后把被寄养的仔兔放入产箱内，盖上兔毛、垫草，2～3小时后再将保姆兔放回产箱内。

7日龄以内的仔兔，每天哺乳1次。7～15日龄的仔兔每天哺乳2次。16～21日龄，由母兔自由哺乳。22～25日龄，每天哺乳2次。26日龄以上，每天哺乳1次，直到断乳。

吃饱的仔兔，肤色红润、肚大腰圆、安睡不动；缺奶的仔兔，皮肤皱缩灰暗、瘦弱体小、在窝内乱爬不眠，以手触摸，兔头向上窜，并发出"吱吱"叫声。

③ 寄养要求

一是应果断地将发育不良、个体小、患病、衰弱的仔兔丢弃。弃仔应在产后3天内进行，越早越好。

二是母兔的带仔数以6～8只为宜。如果需要哺乳的仔兔数量过多，可以采取让泌乳能力强，采食量大，母性好的母兔分批哺乳，将仔兔按照大小、强弱分成两组，母兔早上乳汁多，给体重小的一组仔兔哺乳，晚上给体重大的一组仔兔哺乳。头三次哺乳最好进行人工辅助，先让弱小的仔兔吃奶，然后再让健壮的吃。也可每天让弱小的仔兔吃两次奶。一般经5～7天，弱小的仔兔即可追上生长发育快的大兔。

三是被寄养仔兔应尽量在亲生母兔或其他刚分娩母兔那里吃足初乳。初乳的营养价值高，含有高浓度的母源抗体，能增强仔兔的免疫力，且能够促进仔兔胎粪的排出。早吃、吃足初乳，可保证仔兔生长发育良好，体质健壮，充分发挥生产性能。这一环节不能省略。

四是寄养必须在母兔产后7天内进行，需要寄养的两窝仔兔日龄相差不超过 3 日龄为宜，而且承担哺乳的保姆兔乳汁充足且健康无病。

五是调整仔兔时，应做到"静、轻、准、快"。寄养操作时不要带进异味，不能把寄养仔兔原产箱的垫草、兔毛等带进保姆兔的巢内，更不能将仔兔直接送给保姆兔喂奶。

六是保姆兔放回产箱后要注意随时观察保姆兔对仔兔的态度。如发现保姆兔咬被寄养的仔兔，应迅速将寄养仔兔移开，重新按照以上方法再做一遍即可。

七是寄养的仔兔如果将用作种兔，为了确保血缘清楚，通常不宜实行寄养。确需寄养的，要做好记录。

八是加强保姆兔的饲养管理。保姆兔责任大，需保证自身及哺乳的营养需要。如新西兰肉兔，营养需要为：蛋白质 20%、消化能 11.3 兆焦 / 千克、精氨酸 0.8%、赖氨酸 0.75%、蛋氨酸 + 胱氨酸 0.6%、钙 1.1%、磷 0.8%、钠 0.4%、氯 0.4%。参考饲料配方：玉米 25%、豆粕 20%、麦麸 10%、米糠 10%、草粉 30%、骨粉 3%、食盐 1.5%、生长素 0.5%。每只哺乳母兔日喂 300 ～ 500 克全价颗粒饲料，青饲料自由采食。同时做好舍内温度、湿度、光照、通风换气、卫生消毒和疾病防控等方面的工作。

3. 开眼期的饲养管理

仔兔生后 12 天左右开眼，从开眼到离乳，这一段时间称为开眼期。此时期，由于仔兔体重日渐增加，母兔的乳汁已不能满足仔兔的需要，常紧追母兔吸吮乳汁，所以开眼期又称追乳期。在这段时期饲养重点应放在仔兔的补料和断奶上。

（1）抓好仔兔的补料　肉、皮用兔到产后 16 日龄，就开始试吃饲料。这时，可以喂少量易消化而又富有营养的饲料，如豆浆、豆腐或剪碎的嫩青草、青菜叶等。到产后 18 ～ 21 日龄时，可喂些干的麦片和豆渣。到产后 22 ～ 26 日龄时，可在同样的饲料中拌入少量的矿物质、抗生素、洋葱、橘叶等消炎、杀菌、健胃药物，以增强体质，减少疾病。在喂料时要少喂多餐，均匀饲喂，逐渐增加。一般每天喂给五六次，每次分量要少一些。在开食初期以吃母乳为主，饲料为辅，直到断乳。在这个过渡阶段，要特别注意缓慢转变的原则，使仔兔逐步适应，才能获得良好的效果。

（2）抓好仔兔的断奶　仔兔断奶要根据兔子的品种、繁殖安排、仔兔体重和仔兔体质强弱等情况而定。断奶的原则是既使母兔有充分时间调养，准备再生育，又可早日锻炼幼兔的适应性，使各器官健康发育，有利成长。

① 断奶时机。仔兔已经能够独立生活时，即可断奶。过早断奶，仔兔的肠胃等消化系统还没有充分发育成熟，对饲料的消化能力差，生长发育会受影响。断奶越早，仔兔的死亡率越高。但断奶过迟，仔兔长时间依赖母乳营养，消化道中各种消化酶形成缓慢，也会引起仔兔生长缓慢，对母兔的健康和每年繁殖次数也有直接影响。

断奶仔兔体重越大，说明仔兔饲养水平越高，母兔泌乳量越足，这样的仔兔断奶后越容易饲养，成活率就越高。

一般情况下肉兔以 30～40 日龄断奶为宜。如果仔兔生长发育整齐健壮，可以实行仔兔 35 日龄断奶，如果仔兔瘦弱、发育不良，要适当延长断奶的日龄。

如果采用频密繁殖法，凡是进行血配的，仔兔在 28 日龄前必须断奶，否则就会影响母兔正常分娩和下一胎仔兔的正常生长发育。不实行血配的，一般都采用 42 日龄断奶。

② 断奶方法。在生产中，断奶有两种方法，即一次性断奶和分期断奶。要根据全窝仔兔体质的强弱而定。如果全窝仔兔生长发育均匀，体质健壮，可采取一次性断奶法，即在同一天将母、仔分开饲养。断奶母兔在断奶后的 2～3 天内只喂给青粗饲料，停喂精饲料，使其断奶。如果全窝仔兔生长发育不均匀，可采取分期断奶法，即先将身强体壮的仔兔断奶，而个小瘦弱的仔兔留下，继续让母兔哺乳，让其再多吃几天母

乳。晚几天断奶，有利于弱小仔兔的发育，可减少死亡现象的发生。

在断奶前 2～3 天，应减少精料和多汁饲料的饲喂量，可多喂些优质青干草，让母兔收奶，防止发生乳腺炎。同时，为了实现仔兔顺利断奶，在仔兔出生 18 天左右开始补料，使断奶后仔兔能依靠自行采食饲料正常生长发育，并在断奶后继续饲喂相同饲料几天后再逐渐过渡到育肥饲料。

（3）断奶后仔兔管理

① 仔兔断奶后不宜立即离开原兔舍，实行饲料、环境、管理三不变。实践证明，仔兔断奶后，继续在原兔笼舍饲养 3～5 天再放到幼兔笼舍，其成活率会高些。因仔兔刚一断奶马上转移到陌生、变化较大的新环境里，看不到母兔，闻不到原笼舍气味，就会表现不安，胆小怕惊，导致应激反应多，食欲不振，生活力下降等。如在原兔笼舍过渡几天后，再转移到新的环境里，可提高仔兔对新环境的适应能力，有利于减少伤亡。

② 断奶时应对断奶仔兔进行编号，并将公母兔分群饲养（见视频 6-3）。分窝的仔兔，最少 2 个一窝。

视频 6-3 公母兔的鉴别

③ 断奶第一天不喂饲料，清理肠胃，以免引起饲料应激。水中加药，预防大肠杆菌病和球虫病的发生。第二天开始加料，但只喂一顿。第三天两顿，半饱。直到第五天达到正常量。有个别腹泻的要及时隔离，单独饲养。每只腹泻仔兔注射庆大霉素 1 毫升、止血敏 0.5 毫升，一般一次即可治愈。

④ 断奶后不要急于给仔兔注射疫苗，待仔兔适应新环境以后再开始进行免疫接种，以免引起疫苗应激，注射后导致死亡。

四、幼兔的饲养管理

幼兔是指从断奶到 3 月龄的小兔阶段，是生长发育最快的时期，也是肉兔一生中最难饲养的一个阶段。具有生长发育快、消化能力差、贪食、抗病能力差等特点。所以应该特别注意此阶段的饲养管理，防止幼兔死亡。

1. 分群饲养

仔兔断奶后仍在原笼饲养 10 天左右，然后按照体重大小、强弱不同，实行分群饲养，每笼 3 ~ 5 只，每群 10 只左右为宜。

2. 精心饲喂

由于断奶幼兔刚刚脱离母乳，生活条件发生了很大变化，此时幼兔的胃肠消化机能还很弱，如果吃了过硬的、不易消化的食物就会肚胀而死。这也是断奶幼兔死亡率高的一个主要原因。因此，在饲喂管理上，应遵循定时、定量和定质的饲养原则。每天喂精料 2 次、青饲料 3 次，少喂勤添，切忌吃得过饱。既要注意卫生，又要注意喂给新鲜、易消化、营养价值高的精、青饲料，精料最好是熟食。改变幼兔饲粮配方要有一个过渡期，切忌突然更换日粮。同时，观察每次喂食后是否剩料且结合兔的粪便软硬，将喂料量进行合理调整。

3. 配制营养均衡的饲料

饲料是预防消化道疾病的关键。从补饲到断奶后 3 周内采用全价饲料可提高幼兔的成活率，减少消化道疾病的发生。日粮中可适当添加药物添加剂、复合酶制剂、益生元、益生素等，既可以防病又能提高日增重。

饲喂青草要少量饲喂或逐步增加青草饲喂量，切忌突然大量饲喂青草而引起消化道疾病。有露水或水分高的青草应进行晾晒后再喂。在缺青草的冬季，用多汁饲料喂幼兔，要遵循"由少逐渐增多"的原则，同时最好在中午暖和时饲喂。切忌用冰冻多汁饲料喂兔。

4. 创造舒适的环境

幼兔比较娇气，对环境变化很敏感，尤其是寒流等气候突变，应为其提供良好的生活环境，保持清洁卫生、环境安静、饲养密度适中，做好防惊吓、防风寒、防止腹部着凉、防炎热、防空气污浊、防兽害等工作。

5. 疾病预防

幼兔阶段多种传染病易发，抓好预防至关重要。球虫病是危害幼兔的主要疾病之一，幼兔日粮中应添加氯苯胍、地克珠利等抗球虫药物。饲料中加入一些洋葱、大蒜素等，对增强幼兔体质、预防胃肠道疾病有良好作用。幼兔阶段须注射兔瘟 -巴波二联苗，魏氏梭菌、大肠杆菌等疫苗。

五、商品肉兔的饲养管理

商品肉兔是指经短期育肥、屠宰，用于兔肉生产的家兔，主要是指肉用兔的幼兔育肥。饲养管理的重点是创造适宜的育肥条件，达到肉兔增重快，饲养周期短的效果，目的是提高商品肉兔的数量和被毛质量，生产出大量优质肉兔产品。

1. 选择适宜的品种

用于肥育的兔有两种，一种是专供育肥的幼兔，另一种是淘汰的种兔。用于育肥的幼兔，可以是纯种或兼用种的后代，也可以是杂种一代兔，肉用品种优于兼用品种，杂种一代兔优于纯种兔，采用专门化品系培育的商品兔优于纯种。因此，根据饲养管理条件和技术水平，选用不同的品种进行肥育，是提高肉兔生产经济效益的重要措施之一。家庭农场规模化养殖肉兔宜采用专门化品系进行肉兔生产。

对淘汰种兔应视具体情况而定，应选择肥度适中，经过一个月左右肥育体重可增加 1 千克左右的淘汰兔进行育肥。对过肥或过瘦的淘汰种兔都不宜再进行肥育，对过肥的淘汰种兔，宜直接上市出售。而过瘦的淘汰种兔，由于催肥需要时间较长，消耗较多的饲料，经济效益不高，应直接淘汰。

2. 合理分群

将幼兔按照体质强弱、个体大小进行分群分笼饲养，饲养密度不宜过大，以每平方米 10～12 只为宜，夏季饲养密度还要在此基础上低一些。对病弱幼兔应根据饲养价值来决定是继续饲养还是直接淘汰。

3. 保证饲料营养

保证商品兔育肥期间的营养水平，达到营养标准是肉兔育肥的前提。除常规的营养需求外，维生素、微量元素以及氨基酸、添加剂的合理使用，对提高肉兔育肥性能也有重要作用。对于有青饲料的兔场，特别是适度规模场，可采用"肉兔分阶段育肥法"进行商品肉兔的饲养，育肥前期采用全价颗粒饲料饲喂，育肥后期采用青饲料＋精料补充料的饲喂方式，以降低生产成本。

4. 注意饲料品质

肉兔对饲料的选择比较严格，凡被践踏或污染的草料或者腐烂、发霉变质的草料，肉兔一般不会采食，更不喝污浊的水。所以，喂给肉兔的饲料一定要新鲜、优质、卫生。同时还应按照肉兔的消化特点和饲料的性质，进行合理调制，做到洗净、切细、煮熟、调好和晾干，以促进家兔的食欲和消化机能，防止疾病的发生。

5. 注意饲喂方法

通常有限制饲喂和自由采食两种饲喂方法，传统肥育大多采用限制饲喂法，青粗饲料和精料交替投喂，定时定量，使肉兔养成有规律采食的习惯。集约化或规模化条件下，多采用全价颗粒饲料或粉料自由采食，肉兔增重快，饲料转化率高。

肥育期间饲料品种要保持相对稳定，不要轻易改变饲料的组成。

6. 供给充足洁净饮水

饲喂过程中要确保供给充足洁净饮水。冬季最好喂给温水，以免引起肠炎。做到五不饮：不饮冰碴水，不饮坑塘水，不饮隔夜水，不饮污水，不饮有毒水。笼养或者多联多层式兔窝，最好采取自动饮水的设备，以满足兔群对水分的需要。

7. 保持卫生，定期消毒

肉兔喜洁净、爱干燥。同时兔舍干燥卫生，能有效地抑制病原微生物的繁殖以及减少毛皮的污染。保证兔舍清洁干燥是饲养管理中的一项经常化的管理程序。必须每天清扫笼舍，清除粪便，洗涮饲喂用具，使病原微生物无法繁殖和滋生。湿度较大时，可铺些草木灰或生石灰，既吸潮又杀菌。还要做好封闭兔舍的通风换气，保持兔舍内空气清新。

一般来说，每年春秋季节分别进行一次大消毒，最好是用火焰消毒，将脱落的毛纤维、黏附的微生物一扫而光；每月一次中消毒，以不同的消毒液交替使用，可带兔消毒；每周一次器具消毒，包括饲具、饮具、产箱等；发现个别患兔，局部消毒，如肠炎、疥癣等；特殊时期每天消毒，如发生急性传染病时（如兔瘟、真菌孢子病等）每天消毒，连续7天；新建兔舍和兔舍清空时要密封熏蒸消毒。有的兔场频繁消毒，每天一次，其效果不一定好。因为每进行一次消毒，对兔子都是一次应激，降低其抗病力。

8. 创造良好的环境条件

环境条件的好坏是影响商品肉兔育肥效果的重要因素。应尽量采取各种措施保持兔舍安静无噪声，通风良好，空气清新。冬季防寒、夏季防暑，尽量使舍温维持在最适宜温度范围内。育肥期减少光照时间，实行弱光育肥，减少肉兔活动，避免打架和咬斗。在日常饲养管理工作中的各项操作或者在接近兔笼、兔舍和兔群时，动作要轻，不能高声喧闹，禁止众人围观，以保持安静的环境。此外，还应注意狗、猫、黄鼬、鼠、蛇的侵袭。

9. 防治疾病

做到无病早防，有病早治。饲养人员应每天认真观察肉兔饮食、粪便等情况，发现疾病及早治疗。

10. 适时出栏

商品肉兔的出栏时间应根据品种、季节、体重以及市场收购要求来确定。一般肉兔宜在体重达到 2 ～ 2.5 千克，用手触摸育肥兔的腰、腿、颈等部位，肌肉丰厚，肥实，富有弹性，表明肥度符合要求时即可出栏。

根据品种，大型兔骨骼粗大，生长速度快，但出肉率低，出栏体重可适当大一些，最好达到 2.5 千克时再行屠宰；中型品种骨骼细，肌肉丰满，出肉率高，出栏体重可小一些，一般达到 2 千克体重时即可上市。

六、春季肉兔饲养管理

常言道：一年之计在于春。肉兔养殖也是如此，春季对肉兔管理的好坏，直接关系到全年的收益。春季天气渐暖，阳光充足，青饲料逐渐供应，是种兔繁殖的黄金季节，但早春气候多变，是传染病高发期，兔子又进入换毛期。因此，必须加强肉兔的饲养管理。

1. 继续做好防寒保温，防倒春寒

春天早晚温差大，气温忽高忽低，容易诱发感冒和肺炎，特别是冬繁的小兔抗病力弱，保温防寒仍然是饲养管理的重点工作。兔舍门窗的开、关应根据天气变化而定，预防肉兔咳嗽、感冒、肺炎、肠炎等病的发生。

2. 抓好春繁工作

春季是肉兔繁殖的黄金季节，此时配种受胎率高，产仔数多，仔兔生长快，成活率高。因此，春繁要及早开始，抓住有利时机，采用频密繁殖法，要保证春季繁殖至少 2 胎，最好连产 3 胎，然后再调整种群，恢复体力。为保证高受胎率，要采取复配，防止母兔空怀。

3. 加强营养

春季肉兔进入繁殖黄金季节，加上进入换毛期，要喂给营养价值高、不发霉、不变质的优质饲料。对种公兔、种母兔要适当增加精料的饲喂，适当提高蛋白质的含量。种母兔怀孕期，饲喂量应随胎儿增大相应增加；哺乳期应供给优质的精、青、粗饲料和适量的胡萝卜等富含维生素 A 的饲料，最好在晚上 9 时后加喂 1 次干粗料。在产仔前后 2～3 天，给母兔投喂磺胺类抗菌药物，以预防母兔乳腺炎和仔兔黄尿病。母兔奶水不足，可用"催奶片"催奶并增喂青绿饲料或补充豆浆、米汤和红糖水。种公兔加喂胡萝卜、花生饼、豆饼、磷酸氢钙等富含维生素及矿物质的饲料，以提高公兔精液品质。开始饲喂青绿饲料时，要先少后多，逐渐增加喂量，以免喂食过量造成消化道疾病。在阴雨天要适当增加干粗饲料的投喂比例；在雨后割的青饲料要晾干后再喂，并注意在饲料中合理搭配杀菌健胃药物。

4. 注意饲料质量

冬储的花生秧、青干草等经过冬雪春雨，容易受潮发霉，同时萝卜、白菜保管不当也会腐烂变质，有引起饲料中毒的可能，应特别注意。

肉兔饲料由干草型向青草型的过渡要逐步进行，控制青饲料饲喂量，做到青干搭配，避免肉兔贪食。

不喂冰冻、霉烂变质或带泥沙、堆积发热的青绿饲料。菠菜、灰菜含有草酸，能与肠道内钙离子结合成不易被吸收的草酸钙，不利于钙的吸收和利用，应控制喂量。

5. 搞好环境卫生

注意保持兔舍干燥和清洁卫生，做到勤打扫、勤洗刷、勤消毒，做到笼舍内无积粪、无臭味、无污染。

6. 防疾病

春季万物复苏，也是病原微生物及蚊、蝇等复苏滋生的季节，是多种传染病、普通病及寄生虫病的多发季节，要加强笼舍消毒，注意通风换气等。

及时搞好防疫灭病工作，给家兔注射兔瘟、巴氏杆菌、波氏杆菌、大肠杆菌、魏氏梭菌等疫苗，在饲料中交替添加球必清（其主要成分为地克珠利）、克球粉等抗球虫药物，给家兔交替饮用 0.01% 高锰酸钾水、氟哌酸水。另外还要有针对性地投喂一些预防药物，预防感冒、口腔炎等。

另外，春季天气变化无常，常有倒春寒，家兔又处于换毛期，要注意防风保暖工作，谨防家兔受凉感冒。

7. 做好防暑准备

兔舍前加种藤蔓植物，如丝瓜、苦瓜等，以便盛夏遮阴。

七、夏季肉兔饲养管理

夏季气温高、湿度大，而肉兔怕潮湿、怕炎热，在高温环境下，兔的生存力下降，生长发育缓慢，适宜球虫发育，容易发生消化道疾病，对肉兔发育极为不利。因此有"寒冬易度，盛夏难养"之说。可见做好防暑降温是夏季饲养管理的关键。

1. 防暑降温

夏季避免阳光直射兔笼、兔舍，是降温的主要措施。可利用藤蔓植物或搭凉棚遮阴蔽阳。为了改善兔舍环境，应经常开窗开门通风。但要安装纱门纱窗，防止蚊蝇。舍温超过30℃时，兔舍地面应洒凉水。有条件的地方应开排风扇或鼓风机，促进空气流通，以利防暑降温。

2. 防潮湿

兔子怕潮湿，夏季雨水多，尤其是梅雨季节，兔舍空气潮湿，宜使细菌及多种病原微生物滋生，应从引起兔舍潮湿的因素上区别解决。兔舍内地面、笼具尽量不用水冲洗，兔子用的饮水盆或饮水器要固定好，防止被兔子拱翻或损坏，使水洒出；经常检查饮水器，发现漏水及时修补。兔笼要保持干燥，金属兔笼可用喷灯火焰消毒，但要注意防火。墙壁用20%石灰乳粉刷。兔舍相对湿度超过60%时，地面可撒生石灰粉或草木灰吸潮。注意撒吸湿剂前要把门窗关好，防止舍外的潮湿空气进入舍内。承粪板和兔舍的排粪沟要有一定的坡度，兔舍内的兔粪、兔尿应及时清除，尽量不使粪尿在兔舍内滞留。同时，要经常检查兔舍的屋顶和门窗，防止漏雨和雨水侵入。

3. 合理喂料

采用合理的饲料配方，配合饲料时要减少能量饲料的比例，以青绿饲料为主，调制新鲜饲料，注意饲料品质，严禁饲喂变质、发霉的饲料，以及带有雨水或露水的野草。

对饲喂时间和饲喂量进行调整，早餐要早喂，午餐精而少，晚餐要多喂，晚餐饲喂时间可适当推迟，全日饲喂以晚餐为主。还要增加夜草，把80%的饲料量集中到早晚。即将晚上8时到次日早7时作为饲喂时间，分4～5次饲喂。其他时间尽可能不喂，让兔充分休息。

4. 保证充足饮水

当兔舍内温度达到25℃时，兔子的饮水量开始增加，这时要保证24小时不间断供给新鲜、清洁、足量的饮用水，并在水中加入1%的食盐或电解多维，以起到降温的作用，同时补充兔体液的消耗。

5. 调整密度

兔舍内的饲养密度不要过大，否则就会导致空气污浊，二氧化碳、氨气等有害气体浓度过高，引发兔呼吸道病。因此，一定要注意兔群的密度，青年兔要隔笼分开喂养，降低饲养密度，保持兔舍内空气清新，以利于兔子安全度夏。

6. 搞好兔舍内外清洁卫生

夏季蚊虫多，病菌容易繁殖，要切实搞好笼舍、食具和兔场周围的环境卫生，笼舍要勤打扫、勤消毒，饲槽饮水器要勤清洗、勤消毒，粪便要每天清理，每天用1%～5%来苏水消毒一次，同时注意杀虫灭鼠。

7. 控制繁殖

夏季由于高温高湿，公兔性欲低下，精液品质下降，母兔体能消耗大，自身营养储备不足，即使母兔成功受孕，也会造成胎儿发育不良、母兔产后奶水不足、仔兔死亡率高。因此建议在自然环境下，避免母兔在夏季繁殖。配种产仔宜安排到 8 月下旬再集中进行。

8. 预防疾病

夏季蚊蝇滋生，多种疫病易发生流行，特别是兔瘟和球虫病。适时接种疫苗（见视频 6-4），投喂一些抗球虫病药物，如氯苯胍、克球粉、敌菌净，实行母仔分养，定期哺乳，以减少互相传染的机会。

视频 6-4 给兔子接种疫苗

9. 保持安静

兔舍和运动场避免其他小动物进入，防止兔子受到伤害。同时，白天兔舍内只要有充足的饮水，就尽可能不要饲喂兔子，给兔子创造一个安静的环境，以利于兔子充分休息，促进其生长和安全度夏。

八、秋季肉兔饲养管理

秋季温度适宜，饲料充足，是肉兔生长和繁殖的黄金季节。此时，成年兔处于换毛季节，体质虚弱，要加强营养，饲养管理上应注意以下问题。

1. 搞好秋季繁殖

秋季是肉兔繁殖的大好季节，要抓好种兔的繁育工作，要使肉兔尽快恢复体质，适应秋季日照较短的特点，这就要求加强营养，精心饲养，使种公兔适应环境，增强体质以进行秋繁。

2. 注意饲料搭配饲喂

秋季是肉兔的换毛期，也是繁殖期，因此要多喂些适口性较好的青绿饲料，适当加一些蛋白质较高的粗饲料。不同饲草所含营养不同，喂料时要注意搭配，确保饲草多样化，以利于家兔生长。除了多喂青绿饲料外，还应适当增喂麸皮、豆粉、鱼粉、玉米等蛋白质含量高的精料。公兔要多喂一些富含维生素的青饲料，如韭菜等，以提高配种能力；母兔要多喂消炎、解毒、化瘀、通乳之类的饲料，如金钱草、益母草等，以提高受胎率。

3. 精心管理

秋季气温不稳，有时早晚温差达 10～15℃，必须谨防感冒、肺炎、肠炎和巴氏杆菌病的发生，遇降温天气应关好门窗。群养兔每天早上太阳出来时放出去活动，傍晚应赶回室内，每逢遇到大风或降雨，不能让其露天活动。

4. 适当增加运动和光照

舍饲和笼养的家兔，每周可让它们在围好的运动场上自由活动一天，以促进新陈代谢，增进食欲，增强抵抗力，同时要经常让家兔晒晒太阳，以促进家兔体内维生素 D 的合成。

5. 做好消毒和环境清洁卫生

做好兔舍消毒和环境卫生。定期对兔舍、食具和笼具洗刷消毒。秋季早、晚气温较低，应注意保暖。保持空气流通。不喂带露水的草料。

6. 预防疾病

肉兔度过炎热的夏天后，抗病能力已有所下降，到了秋季又正值换毛和母兔分娩期，所以抓好疾病预防工作十分重要。

每年进入秋季，家兔饲养就进入了一个消化道问题的怪圈，除了众所周知的腹泻病以外，还有腹胀、腹水、便秘以及一些肠道疾病等问题的出现。所以，此类疾病是防治的重点。应用金霉素进行预防及治疗流行性腹胀效果显著，在我国多地实际应用效果不错。同时，此期也是球虫病、疥癣等病害的流行季节，也要做好这些病的防治。

注射疫苗。适用的疫苗主要有兔瘟疫苗、兔瘟 - 巴氏杆菌二联苗和 A 型魏氏梭菌灭活菌苗，用于预防兔瘟、巴氏杆菌病和兔腹泻病等。一般断奶后，不分大、小兔子，每只兔子皮下注射兔瘟蜂胶苗 1 毫升以上或者兔瘟普通疫苗 2 毫升，也可以用兔瘟巴氏杆菌魏氏梭菌三联苗每只皮下注射 2 毫升以上。

7. 做好越冬饲料储备

立秋以后，树叶开始凋落，农作物相继收获，应抓紧时机进行越冬饲料的贮存。饲料的贮存量可按照整个冬季加上半个春季的需要量计算，并增加 5% ～ 10% 的额外贮存量。将越冬用番芋藤、红薯秧、花生秧、玉米秸、青草、树叶等及时晒干，合理贮存，并且采取防霉变的措施。

8. 做好兔舍越冬准备

冬季到来之前，必须对所有兔舍进行修整，简易兔舍根据当地气候特点做好防风防寒遮挡和封堵。华北、西北、东北等地区的兔舍要做好防寒准备，封堵北面窗户，在兔舍门外搭设防风门斗，做好供水管线保温，安装冬季舍内增温的火炉、电热取暖器等。

九、冬季肉兔饲养管理

冬季风寒、气冷、日短、夜长，青绿饲料缺乏，给肉兔的饲养带来一些困难，要做好以下几点：

1. 兔舍保温

防寒保温是冬季管理的重点工作，兔舍温度要保持相对稳定，切忌忽冷忽热。肉兔比较耐寒冷，但最适宜的生活和繁殖温度是 15 ～ 25℃，高于或低于这个温度范围都会降低其生产和繁殖性能。尤其是仔兔，要保持产箱内的温度在 20 ～ 25℃。主要采取关门窗、挂草帘、堵缝洞，防止寒风侵入和贼风侵袭，以减少热量的散失，有条件的兔舍可以安装土暖气、生火炉、扣塑料棚，冬季养兔宜增加密度，笼底可垫草或其他材料进行保温。小兔切莫单笼饲养。

2. 抓冬繁

实践证明，做好冬季保温工作，冬季繁殖的仔兔、幼兔成活率高、疾病少。要加强产箱保温，垫草要干燥、柔软、保温性强。

冬季注意让空怀母兔和公兔多晒太阳，以增加运动，提高公兔性欲，刺激母兔排卵。冬季母兔发情时间间隔长，情期短，要勤观察母兔外阴部的变化（浅红早，黑紫迟，大红配种正当时），抓住有利时机促其交配。还要进行复配（即用同一只公兔配后一小时之内再配一次），以提高母兔受孕率和产仔数。种公兔连续使用两天要休息一天，并注意增加青绿多汁饲料和精料。

3. 增补饲料营养

一方面要增加饲喂量，因为冬季寒冷需要热量多，饲喂量要比平时多 20% ～ 30%。另一方面饲料配合时，要适量配合能量饲料，最好保证青绿多汁饲料的供应不间断，粉料要热水拌食，少喂多添，防止剩料结冰。

冬季缺乏青饲料，易发生维生素缺乏症，每天应设法喂一些菜叶、胡萝卜、大麦芽等，以补充维生素的不足。

夜间 8 ～ 9 时再加喂一次草料，不要饲喂冰冻饲料。

4. 精心管理

为了保温，兔舍密闭性好，但通风不良，有害气体增多。因此，晴朗的中午，要打开门窗排浊气。白天应选择有风和暖和的天气，将兔放在运动场活动，但必须是在每个兔有耳号的情况下，否则不可这样做。

5. 做好兔舍清洁卫生

对仔兔巢箱要加强管理，勤清理，勤换垫草，做到清洁、干燥、卫生。保持笼具、食具和舍内的清洁卫生。冬季粪便不可堆积过久，一般一至两天清洁一次。每隔 7～10 天，选晴朗无风天，选择刺激性小、毒性小的消毒液消毒 1 次兔舍。

6. 防冻伤

若遇刮风、下雪和降温等恶劣天气，一定要仔细检查兔子的身体状况，发现有冻伤的兔子时，要及时救护。将冻伤兔转移到温度高的地方，在冻伤部位涂抹植物油；如果肿胀得厉害，可涂擦碘甘油；若冻伤处出现破溃，可在挤出破溃处的液体后，涂上适量的抗生素软膏，并做必要的包扎。

7. 防疾病

肉兔在 1 月龄时，应全部注射兔瘟 - 兔巴氏杆菌二联苗。具体的使用剂量为：1 月龄兔 1.5 毫升，2 月龄兔 2 毫升。对于怀孕母兔，注射时操作要轻。在做好防疫的同时，还要注意做好对感冒、腹泻等常发病的防治，平时在饲料中按规定剂量加入敌菌净、复方新诺明等药物。如果用药时间过长，除及时停药外，可在饲料中加入微生物制剂以恢复肠道功能。禁止使用土霉素、盐酸苯丙醇胺（PPA）等杀菌药物。

第七章

肉兔的疾病防治

第一节　养肉兔场的生物安全管理

生物安全是近年来国外提出的有关集约化生产过程中保护和提高畜禽群体健康状况的新理论。生物安全的中心思想是隔离、消毒和防疫。关键控制点是对人和环境的控制，最后达到建立防止病原入侵的多层屏障的目的。因此，肉兔场饲养管理者必须认识到，做好生物安全是避免疾病发生的最佳方法。一个好的生物安全体系将发现并控制疾病侵入养殖场的各种最可能途径。

生物安全包括控制疫病在肉兔场中的传播、减少和消除疫病发生。因此，对一个肉兔场而言，生物安全包括两个方面：一是外部生物安全，防止病原菌水平传入，将场外病原微生物带入场内的可能降至最低。二是内部生物安全，防止病原菌水平传播，降低病原微生物在肉兔场内从病肉兔向易感肉兔传播的可能。

肉兔场生物安全要特别注重生物安全体系的建立和细节

的落实到位。具体包括肉兔场的选址、引种、加强消毒净化环境、饲料管理、实施群体预防、防止应激、疫苗接种和抗体检测、紧急接种、病死肉兔无害化处理、灭蚊蝇、灭老鼠和防野鸟、建立各项生物安全制度等。

一、科学选址

肉兔场位置的确定，在养肉兔生产中建立生物安全防范体系上至关重要。因此，在新建场的选址问题上要高度重视生物安全性，切忌随意选址和考虑不周全，或者明知不符合生物安全的要求而强行建场。选址重点需要考虑的问题有：符合动物防疫规定，避免交叉感染，远离其他肉兔场、屠宰场、畜产品加工场、交易市场和其他污染源，使养兔场有一个安全的生态环境。

二、安全引种

引进种兔时不能只强调品种、价格等，还要特别注意对疾病的防范。在引种过程中一定要严格考察兔场所养种兔的健康状况及生物安全措施，应特别注意原场不应有兔皮肤真菌病、兔螨病、兔沙门氏菌病等难以控制的疾病。不要引入来历不明的种兔，切忌从集市或兔贩子手中引种，最好从一个兔场引种，以降低引种风险，保障兔场安全。

种兔引进后，应隔离观察1个月以上，经严格检查，确认健康无病后方能放入大群中饲养。

三、加强消毒，净化环境

肉兔场应备有健全的清洗消毒设施和设备，以及制定和执行严格的消毒制度，防止疫病传播。肉兔场采用人工清扫、冲洗、交替使用化学消毒药物消毒。消毒剂要选择对人和肉兔安全、没有残留毒性、对设备没有破坏、不会在肉兔体内产生有害积累的消毒剂。选用的消毒剂应符合《无公害食品 畜禽饲养兽药使用准则（NY 5030—2006）》的规定。在肉兔场入口、生产区入口、兔舍入口设置防疫规定的长度和深度的消毒池。对肉兔场及相应设施进行定期清洗消毒。为了有效消灭病原，必须定期实施以下消毒程序：每次进场消毒、兔舍消毒、带兔消毒、饲养管理用具消毒、车辆等运输工具消毒、场区环境消毒、饮水消毒。

四、搞好清洁卫生

每天清扫粪尿，特别是气温较高及通风不良时，舍内粪尿易发酵产生较多的氨气等有害气体，加之灰尘较多，影响肉兔的健康。应将兔粪及时清出兔舍，堆放到远离兔舍的指定堆放场内。晴朗天气时，可用水适当冲洗兔笼、兔舍。经常清洗食槽、草架、水槽，并定期消毒。产仔箱每次更换后应清洗、消毒，产仔箱中的垫草也应在太阳底下晒干，防止霉变。

五、加强饲料卫生管理

饲料原料和添加剂的感官应符合要求。即具有该饲料应有的色泽、嗅、味及组织形态特征，质地均匀。无发霉、变质、结块、虫蛀及异味、异嗅、异物。生产使用的饲料和饲料添加剂，应是安全、有效、不污染环境的产品，符合单一饲料、饲料添加剂、配合饲料、浓缩饲料和添加剂预混合产品的饲料质量标准规定。所有饲料和饲料添加剂的卫生指标应符合饲料卫生标准（GB 13078—2017）的规定。

饲料原料和添加剂应符合无公害食品畜禽饲料和饲料添加剂使用准则（NY 5032—2006）的要求，并在稳定的条件下取得或保存，确保饲料和饲料添加剂在生产加工、贮存和运输过程中免受害虫、化学、物理、微生物或其他不期望物质的污染。

在肉兔的不同生长时期和生理阶段，根据营养需求，配制不同的全价配合饲料。营养水平不低于该品种营养标准的要求，建议参考饲养品种的饲养手册规定的营养标准，配制营养全面的全价配合饲料。禁止在饲料中添加违禁的药品及药品添加剂。使用含有抗生素的添加剂时，在商品肉兔出栏前，按有关准则执行休药期。不使用变质、霉败、生虫或被污染的饲料。特别是高温季节喂水拌料时，应防止饲料变酸、霉变，应少拌料、勤添料。

六、实施群体预防

养肉兔场应根据《中华人民共和国动物防疫法》及其配套法规的要求，结合当地疫病流行的实际情况，制定免疫计划、有选择地进行疫病的预防接种工作；对国家兽医行政管理部门不同时期规定需强制免疫的疫病，疫苗的免疫密度应达到100%，选用的疫苗应符合《中华人民共和国兽用生物制品质量标准》，并注意选择科学的免疫程序和免疫方法。

进行预防、治疗和诊断疾病所用的兽药应是来自具有《兽药生产许可证》，并获得农业农村部颁发《中华人民共和国兽药 GMP 证书》的兽药生产企业，农业农村部批准注册进口的兽药，其质量均应符合相关的兽药国家质量标准。使用饲料药物添加剂应符合农业农村部《饲料药物添加剂使用规范》的规定。禁止将原料药直接添加到饲料及饮用水中或直接饲喂。应慎用经农业农村部批准的拟肾上腺素药、平喘药、抗胆碱药与拟胆碱药、糖肾上腺皮质激素类药和解热镇痛药。肉兔场要认真做好用药记录。

药物预防主要用于小兔的球虫病。从仔兔吃料开始就应在其饲料中加抗球虫药物，如地克珠利等高效抗球虫药物，直至80日龄或出售前一周。以喂草为主的兔场，也要在饲料中适当增加抗球虫药物，以达到预防球虫病的目的。

螨病发生严重的兔场，又得不到有效控制时，可在饲料中添加伊维菌素粉剂，每 1～2 个月用药一个疗程，即 2 次用药，间隔 7～10 天，可有效降低发病率。

七、防止应激

应激是作用于动物机体的一切异常刺激，引起机体内部发生一系列非特异性反应或紧张状态的统称。对于肉兔来说，任何让肉兔不舒服的动作都是应激。应激对肉兔会有很大危害，造成肉兔机体免疫力、抗病力下降，抑制免疫，诱发疾病，条件性疾病就会发生。可以说，应激是百病之源。

防止和减少应激的办法很多，在饲养管理上要做到"以肉兔为本"，精心饲喂，供应营养平衡的饲料，控制肉兔群的密度，做好通风换气，控制好温度、湿度和噪声，随时供应清洁充足的饮水等。

八、正确处理病死兔

严重的鼻炎兔、反复下痢的兔、僵兔、畸形兔，以及一些虽能存活，但久治不愈的患病兔，均应尽早淘汰，以避免大量散播病原菌。

发现病死兔应立即进行剖检。及时查明病因，如不需要进一步送检，应在肉兔场指定的无害化处理场所进行深埋或焚烧等处理，以减少病原散播。切忌不能乱扔或给狗、猫吃。

对群发性传染病应对肉兔群实施清群和净化措施。

凡是出现传染病及死亡的兔场，全场应立即进行彻底的清洗和消毒，消毒按畜禽产品消毒规范（GB/T 16569—1996）进行。

九、防鼠害和鸟害

应有预防鼠害、鸟害等设施，肉兔舍四周可采用碎石带，肉兔舍窗户、通气口等处设置防鸟网。

十、建立各项生物安全制度

建立生物安全制度就是将有关肉兔场生物安全方面的要求、技术操作规程加以制度化，以便全体员工共同遵守和执行。

如在员工管理方面要求新参加工作及临时参加工作的人员需进行上岗卫生安全培训。定期对全体职工进行各种卫生规范、操作规程的培训。

生产人员和生产相关管理人员至少每年进行一次健康检查，新参加工作和临时参加工作的人员，应经过身体检查取得健康合格证后方可上岗，并建立职工健康档案。

进生产区必须穿工作服、工作鞋，戴工作帽，工作服必须定期清洗和消毒。每次肉兔群周转完毕，所有参加周转人员的工作服应进行清洗和消毒。各肉兔舍专人专职管理，禁止各肉兔舍间人员随意走动。

严格执行换衣消毒制度，员工外出回场时（休假或外出超过 4 小时回场者，要在隔离区隔离 24 小时），要经严格消毒、洗澡，更换场内工作服才能进入生产区，换下的场外衣物存放在生活区的更衣室内，行李、箱包等大件物品需打开经紫外线灯照射 30 分钟以上，衣物、行李、箱包等均不得带入生产区。

外来人员管理方面规定禁止外来人员随便进入肉兔场。如发现外人入场所有员工有义务及时制止，请出防疫区。本场员工不得将外人带入肉兔场。外来参观人员必须严格遵守本场防疫、消毒制度。

工具管理方面做到专舍专用工具，各舍设备和工具不得串用，工具严禁借给场外人员使用。

每栋兔舍门口设消毒池、盆，并定期更换消毒液，保持有效浓度。员工每次进入肉兔舍都必须用消毒液洗手和踩踏消毒池。严禁在防疫区内饲养猫、狗等，养肉兔场应配备对害虫和啮齿动物等的生物防护设施，杜绝使用发霉变质饲料。

每群肉兔都应有相关的资料记录，其内容包括：肉兔品种及来源、生产性能、饲料来源及消耗情况、兽药使用及免疫接种情况、日常消毒措施、发病情况、实验室检查及结果、死亡率及死亡原因、无害化处理情况等。所有记录应有相关负责人员签字并妥善保存两年以上。

第二节　制定科学的免疫程序

免疫是指机体免疫系统识别自身与异己物质，并通过免疫应答排除抗原性异物，以维持机体生理平衡的功能。免疫作为控制传染病流行的主要手段之一，是在平时为了预防某些传染病的发生和流行，有组织有计划地按免疫程序给健康畜群进行的免疫接种。能有效避免和减少各类动物疫病的发生。做好动物免疫工作，使动物机体获得可靠的免疫效果，就能为有效地控制传染病的发生奠定良好基础。

制定科学、合理的免疫程序，是做好免疫工作的前提，对保证肉兔的健康起到关键的作用，养兔场必须根据国家规定的强制免疫疾病的种类和农业农村部疫病免疫推荐方案的要求，并结合本地疫病实际流行情况，科学地制定和设计一个适合于本场的免疫程序。免疫程序不是一成不变的，要因时、因地、因病确定免疫程序。不同的地区、不同的兔场、不同的季节，兔流行的传染病情况是不一样的，在制订时要根据本场的疫病流行情况和特点来建立适合本场的免疫程序。

一、当地疫病流行情况的确定

确定当地疫病流行的种类和轻重程度时，要主动咨询兔场所在地畜牧兽医主管部门、当地农业院校和科研院所，及时准确地掌握本地兔疫病种类和疫情发生发展情况，为本场制定免疫计划提供可靠的依据。

对于从外部购买种兔的，需要在购买前及时了解引进种兔所在地的疫病流行情况。同时，购种兔时要取得出售种兔的当地畜牧兽医主管部门出具的检疫证明。

二、进行免疫监测

利用血清学方法，对某些疫苗免疫动物在免疫接种前后的抗体跟踪监测，以确定接种时间和免疫效果。在免疫前，监测有无相应抗体及其水平，以便掌握合理的免疫时机，避免重复和失误；在免疫后，监测是为了了解免疫效果，如不理想可查找原因，进行重免；有时还可及时发现疫情，尽快采取扑灭措施。可见，免疫检测是最直接、最可靠的疫病状况监测方法，规模化养兔场要对本场的兔进行免疫检测。

三、紧急接种

紧急接种是在发生传染病时，为了快速扑灭疫情，对疫群、疫区和受威胁区域尚未发病的兔群进行应急性免疫接种。在应用疫苗进行紧急接种时，必须先对动物群逐只地进行详细的临床检查，只能对无任何临床症状的动物进行紧急接种，对患病动物和处于潜伏期的动物，不能接种疫苗，应立即隔离治疗或扑杀。

但应注意，在临床检查无症状而貌似健康的动物中，必然混有一部分潜伏期的动物，在接种疫苗后不仅得不到保护，反而促进其发病，造成一定的损失，这是一种正常的不可避免的现象。但由于这些急性传染病潜伏期短，而疫苗接种后又能很快产生免疫力，因而发病数不久即可下降，疫情会得到控制，多数动物得到保护。

在疫区内使用兔瘟、魏氏梭菌、巴氏杆菌、支气管败血波氏杆菌等疫（菌）苗进行紧急接种，对控制和扑灭疫病具有重要作用。

紧急接种除使用疫（菌）苗外，也常用免疫血清。免疫血清虽然安全有效，但常因用量大、价格高、免疫期短，大群使用往往供不应求，目前在生产上很少使用。发生疫病作紧急接种使用疫苗时，必须对已受传染威胁的兔群逐只检查，并对正常无病的兔进行紧急接种。紧急接种时，必须防止针头、器械的再污染，尤其在病兔群接种，必须一兔一针，并注意注射部位的消毒。

四、免疫参考程序

仔兔、幼兔免疫程序见表 7-1，非繁殖青年兔、成年兔免疫程序见表 7-2，繁殖母兔、种公兔免疫程序见表 7-3。

表 7-1　仔兔、幼兔免疫程序

免疫日龄	疫苗名称	剂量	免疫途径
30～40	兔病毒性出血症、多杀性巴氏杆菌病二联灭活疫苗或兔病毒性出血症（兔瘟）灭活疫苗	2毫升	皮下注射
60～65	兔病毒性出血症、多杀性巴氏杆菌病、产气荚膜梭菌病三联苗	2毫升	皮下注射

（摘自《中国养兔学》P495）

表 7-2　非繁殖青年兔、成年兔免疫程序

定期免疫	疫苗名称	剂量	免疫途径
第1次	兔病毒性出血症、多杀性巴氏杆菌病、产气荚膜梭菌病三联苗	2毫升	皮下注射
第2次	兔病毒性出血症、多杀性巴氏杆菌病、产气荚膜梭菌病三联苗	2毫升	皮下注射

注：每年 2 次定期免疫，间隔 6 个月。（摘自《中国养兔学》P495）

表 7-3　繁殖母兔、种公兔免疫程序

定期免疫	疫苗名称	剂量	免疫途径
第1次	兔病毒性出血症、多杀性巴氏杆菌病、产气荚膜梭菌病三联苗	2毫升	皮下注射
	兔病毒性出血症灭活疫苗	1毫升	
	或：兔病毒性出血症、多杀性巴氏杆菌病二联灭活疫苗	2毫升	皮下注射
	产气荚膜梭菌病（魏氏梭菌病）灭活疫苗	1毫升	
第2次	兔病毒性出血症、多杀性巴氏杆菌病、产气荚膜梭菌病三联苗	2毫升	皮下注射
	兔病毒性出血症灭活疫苗	1毫升	
	或：兔病毒性出血症、多杀性巴氏杆菌病二联灭活疫苗	2毫升	皮下注射
	产气荚膜梭菌病（魏氏梭菌病）灭活疫苗	1毫升	

注：每年 2 次定期免疫，间隔 6 个月。（摘自《中国养兔学》第 496 页）

第三节 兔场消毒

消毒的目的是消灭病原微生物，一贯的、高水准的清洗和消毒，是打破某些传染性疾病在场内再度感染的有效方式，是肉兔养殖场最常见的工作之一（见视频7-1）。保证肉兔养殖场消毒效果可以节省大量用于疾病免疫、治疗方面的费用。随着肉兔养殖业发展趋于集约化、规模化，养兔人必须充分认识到兔场消毒的重要性。

视频 7-1 养殖场
常规消毒方法

一、消毒剂的选择

消毒剂的种类很多，养兔常用的消毒药主要有：酚类、醛类、醇类、酸类、碱类、氧化物类、卤素类、表面活性剂和复合型消毒剂等。消毒剂应根据消毒对象及消毒剂的适用范围，选择既能达到消杀效果，又对人和兔安全，对设备没有破坏性，没有残留毒性的消毒剂，所用消毒剂应符合《无公害食品肉兔饲养兽医防疫准则（NY 5131—2002）》的规定。

1. 酚类

包括苯酚、甲酚（来苏儿）及酚的衍生物等。该类药物性质稳定，对细菌、病毒均有较好的杀灭作用，但有一定的腐蚀性。适用于空的兔舍、车辆、排泄物的消毒。

2. 醛类

醛类与酶或核蛋白的活性基发生反应，使其不活化。因成气体，所以浸透力大，杀菌力也强。如甲醛和戊二醛等。适用于空兔舍、饲料间、仓库及兔舍设备的熏蒸消毒。如用甲醛（福尔马林）与高锰酸钾混合使用，每立方米40毫升福马林加20克高锰酸钾作熏蒸处理。

3. 醇类

其作用原理包括脂质溶解，蛋白变性及凝固，分子量愈高其杀菌力愈强。如乙醇，浓度为 70% ～ 80% 时，对细菌的细胞壁通透性最大，消毒能力最强。适用于皮肤、容器、工具的消毒，也可作为其他消毒剂的溶剂，发挥增效作用。

4. 酸类

作用原理为破坏细胞壁、细胞膜，及蛋白质凝固，如醋酸、硼酸等。适用于对空气消毒。

5. 碱类

作用原理与酸相同。氢氧基离子的解离度愈大，杀菌力就愈强；一般而言，pH 达 9 以上即有效。如苛性钠（俗称火碱，含 72% 的 NaOH。以其 5% 溶液应用于出入口踏槽消毒池，2% ～ 3% 溶液消毒空栏兔舍）、苛性钾、石灰（其遇水时 pH 可达 11，杀灭病毒及细菌的能力极强，且不受有机物的影响）、草木灰、碳酸钠（以 2% 的热溶液喷洒兔舍地面及通道，但消毒能力较差）等，对病毒、细菌的杀灭作用较强，高浓度溶液可杀灭芽孢。适用于墙面、消毒池、贮粪场、污水池、潮湿和无阳光照射环境的消毒。有一定的刺激性及腐蚀性。

6. 氧化物类

包括过氧乙酸、高锰酸钾、过氧化氢等，具有广谱、高效、无残留的特点，能杀灭细菌、真菌、病毒等。适用于兔舍带兔消毒、环境消毒等。

7. 卤素类

卤素与细菌的细胞质亲和性很强，亲和后将细胞质卤化，进而氧化使细菌死灭。卤素必须是分子状才有杀菌作用，杀菌力由强至弱的顺序为氟、氯、溴、碘。但一般作为消毒剂的只有氯及碘。本类消毒剂较不稳定，有效成分易散失于空气中。优点是杀灭微生物的效力快，范围广，各种细菌、霉菌、病毒均可杀灭，缺点是刺激性大，遇有机物效力大减。常见的有碘伏、聚维酮碘、碘化钾、次氯酸钠、次氯酸钙（漂白粉）、氯化磷酸三钠、二氯异氰尿酸钠（优氯净）等。适用于环境、兔舍、用具、车辆、污水、粪便等的消毒。次氯酸钠则因价廉，且对病毒效果好而常用，但须低倍使用（30～200倍），对眼、鼻刺激性大，用时应多加小心。

8. 表面活性剂

表面活性剂可降低液体表面张力，使其起泡而有洗净作用；又可破坏细胞膜，使其通透性增加，并使酶蛋白变性而可杀菌。其活性部分若带阴离子则称阴离子表面活性剂，如肥皂，无毒性、无刺激性、气味小、无腐蚀性、性质稳定。若带阳离子则称阳离子表面活性剂，如苯扎溴铵（新洁尔灭）和醋酸氯己定（洗必泰）等。适用于皮肤、黏膜、兔体等的消毒。

9. 复合型消毒剂

有卫康（缓释醛＋戊二醛＋双链季铵盐＋萜品醇等）、农福（几种酚类＋表面活性剂＋有机酸）、安杀灭（先灵宝雅）、百胜-30(辉瑞)、TH4(法国苏吉华)等。广谱杀菌药，对细菌、病毒、霉菌和芽孢均有效，刺激性较小，作用时间较长，低温仍有效，不受有机物和水中金属离子影响，可进入多孔表面的空隙中，是优先选择的消毒剂。

二、兔场消毒制度

1. 进场进舍的消毒

进入场区的人员要更衣、换鞋，踩踏消毒池，经过有人造雾装置（将消毒液雾化）的人员消毒通道（见图 7-1），最后接受 5 分钟紫外光照射（见图 7-1）。车辆，必须经消毒后才能进入场内（见图 7-2）；出售家兔必须在场区外进行，已调出的家兔，严禁再送回兔场；严禁其他畜禽进入场区。

图 7-1　人员消毒通道　　　　图 7-2　场区大门口车辆消毒通道

2. 场区和环境的消毒

兔舍周围每隔 3～5 天扫除 1 次，每隔 10～15 天消毒 1 次；晒料场和兔子运动场每日清扫 1 次，每隔 5～7 天消毒 1 次。每年春秋两季，兔舍墙壁上和固定兔笼的墙壁上涂抹 10%～20% 的生石灰乳，墙角、底层笼阴暗潮湿处应撒上生石灰；生产区门口、兔舍门口、固定兔笼出入口的消毒池，每隔 1 ～ 3 天清洗 1 次，并用 2% 的热碱水溶液消毒。

三、地面的消毒

兔舍地面是兔舍小环境的重要组成部分，也是兔排泄粪便的场所，因此地面消毒很重要。每天应及时清扫粪便，地面可撒一些生石灰，经常保持兔舍通风、干燥、清洁卫生。定期喷洒消毒药物如来苏儿液或 2% 的烧碱溶液。

四、空置兔舍的消毒

引种前 2 ～ 3 天，应对兔舍进行彻底消毒，首先要对兔舍进行彻底清扫，然后再进行消毒。消毒方法应根据兔舍的开放程度确定，对于封闭式兔舍可用熏蒸消毒法，而开放式以及达不到封闭条件的兔舍，可用喷雾和火焰消毒。

熏蒸消毒法，即取高锰酸钾 25 克，甲醛溶液 70 ～ 100 毫升，两者混合会发生剧烈反应，挥发到空气中的甲醛气体有强烈的杀菌消毒作用。但应注意消毒后须放置 2 ～ 3 天再放兔。有条件的还可在兔舍安置紫外线灯，紫外线有强烈的杀菌消毒作用，可持续照射 5 ～ 6 小时，停 12 小时，反复使用效果更好。

喷雾消毒法，即选用高效消毒液对笼具、地面、食槽、水槽等喷雾消毒。

火焰消毒法，即用火焰喷灯喷出的火焰消毒，通常喷灯的火焰温度达到 400 ～ 800℃，火焰可触及笼具的每个部位，消毒数小时后便可放兔。可用于消毒兔笼、笼底板、产仔箱等，将兔毛、各种病原、灰尘等烧光。消毒时用火焰喷灯对兔笼及相关部件依次瞬间喷射（见图 7-3）。消毒效果好，但要注意防火。

图7-3 火焰消毒笼底板

五、设备及用具的消毒

（1）兔舍、兔笼、通道、粪尿底沟每日清扫 1 次，夏秋季节每隔 5～7 天消毒 1 次。粪便和脏物应选择离兔场 150 米以外的地方堆积发酵后掩埋。在消毒的同时，有针对性地用 2% 的敌百虫水溶液喷洒兔舍、兔笼和周围环境，以杀灭螨虫和其他有害昆虫，同时应做好灭鼠工作。

（2）兔舍的设备、工具应固定，不互相借用；兔笼的料槽、饮水器和草架也应该固定；用具用完后及时消毒；产仔箱、运输笼等用完后要冲刷干净并消毒后备用；家兔转群或母兔分娩前，兔舍、兔笼均需消毒 1 次。

（3）养兔所用的水槽、料槽、料盆、运料车等工具每日都应该冲刷干净，每隔 7～10 天用沸水或 4% 的热碱水溶液消毒 1 次；治疗兔病所用的注射器、针头、镊子等器具每次使用后在沸水中煮 30 分钟或者用 0.1% 的新洁尔灭浸泡消毒；饲养人员的工作服、毛巾和手套等要经常用 1%～2% 的来苏儿或 4% 的热碱水溶液洗涤消毒；使用过的产箱应先倒掉里面的垫物，再用清水冲洗干净，晾干后，在强日光下暴晒 5～6 小时，冬天可用紫外线灯照射 5 ～ 6 小时，再用消毒液喷雾消毒后备用。

六、带兔消毒

兔舍带兔消毒，既可以有效地杀灭兔舍内空气中和环境中的病原微生物，又可直接杀灭兔体表、呼吸道浅表滞留的病原微生物，并对葡萄球菌、大肠杆菌、沙门氏菌病等有良好的防治作用，是净化兔舍环境卫生的重要措施。配合疫苗免疫和科学的饲养管理，能消除疾病隐患，使兔群健康生长，提高养兔生产水平和经济效益（见视频7-2）。

视频 7-2 带兔消毒

应选择高效低毒、杀菌力强、刺激性小的消毒剂，如百菌灭、百毒杀、二氯异氰尿酸钠、抗毒威等。消毒液喷洒兔体本身及周围笼具。根据兔的生长发育期确定消毒次数。仔兔开食前每隔 2 天消毒 1 次；开食后断奶前，每隔 4 ～ 5 天消毒 1 次；幼兔期每 7 天消毒 1 次；青年兔每 15 天消毒 1 次。免疫接种前后 3 天停止消毒，兔群发生疫病时可采取紧急消毒措施。配制消毒液的水要清洁，夏季用凉水，冬季用温水。喷雾数量以兔体和兔笼表面见潮为好。门窗关闭后喷雾，结束后开窗通风换气，要保持舍内空气清新干燥。消毒液的雾滴粒度应控制在50 ～ 80 微米，所以应选择质量好的喷雾器。背负式喷雾器省力，价格适中，中小型兔场选用较为实用。

七、发生疫病后的消毒

兔场发生传染病时，应迅速隔离病兔并对其进行单独饲养和治疗。对受到污染的地方和用具要进行紧急消毒，病死兔要远离兔场烧毁或深埋。病兔笼和污物要用酒精喷灯严格消毒。加强饲养人员出入饲养场区的消毒管理。发生急性传染病的兔群应每天消毒 1 次。兔舍消毒应选择在晴天进行，并注意做好通风工作。当传染病被控制住后，若不再发现病兔及有关症状，全场范围内应进行 1 次彻底消毒。

第四节 常见病防治

一、兔的主要传染病

1.兔病毒性出血症（兔瘟）

兔病毒性出血症又叫兔瘟或兔出血热，是由病毒引起的一种急性、热性、败血性和毁灭性的传染病。本病发病迅速、传播快、流行广，死亡率高达95%以上，是危害养兔业最严重的疾病之一。

【流行特点】本病一年四季均可发生，但多流行于冬、春季节。3月龄以上的青年兔和成年兔发病率和死亡率最高，断奶幼兔有一定的抵抗力，哺乳期仔兔基本不发病。可通过呼吸道、消化道、皮肤等多种途径传染，潜伏期48～72小时。传播方式是易感兔与病兔以及其排泄物、分泌物、毛坯、血液、内脏等接触传染，或与病毒污染过的饲料、饮水、用具、兔笼以及带毒兔等接触传染。

【临床症状】本病可分为3种类型。

最急性型：自然感染的潜伏期为36～96小时，人工感染的潜伏期为12～72小时。病兔无任何明显症状即突然死亡。死前多有短暂兴奋，如尖叫、挣扎、抽搐、狂奔等，于数分钟内死亡。有些患兔死前鼻孔流出泡沫状的血液。这种类型病例常发生在流行初期。

急性型：精神不振，被毛粗乱，迅速消瘦。体温升高至41℃以上，食欲减退或废绝，饮欲增加。全身颤抖，呈喘息状，死前突然兴奋，尖叫几声便倒地抽搐死亡。病程半天至2天。有的死亡兔从鼻孔中流出泡沫状血液，大多数发生于青年兔和成年兔。

以上2种类型多发生于青年兔和成年兔，患兔死前肛门松弛，流出少量淡黄色的黏性稀便（见图7-4）。

慢性型：多见于流行后期或断奶后的幼兔。体温升高至40～41℃，精神不振，不爱吃食，爱喝凉水，消瘦。病程2天以上，多数可恢复，但仍为带毒者而感染其他家兔。

根据临床症状和病变可以对本病作出初步诊断。确诊须经实验诊断。

图 7-4　肛门流出黏性稀便

【防治措施】兔瘟是由兔瘟病毒引起的一种烈性传染病，严重影响兔场的经济效益。为此，规模兔场要做好兔瘟的防治。

（1）做好综合防治　兔场实行封闭式饲养，合理通风，饲喂全价饲料，及时清理粪污，做好环境卫生，严格定期进行消毒，该病毒对磺胺类药物和抗生素不敏感，常用消毒药为1%～3%氢氧化钠溶液和20%石灰乳。严禁从疫区引进种兔，防止外来人员进入兔舍。

（2）做好免疫接种工作　一是制定合理的免疫程序。规模兔场要根据本场实际制定适合本场的免疫程序。一般40～45日龄兔瘟单苗首免；60～65日龄兔瘟或兔瘟-巴氏杆菌二联苗二免。以后每隔4～6个月注射一次；对于发病严重的兔场，最好采用兔瘟灭活疫苗单苗在20～25日龄和60日龄进行2次免疫，效果更好；二是选用优质的疫苗。严禁使用无批准文号或中试字的疫苗，要选用正规厂家生产的有批准文号的疫苗。因为无批号或中试字的疫苗未经过国家的批准，质量得不到保证；三是合理把握疫苗的剂量。根据母源抗体的情况，合理使用疫苗。

（3）发生疫情的处理　兔舍、兔笼、用具及周围环境加强消毒，每天消毒2次。对饲养管理用具、污染的环境、粪便等用3％的烧碱水消毒，对被污染的饲料进行高温等无害化处理，兔毛和兔皮用福尔马林熏蒸消毒。及时隔离病兔，封锁疫点，将病死兔焚烧深埋作无害化处理，以切断污染源。

（4）发病后及时诊治　一旦发病及时进行诊断，确诊后对同群兔进行紧急免疫，用兔瘟单苗4～5倍进行注射；或用抗兔瘟高免血清每兔皮下注射4～6毫升，7～10天后再注射疫苗。

（5）发生兔瘟后的三条治疗途径　注射高免血清，见效最快，效果最好，但成本高，货源缺；注射干扰素，干扰兔瘟病毒的复制，在发病初期有效，但疫病过后仍然需要注射疫苗；兔瘟疫苗紧急预防注射，每只2～3毫升，3天后逐渐控制病情，7天后产生较强的免疫力。

2. 兔传染性水泡性口炎

兔传染性水泡口炎又叫传染性口炎、水泡性口炎或流涎病，是由兔传染性口炎病毒感染引起的一种急性传染病。以兔的口腔黏膜水泡性炎症，形成水泡及溃疡，并伴发大量流涎为特征。由于本病有较高的发病率和死亡率，对养兔业构成严重的威胁。

【流行特点】主要危害1～3月龄幼兔，特别是断奶后1～2周龄的仔兔，多发于春、秋季节。消化道为主要感染途径，病兔口腔分泌物、坏死黏膜组织及水泡液内含有大量的病毒，健康兔吃了被污染的饲草、饲料及饮水后而感染。饲料粗糙多刺、霉烂、创伤等易诱发本病。

【临床症状】发病初期，病兔体温升高至 40～41℃，病兔口腔黏膜潮红、充血，随后在嘴唇、舌和口腔其他部位的黏膜上出现粟粒大至大豆大的水泡，水泡内充满液体，破溃后常继发细菌感染，引起唇、舌和口腔黏膜坏死、溃疡，口腔恶臭，病兔因口腔病变物的刺激，不断有大量唾液从口角流出，致使嘴、脸、颈、胸及前爪被唾液沾湿，时间较长的被毛脱落、皮肤发炎、采食困难、消化困难、腹泻、消瘦、严重的衰竭死亡。

根据本病有明显的季节性及典型的口腔水泡病变和流涎等特征，做出诊断。

【治疗措施】

（1）创造良好的饲养管理条件，饲喂新鲜、柔软的草料，避免尖锐物损伤口腔黏膜。

（2）坚持常规消毒 由于病毒对低温的抵抗力强，在 4℃可存活 30 天；但对热敏感，在 60℃下以及阳光直射下会很快死亡。因此，要加强对兔舍、兔笼、用具等的消毒卫生工作。可选用 1%～2% 氢氧化钠溶液作喷雾、浸洗消毒。

（3）本病尚无疫苗，要坚持自繁自养的原则，调剂品种时，引进的种兔，要隔离观察 1 个月以上，健康无病，才可入群。预防用磺胺二甲基嘧啶，按 5 克/千克饲料或 0.1 克/千克体重喂服，每日 1 次，连用 3～5 日。

（4）治疗 发现病兔，必须立即隔离，进行处置。治疗原则是卫生消毒、局部处理、预防继发感染和对症治疗。同时注意喂给优质柔嫩易消化饲料。严重脱水可腹腔补液。

对病兔可用防腐消毒药液（2% 硼酸液、0.1% 高锰酸钾溶液、1% 盐水、2% 明矾水）冲洗口腔，然后涂撒碘甘油、青黛散、黄芩粉、四环素研末配成的粉面等消炎药剂。同时投服磺胺类药物（磺胺嘧啶或磺胺二甲基嘧啶），防止继发感染。

3. 兔轮状病毒病

兔轮状病毒病是由轮状病毒引起的，以仔兔严重腹泻为主要特征的一种急性肠道传染病。单纯性感染一般死亡率达40%～60%，继发感染时可达60%～80%。该病毒在体外具有较强的抵抗力，是幼兔腹泻的主要病源之一。

【流行特点】本病的主要传播途径是消化道。临床症状主要出现于2～6周龄仔兔，尤以4～6周龄仔兔发病率和死亡率最高，青年兔和成年兔感染后一般很少出现临床症状，常呈隐性感染而带毒。少数病例表现短暂的食欲减少和不定型的软便。新发病群往往呈暴发，被感染群将很难根除。病兔或带毒兔的排泄物含有大量病毒，污染的饲料、饮水、乳头和器具等是本病的主要传播媒介。健康兔可因食入被污染的饲料、饮水或哺乳而被感染。

本病毒往往在兔群中长期存在，在气候剧变的晚秋至早春寒冷季节，饲养管理不当，幼兔群抵抗力降低时发病。在兔群中常呈突然暴发，传播迅速。

【临床症状】潜伏期1～4天，仔兔感染后多突然发病，病兔体温升高，精神不振，表现呕吐、低烧、昏睡、很少吮乳或废食。主要症状是严重腹泻，排半流质或水样稀便，呈棕色、灰白色或浅绿色酸性恶臭水便，并含黏液或血液；肛门周围及后肢被毛被粪便污染；继发感染时体温明显升高，症状也较严重。一般在发生腹泻后2～4天内病兔迅速脱水、体液酸碱平衡失调。最后导致心力衰竭而死亡，死亡率可达40%。

病变主要在肠道，可见小肠充血、膨胀，肠黏膜有大小不等的出血斑，结肠瘀血，盲肠扩张，内含大量液体等非特征性病变，其他脏器无明显病变。

依据症状与病变以及流行特点只能做出肠道传染病的判断，无法与其他肠道传染病相区分。确诊需分离鉴定病毒。

【防治措施】

本病尚无有效疫苗可用，亦无好的治疗方法。主要应加强断奶前后仔兔的饲养管理，用含高效价的轮状病毒抗体的初乳或高免血清饲喂幼兔有一定的预防作用。秋季天气多变、多雨潮湿，易引起仔兔轮状病毒病多发，养殖户要做好防治工作。

建立严格的兽医卫生制度，加强卫生防疫和做好平时的消毒工作。由于病毒主要存在于病兔的肠内容物及粪便中，18～20℃室温中经 7 个月仍有感染性。所以，搞好环境卫生，经常对兔舍、笼具等进行消毒。采用巴氏灭菌法、75％酒精、3.7％甲醛、16.4％有效氯等均可杀灭本病毒。碘酊、煤酚皂、0.5％游离氯消毒效果不好。

一旦发病，及时隔离病兔，并执行严格全面的消毒，死兔及排泄物、污染物一律深埋或烧毁。

治疗可采取补液等维持治疗，使用抗生素或磺胺类药物，以防止继发感染。也可用口服补液盐和治疗下痢的中草药方剂治疗。同时加强病兔的管理，注意保温。

4. 兔巴氏杆菌病

兔巴氏杆菌病是由多杀性巴氏杆菌引起的各种兔病的总称，又称兔出血性败血症。肉兔对巴氏杆菌十分敏感，该病较常发生，一般无季节性，以冷热交替、气温多变、闷热、潮湿多雨的春秋季节发生较多。呈散发或地方性流行，常会引起大批发病和死亡，是危害养兔业的重要疾病之一。

【流行特点】各种年龄、品种的家兔均易感，尤以 2～6 月龄兔发病率和死亡率较高。病兔和带菌兔是主要的传染源，呼吸道和消化道是主要的传播途径，也可经皮肤黏膜的破损伤口感染。

一般情况下，病原菌寄生在家兔鼻腔黏膜和扁桃体内，成为带菌者，在各种应激因素刺激下，如过分拥挤、通风不良、空气污浊、长途运输、气候突变等或在其他致病菌的协同作用下，机体抵抗力下降，细菌毒力增强，容易发生本病。

本病一年四季均可发生，但以冬春最为多见，常呈散发或地方性流行。当暴发流行时，若不及时采取措施，常会导致全群感染。

【临床症状】急性兔巴氏杆菌病一般没有任何症状而突然死亡，病程稍长的一般为几小时至几天或更长。由于感染程度、发病急缓以及主要发病部位不同而表现不同的症状。主要症状有全身性败血症、传染性鼻炎、地方性肺炎、中耳炎（斜颈病）、结膜炎、子宫积脓、睾丸炎和脓肿等不同病型。其中，以出血性败血症、传染性鼻炎、肺炎等类型最常见。

（1）出血性败血症 即最急性型和急性型。该型可由其他病型继发，也可单独发生，与鼻炎、肺炎混合发生的败血症最为多见。病兔精神不振，食欲废绝，呼吸急迫，体温升高至 41℃ 以上，鼻腔流出分泌物，有时伴有腹泻。死前体温下降，四肢抽搐，病程短的 24 小时死亡，稍长的 3～5 天，最急性病例常常见不到临床症状突然倒地死亡。病理变化可见，病程短的无明显肉眼可见变化。病程长者呼吸道黏膜充血、出血，并有较多血色泡沫。肺严重充血、出血、水肿；肝脏变性，有较多坏死灶；脾脏和淋巴结肿大出血，心内外膜有出血点；胸、腹腔内有淡黄色积液。有些病例肺有脓肿，胸腔、腹腔、肋膜及肺的表面有纤维素附着。

（2）鼻炎型（传染性鼻炎） 患兔鼻腔里流出鼻液，起初呈浆液性，以后逐渐变为黏液性以至脓性。患兔常打喷嚏、咳嗽，用前爪挠抓鼻孔。时间较长时，鼻液变得更加浓稠，形成结痂，堵塞鼻孔，出现呼吸困难，发出"呼呼"的吹风音。由于患兔经常挠擦鼻部，可将病菌带入眼内、皮下，引起结膜炎和皮下脓肿等。鼻炎型的病程较长，可达数月乃至 1 年以上。但其传染性强，对兔群的威胁较大。同时，由于病情容易恶化，可诱发其他病型而死亡。

（3）肺炎型　常由鼻炎型继发转化而来。最初表现厌食和沉郁，继而体温升高，呼吸困难，有时出现腹泻和关节炎。有的突然死亡，也有的病程拖延1～2周。病变可波及肺的任何部位，眼观有实变（肝变）、肺气肿、脓肿和小的灰色结节性病灶，肺实质可见出血，胸膜表面覆盖纤维素。

（4）中耳炎型又称歪头疯、斜颈病，是病菌由中耳扩散至内耳和脑部的结果。严重病例向着头倾斜的方向翻滚，直至被物体阻挡为止。患兔饮食困难，体重减轻，但短期内很少死亡。病理变化可见，在一侧或两侧鼓室内有白色奶油状渗出物；感染扩散到脑时，可出现化脓性脑膜炎。

（5）结膜炎型　临床表现为流泪、结膜充血、眼睑肿胀和分泌物将上下眼睑粘住。主要发生于未断奶的仔兔及少数老年兔。

（6）脓肿、子宫炎及睾丸炎型　多杀性巴氏杆菌还可通过皮肤创伤侵入皮下，引起局部脓肿；侵入其他部位引起子宫炎症或蓄脓、睾丸炎、肠炎等。脓肿可以发生在身体各处。皮下脓肿初期表现为皮肤红肿、硬结，后来变为波动的脓肿。子宫发炎时，母体阴道有脓性分泌物。公兔睾丸炎可表现一侧或两侧睾丸肿大，有时触摸感到发热。

诊断应根据发病情况、临床症状和细菌学检查做出。

【防治措施】

巴氏杆菌是条件性致病菌，即30%～70%的健康家兔的鼻腔黏膜和扁桃体内带有这种病菌，平时不发病，当条件恶化时或家兔的抵抗力下降时发病。因此，当前应切实做以下几方面的防治工作。

（1）加强饲养管理和卫生防疫措施　防止感冒，剪毛时防止剪破皮肤。种兔场要定期检疫，坚决淘汰阳性兔。引进种兔要隔离观察，确定为健康兔方可混群饲养。兔群要定期预防接种。

（2）做好消毒卫生工作　由于多杀性巴氏杆菌本身的抵抗

力比较脆弱，所以一般常用消毒药物即可将其杀灭。定期对兔舍及兔笼、场地等用 3％来苏尔溶液或 20％石灰乳消毒，用具用 2％烧碱水洗刷消毒。

（3）免疫接种　使用兔巴氏杆菌蜂胶灭活疫苗或兔瘟＋兔巴氏杆菌蜂胶二联灭活疫苗均可。30 日龄以上的家兔，每只皮下注射 1 毫升，间隔 14 天后，再注射 2 毫升，免疫期可达 6 个月以上。

（4）治疗　若兔群发病，淘汰症状明显的病兔。

对无症状健康兔注射兔巴氏杆菌病蜂胶灭活疫苗进行紧急预防，增强兔体免疫力。

病兔应隔离治疗，可肌内注射青霉素，每千克体重 5 万单位，每日 2 次，连续 3～5 天。也可肌内注射链霉素，每千克体重 1 万单位，每日 2 次，连续 3～5 天；口服四环素、金霉素、土霉素每次 0.125 克，每日 2 次，连服 5 天为一疗程，停药 2 天后，可再服 1 个疗程。

急性型病兔如果是价值高的种兔，可用抗出败二价血清治疗，每千克体重皮下注射 2～3 毫升，8 小时后再注射 1 次；为了加速奏效，可用青霉素 40 万单位和链霉素 50 万单位联合肌肉注射。

慢性型病兔用青霉素或链霉素溶液滴鼻，每毫升含 2 万单位，每天 3～5 次，每次 4 滴，连续 5 天，在 20 天内未见有鼻涕的可以认为已经痊愈。

中药治疗效果也较为理想。可用金银花、菊花各 15 克，水煎服。还可用大蒜 1 份，加水 5 份捣碎成汁，每日 3 次，每次 1 汤匙（约 5 毫升），连服 7 天。

在发病时可增加有营养的饲料，以提高兔群的抵抗力。病兔多时，可在精料中加入呋喃唑酮预混剂，每吨饲料中加 1000～2000 克，混合均匀，也可用磺胺喹噁啉，每吨饲料中加 225 克，混合均匀，对急性和慢性病型均有效。

5. 兔支气管败血波氏杆菌病

本病是由支气管败血波氏杆菌引起的以鼻炎和肺炎为特征的一种家兔常见的传染病。本病较为常见，并经常和巴氏杆菌病、李氏杆菌病并发。

【流行特点】本病传播广泛，常呈地方性流行，一般以慢性经过为多见，急性败血性死亡较少。各品种、年龄的家兔均易感。豚鼠、犬、猫、猪以及人均可感染。多发生于气候多变的春秋两季。主要通过呼吸道而感染。带菌兔或病兔的鼻腔分泌物中大量带菌，常可污染饲料、饮水、笼舍和空气或随着咳嗽、喷嚏飞沫传给健康兔。当机体受到各种因素，如气候骤变、感冒、寄生虫病等的影响而降低机体的抵抗力，或其他诱因如灰尘和强烈性气体的影响，致使上呼吸道黏膜的保护屏障受到破坏，易于引起发病。

【临床症状】

本病可分为鼻炎型、支气管肺炎型和败血型，其中以鼻炎型较为常见。

鼻炎型在家兔中经常发生，常呈地方性流行，多与多杀性巴氏杆菌病并发。多数病例鼻腔流出少量浆液性或黏液性的分泌物，通常不变为脓性。当消除其他诱因之后，在很短的时间内便可恢复正常，但是出现鼻中隔的萎缩。

支气管肺炎型多呈散发，由于细菌侵害支气管炎或肺部，引起支气管炎。其特征是鼻炎长期不愈，鼻腔流出白色黏液或脓性分泌物，呼吸加快，食欲不振，逐渐消瘦，病程较长，后期呼吸困难，常呈犬坐式，可发生死亡。但也有些病例经数日之久不死，仅宰后检查肺部见有病变。多发生于成年兔。

败血型即为细菌侵入血液引起的败血症，不加治疗会很快死亡，多发生于仔兔和青年兔。

诊断根据临床症状、病理剖检及细菌学检查即可确诊。进行细菌分离时，应注意与巴氏杆菌病和葡萄球菌病区别。葡萄球菌为革兰氏阳性球菌，而波氏杆菌为革兰氏阴性杆菌。巴氏杆菌和波氏杆菌均为革兰氏阴性，两者形态极为相似，但巴氏杆菌在普通培养基和肉汤培养基上易生长，而波氏杆菌则在麦康凯球脂上生长良好；巴氏杆菌能发酵葡萄糖，而波氏杆菌则不发酵葡萄糖。

【防治措施】

（1）预防　应坚持自繁自养，引进种兔应隔离观察 1 月以上，并进行细菌学与血清学检查，阴性者方可混群饲养。并应加强饲养管理，做好清洁卫生和消毒工作。对有本病的兔场，应采取检疫净化措施，建立无本病兔群。

（2）治疗　对发病的家兔进行药物治疗，首先将分离到的支气管败血波氏杆菌作药物敏感试验，选择有效的药物治疗。可用磺胺类药物（磺胺噻唑钠 0.06 ～ 0.1 克溶于 1000 毫升水中饮服）、庆大霉素（每千克体重 3 ～ 5 毫克，肌内注射，每天 2 次，连用 3 ～ 5 天）、硫酸卡那霉素（针剂每只兔肌内注射 1 毫升，每天 2 次，连用 3 天）和氟苯尼考等药物进行治疗。

6. 葡萄球菌病

葡萄球菌病是由金黄色葡萄球菌引起的化脓性疾病，致死率特别高，各种家畜、家禽均可感染发病。而家兔对该菌特别敏感，易感染发病，如不及时控制，可造成大批死亡，是兔的一种常见传染病。

【流行特点】家兔是对金黄色葡萄球菌最敏感的动物之一，不同品种、年龄的家兔均可发病。病兔（特别是患病母兔）是主要传染源。金黄色葡萄球菌常存在于兔的鼻腔、皮肤及周围潮湿环境中，在适当条件下通过各种途径使兔感染，如通过飞沫传播，可引起上呼吸道炎症；通过母兔的乳头感染，可引起乳腺炎，仔兔吸乳后引起肠炎，本病在不同的发病部位引发不同的病征。无明显的季节性，一年四季均可发病。

【临床症状】本病常依不同的发病形式出现，如乳腺炎、局部脓肿、脓毒败血症、黄尿病、脚皮炎等等。常可见皮下、肌肉、乳房、关节、心包、胸腔、腹腔、睾丸、附睾及内脏等各处有化脓病灶。大多数化脓灶均有结缔组织包裹。脓汁黏稠、乳白色，呈膏状。常见的症状有以下几种：

（1）脓肿型　在兔体皮下、肌肉或内脏器官可形成一个或数个大小不一的脓肿，全身体表都可发生。外表肿块开始较硬、红肿，局部温度升高，后逐渐柔软有波动感，局部坏死、溃疡，流出脓汁（见图7-5）。体表发生脓肿一般没有全身症状，精神和食欲基本正常，只是局部触压有痛感。如脓肿自行破溃，经过一定时间有的可自愈；内脏器官形成脓肿时，则影响患部器官的生理机能。

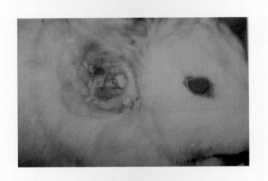

图 7-5　颈侧有一脓肿，已破溃，乳液呈白色乳油状

（2）转移性脓毒血症　脓疱溃破后，脓液通过血液循环。细菌在血液中大量繁殖产生毒素，即形成脓毒败血症，促使病兔迅速死亡。

（3）仔兔脓毒败血症　仔兔出生后一周左右，在胸、腹、颈、下颌、腿内侧等部位的皮肤上出现粟粒大的乳白色脓疱，脓汁呈乳油状，病兔常迅速死亡。没有死亡的患病兔生长发育受阻，成为僵兔，失去饲养价值。此病多因产箱、垫草和其他笼具卫生不良，病原污染严重引起。通过脐带或表面粗糙的笼具刺破的仔兔皮肤而感染以葡萄球菌为主的病原菌。

（4）乳房炎型　多因产仔箱边缘过于锐利，刮伤母兔的乳头或仔兔咬伤乳头后感染金黄色葡萄球菌引起。急性弥漫性乳腺炎，先由局部红肿开始，再迅速向整个乳房蔓延，红肿，局部发热，较硬，逐渐变成紫红色。患兔拒绝哺乳，后渐转为青紫色，表皮温度下降，有部分兔因败血症死亡。局部乳腺炎初期乳房局部发硬、肿大、发红、表皮温度高，进而形成脓肿，脓肿成熟后，表皮破溃，流出脓汁。有时局部化脓呈树枝状延伸，手术清除脓汁较困难。

（5）生殖器官炎症　本病发生于各种年龄的家兔，尤其是以母兔感染率为高，妊娠母兔感染后，可引起流产。母兔的阴户周围和阴道溃烂，形式一片溃疡面，形状如花椰菜样。溃疡表面呈深红色，易出血，部分呈棕红色痂，有少量淡黄色黏液性分泌物。另一种，阴户周围和阴道有大小不一的脓肿，从阴道内可挤出黄白色黏稠的脓液；患病公兔的包皮有小脓肿、溃烂或呈棕色痂。

（6）黄尿病　系因仔兔吮食了患乳腺炎母兔的乳汁，食入了大量葡萄球菌及其毒素而发病。患病仔兔排出少量黄色或黄褐色尿液，并有腹泻，肛门四周及后躯被毛潮湿、发黄、腥臭，体软昏睡，一般整窝发病，病程2～3天，死亡率高。

（7）脚皮炎　多发于体重大的兔子。由于笼底板不平、硬、有毛刺或铁丝、钉帽突出于外或因垫草潮湿，脚部皮肤泡软以及足底负重过大，引起足底皮肤充血、脚毛磨脱或造成伤口感染发炎形成溃疡。起初，足掌心表皮充血、红肿、脱毛、发炎，有时化脓，患兔后躯抬高，或左右两后肢不断交换负重，躁动不安，形成溃疡面后，经久不愈。病兔食欲减少，日渐消瘦、死亡或因转为败血症死亡。

【防治措施】

葡萄球菌广泛存在于自然界中，空气、水、地表、尘土以及人、畜体表都大量带菌。葡萄球菌又是一种顽固性条件致病菌，该菌对外界环境抵抗力较强，在干燥脓汁或血液中可生存数月，80℃ 30 分钟才能杀灭。常用消毒药以 3%～5% 石炭酸溶液消毒效果最好；70% 酒精数分钟内可杀死本菌。

（1）加强饲养管理　在正常情况下葡萄球菌一般不能致病，但当皮肤、黏膜有损伤时或从呼吸道、消化道大量感染时或机体抵抗力降低时可引起发病。创伤是葡萄球菌病的主要入侵门户，主要是通过伤口感染。所以，消除舍内特别是笼内的一切锋利物。防止家兔之间的互相咬斗。产后最初几天可减少精料的喂量，防止乳腺分泌过盛。脚皮炎型应在选种上下功夫，选脚毛丰厚的留种。笼底踏板材料对于脚皮炎有直接关系，兔笼要平整光滑，平整的竹板比铁丝网效果好。兔笼建议全部用竹条底板做笼底。垫草要柔软清洁，防止创伤。对于大型品种，可在笼内放一块大小适中的木板，对于缓解本病有较好效果。

（2）做好环境卫生与消毒工作　兔笼、兔舍、运动场及用具等要经常打扫和消毒。

（3）使用药物和疫苗预防　注射葡萄球菌病灭活疫苗可预防本病。母兔于配种后接种，仔兔断乳后接种，一年 2 次，可控制或减少本病的发生。可在饲料内混入泰诺欣（主要成分：氧氟沙星等）进行预防。在母兔饲料中添加土霉素、磺胺嘧啶，有一定预防效果。或在母兔产仔后每天喂服 1 片（分 2 次）复方新诺明，连续 3 天，预防乳腺炎。

（4）治疗　发生葡萄球菌病时，要根据不同病症进行治疗。皮肤及皮下脓肿应先切开皮下脓肿排脓，再用 3% 双氧水或 0.2% 高锰酸钾溶液冲洗，再涂以碘甘油或 2% 碘酊等。已出现肠炎、脓毒败血症及黄尿病时，应及时使用抗生素药物治疗，并进行支持疗法。

患乳腺炎时，未化脓的乳房用硫酸镁或花椒水热敷，全身肌内注射青霉素 10 万～ 20 万国际单位，在发病区域分多点大量注射青霉素或庆大霉素、卡那霉素，用量一般为常规的 2 ～ 3 倍，一天两次，可很快控制蔓延；出现化脓时应按脓肿处理，严重的无利用价值的病兔应及早淘汰。

仔兔一旦患黄尿病，应立即停止喂乳，进行人工哺乳或寄养并尽快治疗。如发生脓毒痘疮，可在患部涂抹碘酊，用 0.1% 的链霉素水溶液药浴，日浴 2 次，连浴 3 天。对体质较好的仔兔皮下注射青霉素、链霉素、氯霉素等抗生素，每天 2 次，直至康复，也可往仔兔口腔滴注氯霉素或庆大霉素，每天 3 ～ 4 次。体表用酒精棉球消毒后，转移给其他健康母兔代哺。

患脚皮炎的，首先消除患部污物，用消毒药水清洗，去除坏死组织及脓汁等，涂以消炎粉、青霉素粉或其他抗菌消炎软膏，用纱布将患部包扎紧，以免磨破伤口。每周换药 2 次，置于较软的笼底板上或带松土的地面上饲养，直至患部伤口愈合，被毛较长足以保护皮肤时，解除绑带，送回原笼。

7. 兔大肠杆菌病

兔大肠杆菌病又称"黏液性肠炎"，是主要由大肠杆菌及其毒素引起的一种发病率、死亡率都很高的家兔肠道疾病。主要特征为水样或胶样腹泻和严重脱水，最后死亡。

【流行特点】因大肠杆菌在自然界广泛存在，故本病一年四季均可发生。当饲养管理不良、饲料污染、饲料或天气剧变、卫生条件差等导致肠道正常微生物菌群改变，兔体抵抗力下降，肠道中的大肠杆菌数量会急剧增加，从而导致本病发生，也可继发于球虫病及其他疾病。该病常与沙门氏菌病、梭菌病和球虫病等有协同作用，导致肠道菌群紊乱，而引起腹泻，甚至死亡。

各种年龄的兔均易感，但主要发生在 1 ～ 4 月龄的幼兔，断奶前后的仔兔发病率、死亡率都较高。成年兔很少发病。

【临床症状】本病最急性病例在无任何症状前即突然死亡。初生乳兔常呈急性经过，腹泻不明显，排黄白色水样粪便，腹部膨胀，多发生在出生后5～7天，死亡率很高。未断奶乳兔和幼兔多发生严重腹泻，排出淡黄色水样粪便，内含有黏液。

多数病兔初期表现为：精神沉郁，被毛粗乱，食欲不振，腹部膨胀，粪便细小、成串，外包有透明、胶冻状黏液（见图7-6）；随后出现水样腹泻。粪黄，无血无臭，肛门和后肢被毛常沾有大量黏液或水样粪便。病兔四肢发冷，磨牙，流涎，眼眶下陷，迅速消瘦。体温正常或稍低，多于数天后死亡。

剖检可见肠道内容物有胶冻样黏液，小肠充血、出血、水肿。

根据流行病学、临床症状、病理变化等作出初诊；确诊需进行实验室检测：如病原学检查、血清学检查等。

图7-6 粪球细长、成串，外包黏液

【防治措施】

（1）加强饲养管理　本病一般发现后治疗效果不佳。平时应加强管理，特别注意本病与饲料和卫生有直接关系，50%左右的病例是由饲料不当引起的。应合理搭配饲料，保证一定的粗纤维，控制能量和蛋白水平不可太高；选择饲料原料上，关键是防霉、卫生和容易消化；饲料不可突然改变，应有 7 天左右的适应期。同时，一定要注意兔舍的湿度，兔舍要保持干燥清洁。

（2）加强饮食卫生和环境卫生，定期消毒　本病菌抵抗力不强，一般消毒药均可将其杀灭。因此，要坚持做好常规消毒。搞好饲料、饮水、笼具和饲养员的个人卫生是预防本病所必需的。还要消除蚊子、苍蝇和老鼠对饲料和饮水的污染。

（3）药物和免疫预防　对于断乳小兔，饲料中可加入一定的药物，如痢特灵、喹乙醇、氟哌酸或氯霉素等；饲料中加入 0.5%～1% 的微生态制剂，连用 5～7 天；对于经常发生本病的兔场，可用兔大肠杆菌病多价灭活疫苗或多联苗进行免疫注射预防，20～30 日龄的小兔每只注射 1 毫升，每年 2 次，可有效地控制该病的发生。

（4）治疗　治疗要按照"控料、杀菌抑菌、促消化、补液"的基本治疗原则。凡是发生腹泻的病兔，都要控制饲料的饲喂量，要给肠道一段修复的时间。一直不间断喂料，对疾病的治疗无益。在控料的同时要对发生腹泻的病兔适时补给一定量的液体，防止病兔脱水。

氟哌酸胶囊 1 丸，乳酸菌素 1 片，食母生 1 片，共研末，口服（口服给药方法见视频 7-3），轻症兔每 6 小时服药 1 次，重病兔每 4 小时服 1 次，每日服 3 次，1～2 日痊愈。之后再口服乳酸菌素和干酵母各 1 片，每日 2 次。实践表明，用以上方法治疗兔大肠杆菌病疗效好，治愈率高，疗程短，给药简单方便。

视频 7-3 口服给药

也可用下列药物治疗：5%诺氟沙星，每千克体重 0.5 毫升肌内注射，一天 2 次；庆大霉素每千克体重 2 万单位肌内注射，一日 2 次；卡那霉素 25 万单位，肌内注射，一日 2 次；止血敏或维生素 K 1 毫升，皮下注射，一日 2 次有良好的止泻作用；同时，应给病程稍长的病兔补液。静脉、皮下或腹腔缓慢注射 5%葡萄糖盐水 10～50 毫升，另加维生素 C 1 毫升。口服磺胺片，一天 3 次，鞣酸蛋白、矽炭银等拌湿口服，每天 2 次。

便秘病兔早期可口服人工盐、大黄苏打片、石蜡油或植物油，促其排便，供应新鲜青绿饲料。也可用大蒜酊或大蒜泥口服治疗。

一旦发病，应立即隔离或淘汰，死兔应焚烧深埋，兔笼、兔舍用 0.1%新洁尔灭或 2%火碱水进行消毒。

8. 兔沙门氏菌病

兔沙门氏菌病又称兔副伤寒，是由沙门氏杆菌引起的一种消化道传染病。以败血症急性死亡、腹泻和流产为特征。

【流行特点】本菌的自然宿主非常广泛，哺乳类、爬虫类和鸟类等动物都可带有本菌，鼠类和苍蝇也可传播本病原菌。本病的传染性较强，发病兔不论年龄、性别和品种。自然感染途径主要是消化道，兔吃了被污染的饲料、饮水而感染发病，也可通过断脐时感染。饲养管理不良、气候突变、卫生条件不好或患有其他疾病等，使机体抵抗力降低，兔肠道内寄生的本菌可趁机繁殖，毒力增强而发病。

【临床症状】潜伏期 3～5 天，少数急性病例兔不出现症状而突然死亡。多数病兔精神沉郁，食欲减退或拒食，体温升高，有的达 41℃以上。腹泻，排出有泡沫的黏液性粪便，因长时间下痢而消瘦，被毛粗乱，无光泽，卧于暗处，不愿活动。有的粪便干硬，包有白色黏液，少排粪或不排粪，粪有臭味，肠蠕动消失，臌气。妊娠母兔患本病可发生流产，阴道黏膜潮红、充血、水肿，并从阴道内流出黏性或脓性分泌物，流产胎儿体弱，皮下水肿，很快死亡。母兔流产后死亡率较高，康复兔则不易受孕。

【防治措施】

（1）防止易感兔与传染源接触　兔场应灭鼠和消灭苍蝇，以清除传播媒介。饲料、饮水、垫草、兔舍、兔笼、用具等应保持清洁，防止污染。

（2）预防接种　对怀孕前和怀孕初期的母兔可注射鼠伤寒沙门氏菌氢氧化铝灭活菌苗 0.8 毫升，皮下或肌内注射，能有效地控制本病的发生。疫区兔群可全部注射灭活菌苗，每兔每年注射 2 次，能防止本病的流行。

（3）发病兔必须隔离或淘汰，兔笼、兔舍、用具用 2% 火碱水或 3% 来苏儿消毒，接触过病兔的人也要做好自身的消毒工作。

（4）发病治疗

① 抗生素疗法：氯霉素，每次 2 毫升，肌内注射，每天 2 次，连用 3～4 天；口服，每千克体重 20～50 毫克，每日 1 次，连用 3 天，疗效显著。土霉素，每千克体重 40 毫克，肌内注射，每日分 2 次注射，连用 3 天；口服，每只兔 100～200 毫克分 2 次内服，连用 3 天。链霉素，每只兔 0.1～0.2 克，肌内注射，每日分 2 次注射，连用 3～4 天；内服，每只兔 0.1～0.5 克，每日 2 次，连用 3～4 天。

② 磺胺疗法：琥珀酰磺胺噻唑（SST），每日每千克体重 0.1～0.3 克，分 2～3 次内服。磺胺脒（SG），每千克体重 0.1～0.2 克，每日分 2 次服用，连用 3 天。磺胺二甲基嘧啶，每千克体重 0.2～0.3 克，内服，每日 1 次，连服 5 天。

③ 大蒜疗法：取洗净的大蒜充分捣烂，1 份大蒜加 5 份清水，制成浓度约 20% 的大蒜汁。每只兔每次内服 5 毫升，每日 3 次，连用 5 天。

9. 兔泰泽氏菌病

兔泰泽氏菌病是由毛样芽孢杆菌引起的，以严重腹泻、脱水并迅速死亡为特征的一种急性传染病。由于本病死亡率极高，又无特效的防治方法，因此对养兔业威胁很大。

【流行特点】本病不仅存在于兔，而且存在于多种实验动物及家畜中。主要侵害1～3月龄兔，断奶前的仔兔和成年兔也可感染发病。病原从粪便排出，污染用具、环境及饲料、饮水等，通过消化道感染。兔感染后不马上发病，而是侵入肠道中缓慢增殖，当机体抵抗力下降时发病。应激因素如拥挤、过热、气候剧变、长途运输及饲养管理不当等往往是本病的诱因。

【临床症状】病兔突然发生剧烈水样腹泻，后肢沾有粪便，精神沉郁，不吃饲料，迅速脱水，于1～2天死亡。个别耐过急性期的病兔表现食欲不振，生长停滞。病变为尸体脱水消瘦，后肢染污大量粪便。盲肠充血、出血，肠壁水肿，黏膜坏死，粗糙或呈细颗粒状。回肠后段与结肠前段也可见上述病变。在较慢性病例，肠壁因严重坏死与纤维化而增厚，肠腔狭窄。肝脏有许多灰白色坏死点，心肌有灰白色条纹、斑点或片状坏死区。

根据病变和流行特点等可作出初诊。本病有腹泻症状和肝坏死灶，因此应和沙门氏杆菌病、大肠杆菌病及魏氏梭菌病鉴别。

【防治措施】

（1）预防　主要是加强饲养管理，减少应激因素，严格兽医卫生制度。一旦发病及时隔离治疗病兔，全面消毒兔舍，并对未发病兔在饮水或饲料中加入土霉素进行预防。

（2）治疗　本病目前没有特效治疗方法，只有几种抗生素对本病疗效较好：金霉素按40毫克/千克体重，兑入5%葡萄糖中静注，日2次，连用3日；土霉素用0.006%～0.01%饮水；

青霉素 2 万～ 4 万单位与链霉素 20 毫克 / 千克体重溶解后混合肌注。

10. 兔绿脓杆菌病

绿脓杆菌又称为铜绿假单胞菌，本病是由绿脓杆菌引起的以皮下脓肿和败血症为特征的疾病。

【流行特点】该菌广泛存在于土壤、水和空气中，在人畜的肠道、呼吸道、皮肤上也普遍存在。患病期间动物粪便、尿液、分泌物污染饲料、饮水和用具，成为该病的传染源。各年龄兔均易感。

【临床症状】患兔精神沉郁，蹲伏一处，眼半闭或全闭，眼窝下陷；食欲减退或废绝，呼吸困难，气喘，体温升高，拉褐色带血样稀便。慢性病例有腹泻表现，有的出现皮肤脓肿，鼻、眼有浆液性或脓性分泌物，病灶有特殊气味。

根据病灶的特殊气味可做初步诊断，病原的分离和鉴定可以进一步确诊。

【防治措施】

（1）预防 加强饲养管理，消除诱发因素。清除兔笼、用具中的锐利器物，避免拥挤，防止发生创伤或咬伤，保持兔舍的清洁卫生。发生创伤时应及时处理，手术、治疗或免疫接种时应严格消毒。平时做好饮水和饲料卫生，防止水源及饲料的污染。发现病兔应隔离治疗，对污染的兔舍及用具彻底消毒，死亡兔做无害化处理。

（2）治疗 由于绿脓杆菌对多种抗生素有抵抗力，治疗最好根据药敏试验结果进行。一般选用新霉素（每千克体重 2 万～ 3 万单位，每天 2 次，连用 3 ～ 4 天），或者用多黏菌素（每千克体重 2 万单位）和磺胺嘧啶（每千克体重 0.2 克），拌料饲喂，连喂 3 ～ 5 天，也可用庆大霉素（每只兔 2 万单位，肌内注射，每日 2 次，连用 4 天）、卡那霉素（每只兔 0.2~0.4 克，肌内注射，每日 2 次，连用 4 天）等进行治疗。

11. 兔坏死杆菌病

兔坏死杆菌病是由坏死杆菌引起的一种以皮肤和皮下组织，尤其是面部、头部、颈部、舌和口腔黏膜坏死，溃疡和脓肿为特征的散发性疾病。

【流行特点】坏死杆菌是许多动物和人类消化道内的一种共生菌。当动物在污秽的环境中生活时，常易感染本菌，特别在有粪便堆积的圈舍更是如此。

本菌很少或不能侵入正常的皮肤或黏膜，但由于各种外伤、病毒感染或其他细菌感染而使组织受损伤时，细菌可乘机进入动物的受损部位，在体内繁殖，造成受损部位出现坏死、脓肿形成和腐臭等典型病变。有时在体内出现菌血症，从而把细菌散播到肝脏和其他器官。本病一年四季均可发生，以多雨潮湿、炎热季节多发。各种年龄的兔均可发病，幼兔比成年兔对本病更加易感。

【临床症状】病兔停止摄食，流涎。在唇部、口腔黏膜和齿龈等处出现坚硬的肿块，随后出现坏死、溃疡，形成脓肿。较严重的病兔，其颈部、头面部以至胸部出现类似的病变。本菌也可以在腿部和四肢关节的皮肤内繁殖，发生坏死性炎症，或侵入肌肉和皮下组织造成蜂窝织炎。这种坏死性炎症可持续存在数周到数月，病灶破溃后，在病变组织散发出恶臭气味，此时体温升高，体重减轻、厌食，最后衰弱或死亡。

根据患病的部位、组织坏死的特殊变化和臭味等特点可作出初步诊断。

【防治措施】

（1）预防　注意兔群的饲养管理，保证兔舍空气清新，及时清除粪便，经常对兔笼用具进行消毒。

清除兔笼的尖锐物，防止兔的表面皮肤、黏膜损伤。兔场一旦发现本病应及时处理，对死亡兔进行无害化处理。

（2）治疗　对已经破损的皮肤、黏膜及时进行局部清创治疗，用3%双氧水或1%高锰酸钾水洗涤。涂擦甘油，每天2～3次。对皮肤肿胀部位每日涂一次鱼石脂软膏；如果有脓肿则切开排脓后，用双氧水冲洗。

严重时进行全身治疗，对已经发病动物用磺胺二甲基嘧啶治疗效果很好。每千克体重0.15～0.2克，每天2次，连用3～4天。或用青霉素每千克体重20万单位注射。

12. 兔魏氏梭菌病

兔魏氏梭菌病又称魏氏梭菌性肠炎，是一种高度致病性的急性传染病。由于魏氏梭菌能产生多种强烈的毒素，发病兔死亡率很高，以病程短、排黑色水样或带血胶冻样粪便（见图7-7）、盲肠浆膜有出血斑和胃黏膜出血、溃疡为主要特征。常给肉兔养殖业带来很大损失。

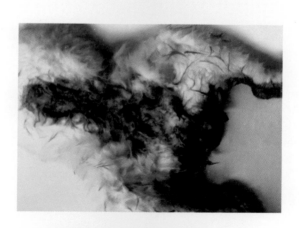

图7-7　水样下痢、粪便沾满肛门及后躯

【流行特点】本病主要通过消化道或伤口感染，粪便污染在病原传播方面起主要作用。病兔和带菌兔及其排泄物，以及含有本菌的土壤和水源是本病的主要传染源。

本病一年四季均可发生，尤以冬、春季发病率较高，除哺乳仔兔外，不分年龄、性别均有易感性，但多发生于断奶仔兔、青年兔和成年兔，发病率和死亡率为20%～90%。

【临床症状】发病突然，主要表现为急性水样腹泻。发病前期，病兔精神不振，食欲减退；发生水泻后，食欲废绝，弓背蹲伏。一般先排黑色软粪，随后出现黄色水泻，有特殊腥臭味。病兔体温不高，常在水泻后12小时内死亡。病程多为1～2天，少数病例长达1周以上，最后因衰竭而死亡。

【防治措施】

（1）加强饲养管理，搞好环境卫生。对兔场、兔舍、笼具等经常消毒。

（2）消除诱发因素　诱发本病的四大诱因是饲料突变、日粮纤维含量低、卫生条件差和滥用抗生素。因此，应从这四个方面入手做好预防工作。防止饲喂过多的谷物类饲料和含有过高蛋白质的饲料，采用低能量饲料饲养，可明显降低腹泻死亡率。

（3）定期预防接种　对疫区或可疑兔场应定期接种魏氏梭菌氢氧化铝灭菌苗或甲醛灭活苗，每只兔颈部皮下注射1～2毫升，免疫期4～6个月；仔兔断奶前1周进行首次免疫接种，可明显提高断奶仔兔成活率。采用饲喂微生态制剂，可有效预防该病和控制病情。另据报道，发生疫情时，应用魏氏梭菌灭活菌苗进行紧急预防注射，或用金霉素22毫克拌料1千克喂兔，连喂5天，均有明显预防效果。

（4）治疗　一旦发生本病，应迅速做好隔离和消毒工作。对急性严重病例，无救治可能的应尽早淘汰；轻者、价值高的种兔可用抗血清治疗，每千克体重2～5毫升，并配合对症疗法（补液、内服食母生、胃蛋白酶等消化药），疗效更好。或口腔灌注青霉素每只 20 万单位，链霉素每只 20 万单位，葡萄糖和生理盐水每只 20～50 毫升，肌内注射维生素 C 1 毫升，每天 2 次，连续 3～5 天，有较好效果。

13. 兔附红细胞体病

兔附红细胞体病是由附红细胞体寄生于多种动物和人的红细胞表面、血浆及骨髓液等部位所引起的一种人畜共患传染病。附红细胞体的易感动物很多，包括哺乳动物中的啮齿类动物和反刍类动物。近年来，家兔的附红细胞体病在我国的发生与流行有越来越严重之势。

【流行特点】关于附红细胞体的传播途径说法不一。但国内外均趋向于认为吸血昆虫可能起传播作用，蚊虫是主要传播媒介。该病多在温暖季节，尤其是吸血昆虫大量滋生繁殖的夏秋季节感染，表现隐性经过或散在发生，但在应激因素如长途运输、饲养管理不良、气候恶劣、寒冷或其他疾病感染等情况下，可使隐性感染肉兔发病，症状较为严重，甚至发生大批死亡，呈地方流行性。

【临床症状】患兔尤其是幼小肉兔临床表现为一种急性、热性、贫血性疾病。患病肉兔体温升高，达 39.5～42℃，精神委顿，食欲减少或废绝，结膜苍白，转圈，呆滞，四肢抽搐。个别肉兔后肢麻痹，不能站立，前肢有轻度水肿。患病乳兔不会吃奶。少数病兔流清鼻涕，呼吸急促。病程一般 3～5 天，多的可达一个星期以上。病程长的有黄疸症状，粪便黄染并混有胆汁，严重的出现贫血。血常规检查，肉兔的红细胞、白细胞数及血红蛋白量均偏低。淋巴细胞、单核细胞、血色指数均偏高。一般仔兔的死亡率高，耐过的仔肉兔发育不良，成为僵兔。怀孕母兔患病后，极易发生流产、早产或产出死胎。泌乳中期的母兔也为主要侵染对象，表现为四肢瘫软，站立不起，最后衰竭而死。

根据病程长短不同，该病分为急性型和亚急性型。

（1）急性型　此型病例较少。多表现突然发病死亡，死后口鼻流血，全身红紫，指压退色。有的患病肉兔突然瘫痪，饮食俱废，无端嘶叫或痛苦呻吟，肌肉颤抖，四肢抽搐。死亡时，口内出血，肛门排血。病程1～3天。

（2）亚急性型　患兔体温达39.5～42℃，死前体温下降。病初精神委顿，食欲减退，饮水增加，而后食欲废绝，饮水量明显下降或不饮。患兔颤抖，转圈或不愿站立，离群卧地，尿少而黄。开始兔便秘，粪球带有黏液或黏膜，后来腹泻，有时便秘和腹泻交替出现。后期病兔耳朵、颈下、胸前、腹下、四肢内侧等部位皮肤有出血点。有的病兔两后肢发生麻痹，不能站立，卧地不起。有的病兔流涎，呼吸困难，咳嗽，眼结膜发炎。病程3～7天，死亡或转为慢性经过。

诊断本病要点为患兔黄疸、贫血和高热，临床特征表现为全身发红。

【防治措施】

（1）预防　由于本病的传播媒介是蚊虫，因此养兔场要把消灭蚊蝇作为防治工作的重点。在发病季节，消除蚊虫滋生地，加强蚊虫杀灭工作。

保持兔体健康，提高免疫力，减少应激因素，对于降低发病率有良好效果。在疫苗注射或药物注射时，坚持注射器的消毒和一兔一针头；整个兔群用阿散酸和土霉素拌料，阿散酸浓度为0.1%，土霉素浓度为0.2%。

（2）治疗

① 四环素、土霉素，每千克体重40毫克，或金霉素每千克体重15毫克。口服、肌内注射或静脉注射，连用7～14天。

② 血虫净（或三氮咪，贝尼尔），每千克体重5～10毫克，用生理盐水稀释成10%溶液，静脉注射每天一次，连用3天。

③ 新胂凡纳明，每千克体重40～60毫克，以5%葡萄糖

溶液溶解成 10％注射液，静脉缓慢注射，每日一次，隔 3～6 日重复用药一次。

④ 碘硝酚，每千克体重 15 毫克，皮下注射，每天一次，连用 3 天。

⑤ 黄色素按每千克体重 3 毫克，耳静脉缓慢注射，每天一次，连用 3 天。

⑥ 磷酸伯喹的强力方焦灵注射液，每千克体重 1.2 毫克，肌内注射，连用 3 天。

此外，用安痛定等解热药，适当补充维生素 C、B 族维生素等。病情严重者还应强心、补液，补右旋糖酐铁和抗菌药，注意精心饲养。

二、寄生虫病

1. 兔球虫病

兔球虫病是由艾美尔属的多种球虫引起的流行面广、死亡率高、危害严重的一种家兔寄生虫病，是家兔的主要寄生虫病，在全国乃至世界范围内普遍存在。各品种的家兔都易感，以 1～3 月龄的幼兔发病率和死亡率最高，感染率可达 100％，死亡率可达到 50％～80％；成年兔对球虫的抵抗力强，一般均可耐过，但不能产生免疫力，而成为长期带虫者和传染源。一年四季均可发生，以高温高湿季节发病最为严重。给养兔业造成巨大的威胁。

【病原及流行特点】球虫在兔体内寄生、繁殖，卵囊随粪便排出，随粪便排出的球虫称为卵囊，在显微镜下呈圆形或椭圆形，在外界一定条件下发育成熟而具有侵袭性。污染饲料、饮水、食具、垫草和兔笼，在适宜的温度、湿度条件下变为侵袭性卵囊，易感兔吞食有侵袭力的卵囊后而致感染。本病感染途径是经口食入含有孢子化卵囊的水或饲料。兔球虫病难以用消毒法控制的主要原因是家兔有食粪行为，家兔所食的软粪是球虫卵囊寄存的主要地方。饲养员、工具、苍蝇等也可机械性搬运球虫卵囊而传播本病。发病季节多在春暖多雨时期，如兔舍内经常保持在 10℃以上，随时可能发病。

【临床症状】按球虫的种类和寄生部位的不同，可将兔球虫病的症状分为肠型、肝型和混合型，但临床所见则多为混合型。

（1）肠型球虫病　多发生于 20 ～ 60 日龄的小兔，多表现为急性。主要表现为不同程度的腹泻，从间歇性腹泻至混有黏液和血液的大量水泻，常因脱水、中毒及继发细菌感染而死亡。幼兔常突然歪倒，四肢痉挛划动，头向后仰，发出惨叫，迅速死亡，或可暂时恢复，间隔一段时间，重复以上症状，最终死亡，部分兔死后口中仍有草或饲料。慢性肠球虫病表现为体质下降，食欲不振，腹胀，下痢，排尿异常，尾根部附近被毛潮湿、发黄（见图 7-8）。

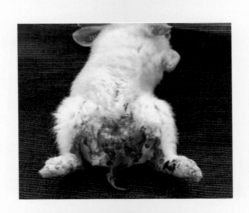

图 7-8　患病兔肛门周围被腹泻粪便污染

（2）肝型球虫病　30～90日龄的小兔多发，多为慢性经过。病兔表现精神委顿、食欲减退、发育停滞、贫血、消瘦、腹泻（尤其在病后期出现）或便秘，肝肿大造成腹围增大和下垂，触诊肝区疼痛，眼球发紫，结膜黄染，幼兔往往出现神经症状（痉挛或麻痹），除幼兔外，很少死亡。剖检可见肝脏明显肿大，上有黄白色小结节。

（3）混合型球虫病　病初食欲降低，后废绝。精神不好，时常伏卧，虚弱消瘦。眼鼻分泌物增多，唾液分泌增多。腹泻或腹泻与便秘交替出现，病兔尿频或常呈排尿姿势，腹围增大，肝区触诊疼痛。结膜苍白，有时黄染。有的病兔呈神经症状，尤其是幼兔，痉挛或麻痹，由于极度衰竭而死。多数病例则在肠炎症状之下4～8天死亡，死亡率可达90%以上。

【防治措施】近年来，球虫病呈现出季节的全年化、月龄的扩大化、抗药性的普遍化、药物中毒的严重化、混合感染的复杂化、临床症状的非典型化和死亡率排位前移化等特点，给防治工作带来很大的难度，应引起养兔场的高度重视。为了做好球虫病的防治工作，应做好以下几个方面的工作：

（1）加强饲养管理　兔球虫病的发生除必须有球虫寄生外，还与许多其他因素有关。例如：物理因素包括运输、噪声、干热、湿冷、环境变化；化学因素包括空气中的氨气、空气混浊、药物等；生物学因素包括断奶、微生物感染、呼吸道感染以及年龄、虫种免疫原性等。因此，只有全方位做好饲养管理工作，才能达到球虫病的防治目的。保证饲料新鲜及清洁卫生，饲料应避免被粪便污染，每天清扫兔笼及运动场上的粪便，兔笼、用具等应严格消毒，兔粪堆积发酵。消灭兔场内的鼠类、蝇类及其他昆虫。

（2）早期预防　鉴于小兔的球虫病发生与母兔关系密切，即仔兔在断奶前即已经从其母亲那里感染了球虫，成为带虫者。因此，预防球虫病应从母兔和仔兔抓起。主要是加强母兔产前和产后的消毒卫生。

（3）由于球虫的卵囊对外界环境的抵抗力较强，在水中可生活2个月，在湿土中可存活一年多。它对温度很敏感，在60℃水中20分钟死亡；80℃水中10分钟死亡；开水中5分钟就死亡。在 -15℃以下卵囊就会冻死，但一般的化学消毒剂对其杀灭作用很微弱。所以，兔笼应选择向阳、干燥的地方，并要保持环境的清洁卫生。食具要勤清洗消毒，兔笼尤其是笼底板要定期用开水消毒，以杀死卵囊。

（4）分群管理　成年兔和小兔分开饲养，断乳后的幼兔要立即分群，单独饲养。

（5）药物预防　在药物预防时，应制定科学的预防方案。一是交替使用药物。选择几种球虫病特效药物交替使用，避免长期使用一种或少数几种药物，以防止产生耐药性。地克珠利和莫能菌素两种药物具有高效、廉价、使用方便、基本无毒副作用的优点，应该作为现阶段兔球虫病预防的首选药物。洋葱、大蒜及其他一些中药对球虫病也有较好的防治作用；二是复合用药。即采用相辅相成的两种或两种以上的药物，同时使用，达到双重阻断。比如磺胺甲氧嗪配合甲氧苄啶已被证明为有效的组合。

（6）治疗　发现兔病，应及时隔离治疗，可用氯苯胍每千克体重10毫克喂服或按0.03％的比例拌料饲喂，连用2～3周，或用复方敌菌净每千克体重20毫克，每天1次，连用7天。还可以用磺胺二甲基嘧啶每千克体重0.2克，每天1次，连用5天。地克珠利、兔球丹、四黄散等药物也可交叉选用。

高度感染，无治疗价值的应及时淘汰。病死兔的尸体、内脏等应深埋或焚烧。

2. 兔疥癣病

兔疥癣病又称螨病、石灰脚等，是由蚧螨（疥螨和兔背肛螨）和痒螨（兔痒螨和兔足螨）寄生在皮肤而引起的一种高度接触性传染的体外寄生虫病。其特征是患病部位剧痒、脱毛、结痂。本病为接触传染，传播速度极快，如不及时治疗，兔子会虚弱而死。对毛皮质量也有很大影响，对养兔业的威胁极大。

【病原及流行特点】疥螨与痒螨全部发育都在兔体上完成。分卵、幼虫、若虫、成虫4个阶段。兔疥螨和兔背肛螨咬破表皮，钻至皮下挖掘隧道，以皮肤组织、细胞和淋巴液为食，并在隧道内发育和繁殖，整个生活史为14～21天。雌虫产卵后存活21～35天，雄虫存活35～42天，交配后死亡。兔痒螨寄生在皮肤表面，以吸吮皮肤渗出液为食，从卵至成虫全部发育时间为17～20天。兔足螨多寄生于兔皮肤上，采食脱落的上皮细胞，全部发育时间为90～100天。

病兔是主要传染源，螨虫在外界生存能力较强，在11～20℃时疥螨可存活3周；痒螨可存活2月。本病靠直接或间接接触传播，被污染的用具、环境等可成为传播媒介。本病多发于晚秋、冬季及早春季节，阳光不足、阴暗潮湿的环境适宜本病的发生和蔓延。各品种的兔均易感，但以瘦弱兔和幼年兔最易感，发病也较严重。兔疥螨可感染人。

【临床症状】

当兔发生疥癣病时，首先发生剧痒，这是贯穿整个疾病的主要症状，而且病兔进入温暖场所或活动后皮温增高时，痒觉更为加剧。兔疥螨和兔背肛螨寄生于头部和掌部无毛或毛较短的部位，一般先由嘴、鼻孔周围和脚爪部发病，患部奇痒，病兔不停用脚爪搔抓嘴、鼻等处或用嘴啃咬脚部，严重时可出现用前后脚抓地现象。病变部结成灰白色的痂，使患部变硬，造成采食困难。并可向鼻梁、眼圈等处蔓延，严重者形成"石灰头"（见图7-9和视频7-4）。足部则产生灰白色痂块，并向周围蔓延，呈现"石灰足"（见图7-10）。病兔迅速消瘦，常衰弱死亡。兔痒螨病主要侵害耳。起先耳根部发红肿胀，后蔓延到外耳道，引起外耳道炎，渗出物干燥后形成黄色痂皮，塞满耳道

视频7-4 兔疥癣病症状

如卷纸样（见图7-11）。病兔耳朵下垂，发痒或化脓，不断摇头和用脚搔抓耳朵。严重时蔓延至筛骨及脑部，引起神经症状而死亡。兔足螨常在头部皮肤、外耳道及脚掌下面寄生，传播较慢，易于治疗。

根据发病季节、临床症状明显（剧痒、患部皮肤变化）等作出初步诊断。临床症状不明显者，刮取患部痂皮等病料，用放大镜或显微镜检查有无虫体以确诊。

图7-9 嘴部产生白色痂　　图7-10 足部产生灰白色痂块

图7-11 黄色痂皮塞满耳道如卷纸样

【防治措施】

兔疥癣病主要发生于冬季和秋末春初，因为这些季节日光照射不足，兔毛长而密，特别是在兔舍潮湿、卫生状况不良时更易发生，通过健康兔与病兔的直接接触或与螨虫污染的兔舍、用具等污染物的间接接触而传播。因此，必须从加强饲养管理入手，做好防治工作。

（1）保持兔舍清洁卫生，干燥，通风透光，兔场、兔舍、笼具等用火焰或药物等定期消毒（火焰消毒见 7-5）。

（2）做好预防。不从有病的兔场引种，新购种兔必须严格检疫，确认无病后才能合群饲养。用 1%～2% 的敌百虫水溶液滴耳和洗脚。健康兔群每年 1～2 次，曾经发病的兔场每年不少于 3 次。对新引进的种兔作同样处理。连续 2～3 年即可控制本病。

（3）经常检查兔群，一旦发现病兔，要及时隔离治疗。并对病兔笼、用具及污染的环境彻底清洗消毒（用 10% 福尔马林对兔舍、笼具封闭熏蒸消毒 4 小时以上）。因疥癣病感染机会多，复发率高，在治疗中要强调严格消毒和反复治疗同时进行。

（4）治疗　治疗兔疥癣病时，应将患部及其周围的被毛剪去，除掉痂皮和污物，用 5% 的温肥皂水或 0.1%～0.2% 的高锰酸钾或 2% 的来苏儿溶液彻底刷洗患部，擦干后再用药。由于大部分药物对螨的虫卵没有杀灭作用，因此应间隔 5～7天重复用药 2～3 次，以杀死新孵出的幼虫，达到根治的目的。

常用的药物有伊维菌素（商品名灭虫丁、虫克星等），按说明肌内注射或口服，效果良好，是治疗严重病兔的理想药物；对耳疥癣可用碘甘油（碘酊 3 份、甘油 7 份）滴入耳内，每日 1 次，连用 3 天；2% 敌百虫溶液擦洗患部，每日 2 次，连用 3 天；山苍子油，涂擦患部，1～2 次即可。

3. 兔豆状囊尾蚴

豆状囊尾蚴病是由豆状带绦虫的中绦期幼虫——豆状囊尾蚴寄生于兔的肝脏、肠系膜和腹腔内所引起的疾病。

【病原与流行特点】

豆状带绦虫的幼虫称豆状囊尾蚴，虫体呈囊泡状，大小如豌豆，故称豆状囊尾蚴，囊内含有透明液体和一个小的头节。豆状带绦虫寄生于狗、狐狸、野生肉食兽的小肠内，偶尔也寄生于猫。

犬等感染豆状带绦虫时，成熟的孕卵节片随粪便排出，节片破裂而散出的虫卵污染兔的饲料、饮水及环境。当兔采食或饮水时，吞食虫卵，在消化道中六钩蚴逸出，钻入肠壁，随血液进入肝实质，并在其中发育15～30天（见图7-12），之后穿破肝被膜进入腹腔，黏附在内脏表面继续发育成熟。而狗等食入含豆状囊尾蚴的兔内脏后，囊尾蚴包囊在狗消化道中破裂，囊尾蚴头节附着于小肠壁上，约经1个月发育为成虫。

图7-12　肝脏上囊尾蚴寄生

【临床症状】豆状囊尾坳对兔的致病作用不太严重，大量感染时（数目多达 100 ～ 200 个）则出现肝炎症状，急性发作时可骤然死亡。慢性病例主要表现为消化紊乱，食量减少，致使仔兔生长发育迟缓，逐渐消瘦，精神沉郁。成年兔因腹腔内存在大量的豆状囊尾蚴包囊而表现为腹部膨胀。病程后期病兔耳朵苍白，眼结膜苍白，呈现贫血症状。

【病理变化】尸体消瘦，皮下水肿，有大量淡黄色腹水。肝肿大，呈土黄色，质硬，有的表面有纤维素块。肠系膜及网膜上有豆状囊尾蚴包囊。

【诊断】生前诊断可用间接血凝反应，该法较为敏感、快速、简便易行。死后可根据肝脏和肠系膜上寄生的虫体作出确切的诊断。

【防治措施】

（1）预防　由于兔豆状囊尾蚴在犬和兔两者之间完成其发育，故最重要的预防措施是管理。一是防止犬粪污染兔的饲料及饮水；二是不用含豆状囊尾坳的兔内脏喂犬；三是对兔进行定期驱虫。驱虫药物可用吡喹酮，剂量为每千克体重 5 毫克，拌入饲料内喂服。

（2）治疗　对于兔豆状囊尾蚴病，目前尚缺乏有效的治疗措施，可试用丙硫苯咪唑或吡喹酮等药物进行治疗。用丙硫咪唑片按每千克体重 50 毫克，一次口服，3 天为一疗程，间隔 7 天再次用药，共 3 个疗程，可杀死兔体内的豆状囊尾蚴。

4. 栓尾线虫病

兔拴尾线虫病又称兔蛲虫病，是由兔拴尾线虫寄生于兔的盲肠和结肠引起的消化道线虫病。该病呈世界性分布。本病不仅影响兔的生长发育，而且严重时可致兔大批死亡，给养兔业发展造成很大影响。该病虽常见，却往往被忽视，致使本病长期存在。

【流行特点】本病不需中间宿主，成虫所产卵在兔直肠内发育成感染性幼虫后排出体外，当兔吞食了含有感染性幼虫的卵后被感染，幼虫在兔胃内孵出，进入盲肠或结肠发育为成虫。兔感染率较高，严重者可引起死亡。

【症状与病变】本病少量感染时，一般不显临床症状。严重感染时，引起盲肠和结肠的溃疡和炎症，病兔慢性下痢，消瘦，发育受阻，甚至死亡。

【诊断】本病在兔场的感染率很高，粪中检查到虫卵或从肠道检出成虫，结合症状即可确诊。

【防治措施】由于兔栓尾线虫发育史为直接型，无需中间宿主参与，故本病很难根除，往往出现重复感染。加强兔舍卫生管理，经常清扫与消毒，防止兔粪的污染。可定期驱虫，于春、秋季节全群各驱虫 1 次，严重感染的兔场，可每隔 1 ～ 2 个月驱虫 1 次。

治疗可用芬苯达唑，按每千克体重 50 毫克，连用 5 天；或用盐酸左咪唑，按每千克体重 5 ～ 6 毫克，一次口服；或丙硫咪唑按每千克体重 20 ～ 25 毫克，一次口服，隔日再服 1 次。

三、普通病

1. 兔便秘

肉兔便秘是由于兔肠弛缓导致粪便积滞而发生的一种肠道疾病，以冬季患病最为常见。

【病因】肉兔便秘多因饲养管理不当，精料过多，精粗饲料的搭配不当，长期饲喂粗硬干草，而缺乏青绿饲料及饲料中混有泥沙，加之饮水不足，食量过多而缺乏运动，误食兔毛等引起的肠运动减弱，分泌减退而导致肠弛缓，使其大量粪便停滞在盲肠、结肠、直肠内，水分被吸收，变成干硬状，阻塞肠道而致病。此外，食入纤维含量过低的饲料，肠壁缺乏刺激，运动机能减弱，在一些热性病、胃肠功能紊乱等全身性疾病的过程中，以及大量使用抗生素的时候，也会出现兔便秘的现象。

【临床症状】病兔表现精神沉郁或不安，食欲减退或废绝，尿少而黄，肠音减弱或消失，初期排出的粪球少而坚硬，以后则排粪停止。有的兔头颈弯曲，俯视腹部或肛门，表现出排粪迟滞，肠管充满，当肠管阻塞而产生过量气体时，则有"肚胀"现象。严重时粪粒外包有一层白色胶样的物质，尿少而色深（多为棕红色），触摸腹部时，可感到大肠内聚积多量的干硬粪粒。

【防治措施】

（1）预防 要精粗饲料合理搭配，并供给充足的饮水和青绿多汁的饲料及含纤维较多的饲料。加强运动，一旦发现便秘，应及时给予治疗，切勿拖延其病情。

（2）治疗

① 人工盐或硫酸钠，成年兔 5 克，幼兔减半，加适量水内服，每日 1～2 次，连服 2～3 天。便秘消失后应立即停药。

② 用液体石蜡、蓖麻油或植物油均可，成年兔 16 毫升，幼兔 8 毫升，加等量水内服，每天 1～2 次，连服 2～3 天。

③ 将患兔仰卧，以人用导尿管前端涂抹食用油或石蜡油等，将导尿管插入患兔肛门 5～7 厘米深，然后捏住肛门和导管，用不带针头的注射器接导尿管，再慢慢地把 46℃左右温肥皂水 40 毫升注入直肠。然后一手迅速按住肛门，另一手轻轻按摩肛门 6～10 分钟。

④ 花生油或菜油 26 毫升，蜂蜜 10 毫升，水适量，内服，每日一次，连服 2～3 天。

⑤ 为了制酵，可一次内服 5% 乳酸溶液 4 毫升或 10% 的鱼石脂溶液 6 毫升。

⑥ 内服大黄苏打片，一天两次，每次 1～2 片。

⑦ 对顽固性难以治愈的病例，可肌内注射硫酸新诺明，成年兔的用量为 0.3 毫克，幼兔减半，注射后 20 分钟左右即可排出大量干硬的小粪粒，一般 1～2 次可愈，注射后应观察

10～20分钟，若发现有呼吸困难、肌肉震颤、流涎和出汗等症状，可及时肌注适量的阿托品解救。

2. 兔感冒

兔感冒是由于机体受风寒湿邪侵袭而引起的以上呼吸道炎症为主的急性全身性疾病。鼻流清涕、眼部羞明流泪、伤风、打喷嚏、呼吸增快、体温升高、皮温不整者，为急性热性病。

【病因】感冒多发生于秋末至早春时期，气候突变，日间温差过大，贼风侵袭，遭受雨淋等，机体不适应而抵抗力降低，是引起感冒的最常见原因。兔舍湿度大，冷风侵袭；运输途中被雨水淋湿；兔舍通风不当导致空气质量太差，兔舍内氨气和灰尘等有害气体含量超标；冬季剪毛受寒等均可引发此病。

【临床症状】患兔流鼻涕，打喷嚏，咳嗽，不吃食，体温有的达 40℃ 以上，皮温不整，或者双眼无神（眼呈半闭状）似乎有泪水打转，结膜潮红，有时怕光，流泪。抑或是咳嗽、流鼻涕、气喘吁吁，鼻尖发红，呼气时鼻孔内有肥皂状黏液鼓起，鼻腔内流出多量水样黏液。精神沉郁，不爱活动，食欲减退或废绝；继而四肢无力，四肢末端及鼻耳发凉出现怕寒、战栗；若治疗不及时，鼻黏膜可发展为化脓性炎症，鼻液浓稠，呈黄色，呼吸困难，进而发展为气管炎或肺炎。

判断本病时，应注意与鼻炎的区分。感冒是由病毒引起的上呼吸道传染病，病兔出现频繁的喷嚏，鼻孔内流出清水样分泌物，体温升至 40℃ 左右，用氨基比林和青霉素肌内注射效果显著，抵抗力强的兔子，即使不治疗，7 天后也能自愈。而鼻炎病是由巴氏杆菌引起的慢性呼吸道传染病，体温正常，其病程较长，治愈后容易复发，鼻孔内分泌物呈黏稠状或脓性，如不治疗，病情日渐严重，最后因呼吸困难，衰竭死亡。

【防治措施】

（1）预防

① 平时加强饲养管理，供给充足的饲料和饮水，使之保持良好的体况，增强其抵抗能力。兔舍保持干燥，清洁卫生，通风良好。定期清理粪便，减少不良气体刺激，同时又要避免贼风和过堂风的侵袭。

② 在天气寒冷和气温骤变的季节，要做好防寒保暖工作，防贼风侵袭，防雨淋。夏季也要做好防暑降温工作。同时还应注意在阴雨天气禁止剪毛或药浴。

（2）治疗　可以采取以下治疗方法。

① 青霉素和链霉素各20万单位肌内注射。一天2次，连用3天。

② 扑热息痛0.5克，口服，1日2次，连服2～3天。

③ 复方氨基比林，肌内注射1～2毫升，1日2次，连用1～3日。

④ 酸碱疗法：6％食醋溶液或50％小苏打液滴鼻，每隔3小时1次，每次每个鼻孔3～5滴，多数轻症病兔滴3～5次可治愈，严重者连用2～3天，效果显著。

⑤ 柴胡注射液1毫升，肌内注射，每日1次，连用2天。或用黄芪多糖注射液3～5毫升，一次肌内注射，每日2次，连用2～3天。

⑥ 安痛定注射液1毫升、维生素C注射液1毫升，肌内注射，每日2次，连用2天。

⑦ 复方氨基比林注射液1毫升，肌内注射，每日2次，连用2天。

⑧ 安乃近注射液1毫升，肌内注射，每日1次，连用2天。

⑨ 复方阿斯匹林，每只兔1/4片，内服，每日2次。

以上需注射的药物用成分相同的片剂药物也可治疗。为防止继发感染肺炎，采用抗生素药物治疗的，可用抗生素或磺胺类药物，如每只兔肌内注射青霉素20万～40万单位。

也可用中药疗法：一枝花、金银花、紫花地丁各 15 克，共同切碎，煎水取汁，候温灌服，连服 1～2 剂。也可用绿豆双花汤内服：绿豆 30 克、金银花 15 克，煎水 100 毫升，供 10 只病兔内服，每日 2 次，连用 3 天，疗效显著。

3. 兔臌胀病

兔臌胀病是由兔胃肠臌气造成的一种消化障碍疾病。

【病因】多由于采食了过多的易发酵饲料、豆科饲料、易膨胀饲料、霉败变质的饲料、含露水的青草等，造成胃内食物积聚，引起胃肠道异常发酵，产气而臌胀。另外，还可由胃肠本身疾病引发。天气骤然变化，兔腹部受凉，发冷，也易继发。幼兔多发，近年来有上升趋势。

【临床症状】患兔精神沉郁，蹲伏不动，浑身发冷（集堆），喜趴卧，腹围膨大，腹痛，不断呻吟，咬牙，叩之有击鼓声，呼吸困难，心跳加快，拒食，体衰竭，重者窒息急性死亡。剖检可见胃内容物稀，盲肠发红，有的肠道发硬不通，结肠变平、变粗，充气，肠腔胀气。

判断时应注意兔胃胀气和积食的区别。用手抚摸兔子的肚子，如果出现了积食，那么胃部的位置会和刚吃完兔粮的时候一样，摸起来会有硬硬的感觉，而且往往是一整块都是如此。如果是胀气，开始的时候，胃部往下到大腿根部的这一片，会有气球一样的手感，明显能感觉到肚皮鼓起来，但是手感还是软的；胀气发展到晚期，那么这一片就会圆滚滚的，硬度也会有明显的提升。

还有一个明显的差别，如果是积食，兔子的粪便要么会变得又干又小，要么就是直接拉不出粪便，而且精神也会变差，食欲下降以及饮水量变少。

【防治措施】

（1）预防

① 饲喂上要做到定时、定量、定质。易产气发酵饲料和

豆科饲料喂量要适度，不过多饲喂精料，少喂勤添，供应充足饮水，禁止饲喂带露水的青草和冰冻饲料，严禁饲喂霉烂变质饲料。

② 加强饲养管理，兔舍要保持通风透光，干燥温暖卫生，天气温度变化大时要适当采取保暖措施，适当将兔放到运动场增加运动量。

（2）治疗　治疗原则是排空胃肠积物，恢复胃肠机能，制酵剂与缓泻剂结合。

可灌服植物油 20 毫升使胃肠润滑，或液体石蜡 20 毫升，或食醋 20 ～ 30 毫升，或十滴水 3 ～ 5 滴 / 兔，或萝卜汁 10 ～ 20 毫升，促排积食。也可用硫酸镁 5 克，1 次内服；或者用大黄苏打片，口服 2 ～ 4 片，2 次 / 天，连服 3 天；或者用口服消胀片（二甲基硅油片）2 片 / 兔（含 25 毫克），2 次 / 天，连服 2 天。

在采取以上治疗措施的同时，按摩病兔的腹部，以促进积食及气体排出。适当口服消炎药物以防引发其他疾病。采用综合方法，治愈较快。

4. 肉兔中暑

兔子耐寒而不耐热，无法像其他动物一样流汗，所以无法通过流汗使身体降温。兔子比其他动物更容易中暑，家兔受到强日光直射或环境温度过热会引起中枢神经系统、血液循环系统和呼吸系统机能以及代谢严重失调的综合征。此病多发生于炎热的夏季。

【病因】炎夏季节，兔在强烈的阳光下或天气闷热时，或关在通风不良和温度高（33℃以上）的兔舍里，饮水缺乏的情况下，或者运输途中闷热拥挤、缺水、通风差等，导致兔体内的热量不能散发而出现中暑现象。

【临床症状】中暑初期，病兔精神不振，食欲减退或不食，步态不稳，呼吸加快，体温升高，触诊体表有灼热感，可视黏膜潮红，口流涎。严重病例脑部充血，使呼吸系统机能发生障碍。出现神经症状，兴奋不安，盲目乱跑，随后倒地，伸腿伏卧，或侧身卧下颤抖、抽筋，有时还尖叫、痉挛或抽搐，虚脱昏迷死亡，妊娠后期的母兔对此病特别敏感，死亡率更高。

【防治措施】

（1）预防

① 夏季应注意降温防暑，兔舍要有遮阳措施，保持通风良好。要在兔舍周围种植树木或藤蔓类植物遮阳，中午地面泼凉水降温。

② 长期饮用淡盐水或多种维生素，减少肉兔的热应激，提高肉兔的耐热性，还要在饲料中加入 0.2％的碳酸氢钠，以调节体内的酸碱平衡。

③ 长途运输肉兔时，不要装载过密，宜选择在气候凉爽的时间，中午过热的时候要在树荫下休息，并供给兔充足的饮水，保持适当通风，防止车内温度过高。

④ 夏季到来毛兔剪毛 1 次，无降温条件的兔场，避免在高温季节繁殖配种。

（2）治疗　发现中暑后，立即把兔放在阴凉通风处，症状轻微的，使用不冷不热的水喷洒兔子全身特别是耳朵，帮助降温，不要太湿；症状严重的，用冷水敷头或在耳静脉放出适量的血，防止发生脑部和肺部充血、出血；喂饮或灌服加有水溶性维生素的淡盐水，可给予十滴水 2 ～ 3 滴，或仁丹 2 ～ 3 颗，或藿香正气水 5 ～ 10 滴，少量温水调均灌服。

5. 兔乳腺炎

兔乳腺炎是产仔母兔常见的一种疾病，常发生于产后 1 周左右的哺乳期，轻者影响仔兔吃乳，重者造成母兔乳房坏死或发生败血症而死亡。

【病因】 该病产生的原因有很多：一是笼舍内部的卫生

条件不好，链球菌、葡萄球菌、化脓杆菌、绿脓杆菌等病原菌数量较多，一旦母兔有外伤时就会侵入感染发病；二是笼具的质量较差，特别是产仔箱和踏板上有钉头毛刺，容易使母兔的乳房被刺伤而感染病原菌；三是投喂大量的精料会造成乳汁分泌过剩，使乳汁在乳房内贮积，乳房容易被葡萄球菌等病原菌感染；四是如果母兔的乳汁分泌不足，当仔兔饥饿时，母兔的乳房乳头就有可能会被仔兔咬破而感染病原菌；五是母兔乳汁过浓也会导致仔兔吸不动，以致乳汁发酵变味。

【临床症状】初期乳房出现不同程度的红色肿胀、增大、变硬，皮肤紧张，继之肿块呈红色或蓝紫色。1～2天后硬肿块逐渐增大，发红发热，疼痛明显，触之敏感，病兔躲避。随病程的延长，病情逐渐加重，脓汁形成，肿块变软，有波动感，疼痛减轻。当乳房肿块出现白色凹陷时，乳房变成蓝紫色，母兔体温升高到41℃以上，精神沉郁，呼吸加快，食欲减少或废绝，拒绝哺乳，喜饮冷水。病情加重时，乳腺管破裂可引起全身感染，最后导致败血症而死亡。

本病诊断简单，根据母兔乳腺肿胀、发热、疼痛、敏感，继之患部皮肤发红，或变成蓝紫色（俗称蓝乳房病），病兔行走困难，拒绝仔兔吮乳，局部可化脓或形成脓肿，或感染扩散引起败血症，体温可高达40℃以上，精神不振，食欲减退等临床症状可作出诊断。

【防治措施】

（1）预防

① 加强待产母兔的饲养管理。母兔临产前3～5天停喂高蛋白饲料，产后2～4天多喂优质青绿饲料，少喂精饲料。在产前、产后及时调整母兔精饲料与青饲料的比例，以防乳汁过多、过浓或不足。及时观察，每天观察母兔产后乳房的变化，做到早发现、早治疗。

② 定期消毒兔舍，保持兔笼、兔舍的清洁卫生，清除玻

璃碴、木屑、铁丝挂刺等尖锐物，尤其是兔笼、产箱出入口处要平滑，以防乳房创伤引起感染。

③ 经常发生乳腺炎的母兔，于分娩前后给予适当的预防药物，可降低本病的发生率。

（2）治疗

① 初期冷敷。乳腺炎初期可局部冷敷，把乳汁挤出，用毛巾或布沾冷水，在局部冷敷，并涂擦10%鱼石脂软膏。

② 中后期热敷。乳腺炎中、后期用热毛巾热敷，也可用青霉素80万单位、痢菌净注射液10毫升和地塞米松1毫升，分2次肌内注射，每天早、晚各1次，连用3天，病症即可消失、痊愈。

③ 严重的手术治疗。严重时可切开脓泡，排出脓血，切口用消毒纱布擦净，撒上消炎粉。同时做全身治疗，注射抗生素或口服磺胺类药物。

④ 药物治疗

a）0.25%普鲁卡因30毫升，青霉素10万单位，局部分4～6个点，皮下注射。

b）青霉素10万单位、链霉素10毫克，肌内注射，每日2次，连用2～3天。

c）体温升高者，安痛定1毫升或安乃近1毫升，肌内注射。

d）2.5%恩诺沙星注射液0.5毫升，肌内注射，每日1次，连用2～3天。口服剂，每只兔20毫克，拌饲料中服，连服3天。

注意如果母兔得了乳腺炎，小兔会得黄尿病，要母兔和仔兔一起治疗。

6. 兔脚皮炎病

肉兔脚皮炎是指发生于跖部的底面或掌部、趾部侧面和跗部的损伤性、溃疡性皮炎。主要是足底脚毛受到外部作用（如摩擦、潮湿）而脱落，皮肤受到机械损伤而破溃，感染病原菌引起的炎症。该病是肉兔养殖中最常见的疾病之一，它虽然不至于立即导致兔死亡，但它发病率高，危害大，一旦发病将给养兔场（户）造成极大的经济损失。

【病因】兔的身体结构特点包括脚部的结构特点决定了兔很容易得脚皮炎。狗、猫的脚底都有肉垫，而兔的脚底只有毛。由于家兔长期饲养在狭小的兔笼里，铁丝笼底或其他不合标准的高低不平的粗糙笼底板造成兔脚的损伤，加之粪尿和污物的长期浸渍，形成溃疡性脚皮炎。多数因为兔笼底网不平，用材不当，棱角过于突出而刮伤兔脚或被潮湿粪尿浸泡笼网和笼底板，引起兔脚底皮发炎（见图7-13）。体重大的、活跃的、脚底皮毛稀软的家兔最容易患此病。

图 7-13　兔脚底结痂

【临床症状】本病以后肢跖趾部跖侧面最为多见。病初患部表皮充血、发红、稍微肿胀和脱毛，继而出现脓肿，形成大小不一、长期不愈的出血性溃疡面，形成褐色脓性痂皮，不断流出脓液。病兔行动轻缓，不愿走动，下肢不敢承重，四肢频频交换支撑身体，有时拱背卧笼。食欲减退，日渐消瘦，严重者衰竭死亡。有的病兔引起全身感染，患败血症死亡。

【防治措施】

（1）预防

① 加强饲养管理，注意兔笼的清洁卫生，清扫笼底要彻底干净，平时保持竹板洁净和干燥，防止潮湿和积粪而诱病。兔舍湿度越大，越容易发病。定期用0.3%过氧乙酸喷雾消毒。

② 兔脚皮炎的诱发，与栖息的笼底板质量有直接关系。因此，制作竹笼底板时，选用竹板等材料应保持平、直、挺，而且间隙要大小、宽窄适中，以1.2厘米左右即兔粪能顺利漏下为宜，并严格要求不留钉头、毛刺等锐利物。实践证明，将笼底板做成竹木结合，前2/3为木板，后1/3为竹板（留漏粪间隙），这样做可以减轻脚掌的摩擦，有效防止脚皮炎的发生；对兔舍和周围经常消毒。

③ 定期给兔接种葡萄球菌疫苗，也可提高抗病力。另外，由于本病与脚毛有关，因此加强脚毛的品种选育是控制本病的有效方法。

（2）治疗

治疗时，可以先涂上一点碘酒对伤口进行消毒，然后涂上一点红霉素软膏，并用比较宽的医用橡皮膏包裹兔脚。根据伤口创面的大小来确定医用橡皮膏的长度，先从底下没有伤的地方开始缠，然后逐渐往上绕，争取把伤口全部覆盖住。包的时候注意不要包得太紧，包完后用手轻轻地捏一下橡皮膏，这样就相当于给兔脚穿上了软鞋，避免了伤口受到进一步的摩擦。大概两到三周后伤口愈合，橡皮膏就会自动脱落。

实践中发现，由于患病部位于足底部的着力处，经常接触污染的地面和受到机械摩擦，很难获得休养的机会。因此，用任何药物对该病的治疗均不理想。而采取以保护为主的方法效果较好。如将细沙土在阳光下暴晒消毒，然后将患兔放在沙土上饲养 1～2 周，可自然痊愈；经常检查种兔脚部，发现有脚毛脱落的，立即用橡皮膏缠绕，保护局部免受机械损伤，待 2 周后脚毛长出后即可。

对病情严重和无治疗价值的个别患兔，建议一律淘汰，否则得不偿失。

7. 兔霉菌毒素中毒

兔霉菌毒素中毒是因兔采食了发霉饲料而引起的一种中毒性疾病。是由于受潮或没有完全干燥的饲草、饲料，在温暖条件下发霉，肉兔采食了发霉的饲草、饲料后，除霉菌的直接致病作用外，霉菌产生的大量代谢物，即霉菌毒素，对肉兔具有一定的毒性，引起肉兔中毒。能引起肉兔中毒的霉菌毒素种类比较多，其中，以黄曲霉毒素毒性最强。

【病因】肉兔因采食了被霉菌毒素污染的饲草、饲料而引起中毒。目前已知的霉菌毒素有百余种，最常见的有黄曲霉毒素、赤霉菌毒素、白霉菌毒素、棕霉菌毒素等。能引起肉兔中毒的霉菌毒素种类比较多，其中以黄曲霉毒素毒性最强。

【临床症状】多数呈急性经过，患兔食欲减退或废绝，粪便不正常，有时便秘，有时腹泻，有的粪球外有黏液；有的走路蹒跚，浑身颤抖，往前冲撞至倒下，此后四肢无力，浑身瘫软如泥，头下垂不能抬起，口触地，鼻孔和嘴端潮湿，多数患兔两眼圆瞪。有的耳壳或其他部位皮下有出血点。患兔体温稍有升高，呼吸急迫，心跳加快，心律不齐。一般 2～4 天渐进性死亡。有的死前有挣扎、四肢划动等动作。

【防治措施】

真菌或霉菌繁殖的必备条件是高湿度和适宜的温度。一般来说，在 30℃，相对湿度 80％以上，谷物和饲草的含水率在 14％以上（花生的水分含量在 9％以上），最适于黄曲霉繁殖和生长，约在 24～34℃之间黄曲霉产毒量最高。几乎所有的谷物、饲草、饲料都可成为黄曲霉的基质。每千克饲料含有 1

毫克黄曲霉毒素可使畜禽死亡。因此，应将预防放在首位。

（1）严格饲料管理，不使用发霉的饲料，对饲料进行科学贮藏管理，防止受潮发霉，饲料由专人管理。

发霉的饲料主要是保存条件差的粗饲料，如花生皮粉、花生秧粉、豆秸粉、红薯秧粉等；其次为易于吸潮的麦麸。颗粒饲料在加工时加水过多而没有及时晾干或保存时间过长，也容易出现发霉现象。

（2）饲料发霉可发生在晾晒、贮存、加工、运输和饲喂的各个环节，而人们往往忽视了饲喂环节。比如，一次加料过多没有及时清槽，多次累积使饲料在饲槽里受潮，特别是饮水系统漏水或其他原因造成料槽中的饲料发霉，也会导致个别家兔发病。

（3）在高温高湿季节，可在饲料中添加防霉剂，如丙酸及其盐类（丙酸钙、丙酸钠、丙酸钾和丙酸铵，用量：丙酸 500～4000 毫克/千克饲料，丙酸钙和丙酸钠 650～5000 毫克/千克饲料）、山梨酸（用量为 0.05%～0.15%）及其盐类（山梨酸钾、山梨酸钠和山梨酸钙，用量一般为 0.05%～0.3%）、苯甲酸（添加量为 0.05%～0.1%）和苯甲酸钠（添加量为 0.1%～0.3%）、甲酸及其盐类（甲酸钠、甲酸钙，用量一般为 0.9%～1.5%）、对羟基苯甲酸酯类、柠檬酸、柠檬酸钠、乳酸、乳酸钙、乳酸亚铁、富马酸和富马酸二酯等，均有较好的防霉效果。

（4）治疗　如果发现发病患兔，立即停喂原有配合饲料，用新鲜草料代替；对于发病患兔可采取支持、保护、解毒、泄毒和抑菌等疗法。支持疗法可静脉注射 25% 的葡萄糖 20～40 毫升，每天 2 次，直至痊愈。饮用水可用弥散型维生素（如速补 -14、维补 -18 等），按说明量的 1.5 倍添加，连用 5 天。也可口服 10% 的糖水 50～100 毫升。皮下注射安钠咖 0.5～1 毫升，以增强心脏功能；保护和泄毒可用淀粉 20 克，加水煮成糊状，加硫酸钠 5～6 克灌服，以保护肠黏膜，减少毒物的吸收和增加排出；解毒一般注射维生素 C 3 ～ 5 毫升，每天 2 次，连续 3 天。配合一定的保肝药。抑菌可投喂对霉菌高敏的药物，如制霉菌素、克霉唑和大蒜素等。对于一般患兔，只要停喂发霉的饲料，投喂抗霉菌药物，可很快痊愈。通过采取以上措施，3 天后病情可得到控制，多数轻症患兔症状消失。民间也有用大蒜捣烂喂服的治疗方法，每兔每次 2 克，一日 2 次。

第八章

兔肉加工

我国兔肉产品多为初级加工产品和传统中式制品。主要有兔肉冷冻制品（带骨兔肉和分割兔肉）、兔肉熏烤制品、兔肉罐藏制品、兔肉干制品、兔肉酱卤制品、兔肉腌腊制品和西式兔肉制品等。

第一节　屠宰

一、活兔宰杀工艺流程

活兔进场→分类→检疫→处死→放血→剥皮→去内脏→空压送风降温→分割包装→冷藏仓储。

二、屠宰前准备

1. 严格检疫

活兔屠宰前应进行严格健康检查，凡膘情好、健康无病的方可屠宰。

2. 活兔体重要求及分类

屠宰活兔的体重应控制在 2.0 ~ 2.5 千克。将活兔按体重大小进行分级。

3. 停食给足饮水

进场待屠宰的兔要求在屠宰前 12 ~ 24 小时停止喂饲料，采用自动饮水方式保证充足饮水，但宰杀前 2 ~ 4 小时停止饮水。这样做有利屠宰加工，防止屠宰加工过程中对兔肉的污染。

4. 保持清洁卫生

屠宰加工车间一定要保持清洁、整齐、卫生。宰杀前要认真清洁消毒，屠宰后及时清洗。若产品出口，还要注意按国际卫生标准选用设备，加工方法，以及质量标准检验产品质量等。

三、屠宰加工操作及注意事项

1. 处死

肉兔处死常用的方法有颈部移位法和低压电击法。不宜采用尖刀割颈放血或杀头致死，这种处死方式容易沾污肉兔毛皮和损害皮张（见图 8-1）。

（1）颈部移位法　颈部移位法就是使肉兔的脊椎脱臼，简单快捷，是最容易而有效的处死方法。适合中小规模家庭农场屠宰肉兔采用。

具体方法是用左手抓住肉兔后肢，右手捏住头部，将兔身拉直，使肉兔头部向后扭转，突然使劲一拉，肉兔因颈椎移位而致死。

（2）低压电击法　低压电击法是用电压为 40 ~ 70 伏、电流为 0.75 安的电麻器轻压耳根部，使肉兔触电致死。这是大中型屠宰场广泛采取的处死方法。其优点：一是防止宰杀前处于饥饿状态的活兔剧烈挣扎，致使体内糖原含量下降，兔肉极限pH 增高，色泽暗，组织干燥紧密，品质下降；二是高频电流可在短时间内使组织深部温度达到 32℃以上，在短时间内达到极限 pH 和乳酸最大生成量，从而加速兔肉的成熟，改善了兔肉的品质。

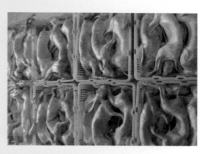

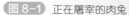

图 8-1　正在屠宰的肉兔　　　　图 8-2　屠宰后肉兔

2. 放血、剥皮、去内脏

处死后应立刻放血、剥皮。放血应放干净，以免影响兔肉的色泽和品质，增加成品加工的难度。剥皮方法有人工剥皮和宰杀线剥皮两种方法，根据生产规模及成本具体选用。环境温度 4℃，且环境应符合肉制品加工的卫生标准。

（1）人工剥皮法　人工剥皮法又分为套剥法和平剥法。

① 套剥法

先将已处死肉兔的一后肢倒挂，使头部朝下。此后将两前肢腕关节和两后肢跗关节周围的皮肤环形剪开切口，再用刀沿两后肢内侧通过肛门的中线将皮肤剪开，挑至两后肢跗关节处，再剥离腿部皮肤，自下部上方剥开皮肤 1 寸左右，翻转，使皮板朝外，毛朝内，此后两手握住皮板，均衡向下拉扯至头部，使皮肉分离，犹如翻脱袜子。最后抽出前肢，剪掉耳朵、眼睛和嘴唇周围的结缔组织和软骨，至此一个毛面向内、肉面向外的筒状鲜皮即被剥下。

用这种方法剥皮，兔毛不易粘在肉尸上。注意嘴部、眼部、耳部等天然孔要小心剥离，维持形状完好。在剥皮退套时不要损害毛皮，不要挑破腿肌或撕裂胸腹肌。趁热剥皮比较顺利。

② 平剥法。平剥法是将处死的肉兔放在平台上，使肉兔腹部朝上，在四肢中段将皮肤环形剪开切口，此后在腹部开一小口，沿腹中线将皮肤纵向切开，逐步剥离即可。

（2）宰杀线剥皮　现代化肉兔屠宰场多采用宰杀线剥皮，宰杀线主要设备有：电麻机、悬挂输送线、扯皮机、清洗机、割后爪机、喷淋机、输送机等。

肉兔自动屠宰线基本工艺流程是：肉兔电麻→上挂→宰杀→沥血→割前爪→扯皮→开膛→内脏清洗→割后爪→喷淋→分割→包装入库。

3. 兔肉的分级

按兔肉的胴体重量和品质分级，按照每只兔肉的净重分级，特级 1500 克以上，大级 1000 ～ 1500 克，中级 600 ～ 1000 克，小级 400 ～ 600 克。分级后的兔肉按市场或出口要求进行分割或直接包装（见图 8-2）。

4. 冷却降温

首先采用空压送风，使兔肉胴体温度在 45 分钟左右降到 12℃，再在 4℃ 环境中，使兔肉胴体温度降为 10℃。

第八章　兔肉加工

四、兔肉分割与整理

1. 清除兔肉表面残留物

兔肉在分割前，应将兔肉表面的瘀血、粗血管、黑色素肉、全部淋巴结清除，否则会影响兔肉的质量。

2. 兔肉的分割

按兔肉胴体不同部位肉块的质量及对兔肉进行烤、卤、熏等后续加工要求，将兔肉胴体分割为头、前腿、肋、后腿、脊背等，据此来评定价格及进行不同的加工。在生产实践中分割的好坏，直接影响利润的获取。同时，可根据市场反馈信息为依据进行预测，按市场需求的质量要求标准，进行兔肉胴体的分割。

3. 兔肉胴体剔骨及整理

根据成品加工的需求，将分割兔肉进行剔骨和整理。兔肉胴体剔去全部硬骨和软骨，剔骨时尽量保持兔肉的完整性，下刀准确，避免碎肉及碎骨渣，剔骨肉应进行整理，清除瘀血肉、粗血管、淋巴结和遗留碎骨等。

第二节　兔肉冰鲜、冷藏加工技术

宰杀后的兔肉易受到有害微生物（如细菌、霉菌、酵母）的侵蚀，从而致使兔肉表面有害微生物的繁殖生长导致兔肉腐败。冷藏或速冻是在低温条件下，兔肉组织内的酶受低温影响很大，其活力受到抑制；同时，有害微生物活力受到抑制，甚至死亡，从而延长兔肉的货架期并保持更佳的食用品质和销售价值。

一、兔肉的保鲜方法

1. 保鲜兔肉标准

（1）自宰杀加工到冷藏时间不得超过 2 小时。

（2）肉质新鲜，色泽正常，放血须净，无异味，无毛，无血，无杂质。

（3）带骨兔肌肉发育正常，脊椎骨不突出，骨骼无畸形，不得带残余内脏、生殖器官及腺体。创伤必须修净，不得露骨透腔。背、臀部及后腿外侧等主要部位的修割不超过两处，每处面积不超过 1 平方厘米。

（4）修净体表外和腹腔内表层的明显外露脂肪。

（5）兔肉在冷却前应先进行分级，分级规格要求如下。

① 带骨兔肉：特级为每只净重 1500 克以上；大级为每只净重 1001 ～ 1500 克；中级为每只净重 601 ～ 1000 克；小级为每只净重 400 ～ 600 克；每箱净重 20 千克。

② 去骨兔肉：每块净重 5 千克，4 块装一个纸箱，每箱净重 20 千克。

2. 兔肉的冷却

兔在宰杀加工后应尽快进行冷却，以便使兔肉的温度迅速降低，并在肉的表面形成干燥层。

冷却间温度应在 0℃左右，即在 –1℃～ 2℃之间，相对湿度在 85％左右，经 2 小时冷却后，肉体中心温度达 20℃以下时，即可包装入纸箱进行冷藏或速冻。

二、兔肉的冷藏

冷藏是预冷后的兔肉在 0 ～ 4℃进行贮藏的方法，改善了兔肉加工的质量，有利于保持兔肉的外观、风味和营养物质不受破坏。冷藏的贮藏期一般为 7 天。在兔肉加工中，延长供应时间和避免兔肉加工的高峰，是兔肉加工必不可少的一种贮藏方法。

1. 兔肉的速冻

采用速冻方法先将兔肉放置在 –40℃、风速 3 米 / 秒条件下，4 小时后兔肉温度降为 –20℃，兔肉冻结，然后在 –20℃环境中保持兔肉为冻结状态。兔肉在冻结过程中时间太长，兔肉中的水分形成冰晶体较大，会导致肉中蛋白质、脂肪浓度增大，而冰晶体的挤压和增浓效应会导致兔肉品质下降，为了减少这种危害，只有缩短冻结时间，因而采用速冻方法。速冻时间，出口冻兔不得超过 48 小时，一般内销冻兔不超过 72 小时，经测肉温已达 –15℃时，即可转入冻藏间进行冻藏。

经速冻的冰鲜兔肉按不同风味，配上烹调香料与烹调方法，以便进入超市销售，又适宜于后续加工。但在后续加工前进行解冻时，兔肉内部晶体融化成水，不能完全被组织吸收，汁液流失，使兔肉的持水性降低，直接影响兔肉制品的风味和品质。为避免或减轻这种危害，常采用缓慢解冻的方法，即在8℃外界环境中或在常温水中，让兔肉自然解冻，该方法解冻后的兔肉其品质和口感都不会有太大变化。

2. 冻兔肉的冻藏

（1）冻藏间堆放要求

① 冻兔肉品入库后，应按入库的品种、规格、先后批次和生产日期分别存放，并做到先进先出，防止积压变质。在冷库容积和地坪负荷允许的条件下，堆放的体积和密度越大越好，冷库的堆装量越多越能提高冷库的利用率。

② 堆垛要牢固、整齐，垛与垛之间要留有通道。便于盘点、检查、进出库。长期冷藏的冻兔肉应堆成方形堆。

③ 库内货位堆垛要求：距冻结物冷藏间顶棚 20 厘米；距冷却物冷藏间顶棚 30 厘米；距顶排管下侧 30 厘米；距顶排管横侧 20 厘米；距无排管的墙 20 厘米；距墙排管外侧 40 厘米；距冷风机周围 150 厘米；距风道底面 20 厘米。

④ 垛底要用不通风的木板衬垫，衬垫高约 30 厘米，堆高 2.5 ～ 3 米。

⑤ 冻兔肉品在码堆时，不得用脚直接踩踏肉品。

⑥ 冻兔肉在冻藏期间要由制冷和兽医卫检人员密切配合定期进行质量检查，及时发现和处理有腐败变质征兆的肉品，并认真做好出库的卫生质量的检验工作。

（2）冻藏间冻藏条件要求　冻兔肉的冻藏温度越低，冻藏的时间就越长，冻藏的质量越稳定。如在 4℃时，冻兔肉的冻藏期仅 35 天；在 −5℃时，为 42 天；在 −12℃时，可达 100 天左右；在 −17.5℃～−19℃之间，冻兔肉中心温度不高于−15℃，则能冻藏 6 ～ 12 个月。所以，冻兔肉在冻藏间的冻藏条件是：

① 冻藏间的温度一般要求为 −18℃，并保持库温的稳定，每天温度升降不能超过 ±1℃，不得有忽高忽低现象，以确保冻兔肉的质量。

② 冻兔肉在冻藏过程中，相对湿度一般要求在 90% 左右。

③ 冻藏间的空气流动速度靠食品冷藏间与蒸发器之间的温差形成自然循环流动为宜。

④ 冻藏期为 6 ～ 12 个月。

（3）卫生要求　为了减轻胴体上微生物的污染程度，除屠宰过程中必须注意之外，对冷冻室中的空气、设施、地面、墙壁等乃至工作人员均应保持良好的卫生条件。在冷冻保鲜过程中，与胴体直接接触的挂钩、铁盘、布套等只宜使用一次，在重复使用前，须经清洗、消毒、干燥后再用。

第三节　肉制品加工辅助材料

在肉制品加工中，常加入一定量的天然物质或化学物质，以改善制品的色、香、味、形、组织状态和贮藏性能，这些物质统称为肉制品加工辅料。包括调味料、香辛料和添加剂等三大类。

正确使用辅料，对提高肉制品的质量和产量，增加肉制品的花色品种，提高其商品价值和营养价值，保证消费者的身体健康，具有十分重要的意义。

一、调味料

调味料是指为了改善食品的风味，能赋予食品特殊味感（咸、甜、酸、苦、鲜、麻、辣等），使食品鲜美可口、增进食欲而添加入食品中的天然或人工合成的物质。包括咸味料、甜味料、酸味料、鲜味料、调味肉类香精等。

1. 咸味料

（1）食盐　食盐的主要成分是氯化钠。精制食盐中氯化钠含量在97%以上。在肉品加工中食盐具有调味、防腐保鲜、提高保水性和黏着性等作用。食盐的使用量应根据消费者的习惯和肉制品的品种要求适当掌握，通常生制品食盐用量为4%左右，熟制品的食盐用量为2%～3%。

（2）酱油　酱油分为有色酱油和无色酱油。肉制品中常用酿造酱油。酱油的作用主要是增鲜增色，使制品呈美观的酱红色，是酱卤制品的主要调味料，在香肠等制品中还有促进成熟发酵的良好作用。

（3）黄酱　黄酱又称面酱、麦酱等，在肉品加工中不仅是常用的咸味调料，而且还有良好的提香生鲜、除腥清异的作用。黄酱广泛用于肉制品和烹饪加工中，使用标准不受限制，以调味效果而定。

2. 甜味料

（1）蔗糖　肉制品加工通常采用白糖，某些红烧制品也可采用纯净的红糖，白糖和红糖都是蔗糖。肉制品中添加少量的蔗糖可以改善产品的滋味，缓冲咸味，并能促进胶原蛋白的膨胀和松弛，使肉质松软、色调良好。蔗糖添加量在 $0.5\% \sim 1.5\%$。

（2）饴糖　饴糖味甜爽口，有吸湿性和黏性，在肉品加工中常用作烧烤、酱卤和油炸制品的增味剂和甜味助剂。

（3）蜂蜜　蜂蜜又称蜂糖，呈白色或不同程度的黄褐色，透明、半透明的浓稠液状物。其甜味纯正，不仅是肉制品加工中常用的甜味料，而且具有润肺滑肠、杀菌收敛等药用价值。蜂蜜营养价值很高，又易吸收利用，所以在食品中可以不受限制地添加使用。

（4）葡萄糖　葡萄糖为白色晶体或粉末，常作为蔗糖的代用品，甜度略低于蔗糖。在肉品加工中，葡萄糖除作为甜味料使用外，还可形成乳酸，有助于胶原蛋白的膨胀和疏松，从而使制品柔软。另外，葡萄糖的保色作用较好，而蔗糖的保色作用不太稳定。不加糖的制品，切碎后会迅速变为褐色。肉品加工葡萄糖的使用量为 $0.3\% \sim 0.5\%$。在发酵肉制品中葡萄糖一般作为微生物主要碳源。

（5）d-山梨糖醇　d-山梨糖醇，又称花椒醇、清凉茶醇。有吸湿性，有寒舌感，有愉快的甜味，甜度为砂糖的60％。常作为砂糖的代用品。在肉制品加工，不仅用作甜味料，还能提高渗透性，使制品纹理细腻，肉质细嫩，增加保水性，提高出品率。

3. 酸味料

（1）食醋　食醋是以粮食为原料经醋酸菌发酵酿制而成。

食醋为中式糖醋类风味产品的重要调味料，如与糖按一定比例配合，可形成宜人的甜酸味。因醋酸具有挥发性，受热易挥发，故适宜在产品即将出锅时添加，否则将部分挥发而影响酸味。醋酸还可与乙醇生成具有香味的乙酸乙酯，故在糖醋制品中添加适量的酒，可使制品具有浓醇甜酸、气味扑鼻的特点。

（2）酸味剂　常用的酸味剂有柠檬酸、乳酸、酒石酸、苹果酸、醋酸等，这些酸均能参加体内正常代谢，在一般使用剂量下对人体无害，但应注意其纯度。

4.鲜味料

（1）谷氨酸钠　谷氨酸钠即味精。本品为无色至白色棱柱状结晶或粉末状，具有独特的鲜味，味觉极限值为0.03％，略有甜味或咸味。在肉制品加工中，一般使用量为0.25％～0.5％。

（2）肌苷酸钠　肌苷酸钠是白色或无色的结晶或结晶粉末，性质比谷氨酸钠稳定。与L-谷氨酸钠合用对鲜味有相乘效应。肌苷酸钠有特殊强烈的鲜味，其鲜味比谷氨酸钠约强10～20倍。一般均与谷氨酸钠、鸟苷酸钠等合用，配制混合味精，以提高增鲜效果。

（3）鸟苷酸钠　鸟苷酸钠同肌苷酸等被称作为核酸系调味料，其呈味性质与肌苷酸钠相似，与谷氨酸钠有协同作用。使用时，一般与肌苷酸钠和谷氨酸钠混合使用。

5.调味肉类香精

调味肉类香精包括猪、牛、鸡、羊肉、火腿等各种肉味香精。可自己添加或混合到肉类原料中，使用方便，是目前肉类工业常用的增香剂，尤其适用于高温肉制品和风味不足的西式低温肉制品。

6. 料酒

中式肉制品中常用的料酒有黄酒和白酒，其主要成分是乙醇和少量的脂类。它可以除膻味、腥味和异味，并有一定的杀菌作用，赋予制品特有的醇香味，使制品回味甘美，增加风味特色。黄酒色黄澄清，味醇正常，含酒精 12 度以上。白酒无色透明，具有特有的酒香气味。在生产腊肠、酱卤等肉制品时料酒是必不可少的调味料。

二、香辛料

香辛料是某些植物的果实、花、皮、蕾、味、茎、根，它们具有辛辣和芳香性风味成分。其作用是赋予产品特有的风味，抑制或矫正不良气味，增进食欲，促进消化。

香辛料依其具有辛辣或芳香气味的程度可分为辛辣性香辛料（如葱、姜、蒜、辣椒、洋葱、胡椒等）、芳香性香辛料（如大茴香、小茴香、花椒、桂皮、白芷、丁香、豆蔻、砂仁、陈皮、甘草、山萘、月桂叶等）和复合性香辛料（如咖喱粉、五香粉等）三类。

三、添加剂

为了增强或改善食品的感官形状，延长保存时间，满足食品加工工艺过程的需要或某种特殊营养需要，常在食品中加入天然的或人工合成的无机或有机化合物，这种添加的无机或有机化合物统称为添加剂。包括发色剂（硝酸盐和亚硝酸钠）、发色助剂（抗坏血酸和异抗坏血酸及其钠盐、烟酰胺、葡萄糖、葡萄糖酸内酯等）、着色剂（红曲米、焦糖、姜黄、辣椒红素和甜菜红等）、防腐剂（苯甲酸、山梨酸、山梨酸钾和山梨酸钠等）、抗氧化剂（二丁基羟基甲苯、没食子酸丙酯、维生素 E 和丁基羟基茴香醚等）和品质改良剂（磷酸盐、大豆分离蛋白、卡拉胶、酪蛋白、淀粉和变性淀粉等）等。

第四节 兔肉制品加工

一、兔肉熏烤制品

熏烤制品是指以熏烤为主要加工手段的兔肉制品（见图8-3、图8-4）。一般工艺流程为：原料选择与整形→腌制→浸洗→修整→熏（烤）制→成品。其制品分为熏制品和烤制品两类。主要制品有熏兔和烤兔。

图8-3 熏烤兔成品   图8-4 独立包装熏兔肉

1.熏烤制品概述

熏制是利用燃料没有完全燃烧的烟气对肉品进行烟熏，温度一般控制在 30～60℃，以熏烟来改变产品口味和提高品质的一种加工方法。

目的是通过熏烤形成特有的烟熏味。使肉制品脱水，增强产品的防腐性，延长贮存期。使肉制品呈棕褐色，颜色美观。

起杀菌作用，使产品对微生物的作用更稳定。

（1）熏制方法

① 冷熏法。冷熏法的温度为30℃以下，熏制时间一般需7～20天，这种方法在冬季时比较容易进行，而在夏季时由于气温高，温度较难控制，特别是当发烟少的情况下易发生酸败现象。由于熏制时间长，产品深部熏烟味较浓，又因产品含水量通常在40％以下，提高了产品的耐贮藏性。本法主要用于腌肉或灌肠类制品。

② 温熏法。又称热熏法。本法又可分为中温法和高温法两种。

中温法：温度在30～50℃之间，熏制时间视制品大小而定，如腌肉按肉块大小不同，熏制5～10小时，火腿则1～3天。这种方法可使产品具有较好风味，且重量损失较少，但由于温度条件有利于微生物的繁殖，如烟熏时间过长，有时会引起制品腐败。

高温法：温度在50～80℃之间，多为60℃，熏制时间在4～10小时。采用本法在短时间内即可起到烟熏的目的，操作简便，节省劳力。但要注意烟熏过程不能升温过快，否则会有发色不均的现象。本法在我国肉制品加工中用得最多。

③ 焙熏法。焙熏法的温度为95～120℃，是一种特殊的熏烤方法，包含有蒸煮或烤熟的过程。

2. 烤制方法

烤制是利用烤炉或烤箱在高温条件下干烤，温度一般在180～220℃，由于温度较高，使肉品表面产生一种焦化物，从而使制品香脆酥口，有特殊的烤香味，产品已熟制，可直接食用。烤制使用的热源有木炭、无烟煤、红外线电热装置等。烤制方法分为明烤和暗烤两种。

（1）明烤 把制品放在明火或明炉上烤制称明烤。从使用设备来看，明烤分为三种：第一种是将原料肉叉在铁叉上，在火炉上反复炙烤，烤匀烤透；第二种是将原料肉切成薄片状，经过腌渍处理，最后用铁钎穿上，架在火槽上。边烤边翻动，炙烤成熟；第三种是在盆上架一排铁条，先将铁条烧热，再把经过调好配料的薄肉片倒在铁条上，用木筷翻动搅拌，成熟后取下食用，这是北京著名风味烤肉的做法。

明烤设备简单，火候均匀，温度易于控制，操作方便，着色均匀，成品质量好。但烤制时间较长，须劳力较多，一般适用于烤制少量制品或较小的制品。

（2）暗烤　把制品放在封闭的烤炉中，利用炉内高温使其烤熟，称为暗烤。又由于制品要用铁钩钩住原料，挂在炉内烤制，又称挂烤。

暗烤的烤炉最常用的有三种：一种是砖砌炉，中间放有一个特制的烤缸（用白泥烧制而成，可耐高温），烤缸有大小之分。这种炉的优点是制品风味好，设备投资少，保温性能好，省热源，但不能移动。另一种是铁桶炉，炉的四周用厚铁皮制成，做成桶状，可移动，但保温效果差，用法与砖砌炉相似，均需人工操作。这两种炉都是用炭作为热源，因此风味较佳。还有一种为红外电热烤炉，比较先进，炉温、烤制时间、旋转方式均可设定控制，操作方便，节省人力，生产效率高，但投资较大，成品风味不如前面两种暗烤炉。

二、兔肉罐藏制品

罐头食品就是将食品密封在容器中，经高温处理，使绝大部分微生物被消灭掉，同时在防止外界微生物再次侵入的条件下，借以获得在室温下长期贮藏的保藏方法。凡用密封容器包装并经高温杀菌的食品称为罐头食品。

兔肉罐头加工工艺为：原料选择→原料预处理→原料的预煮和油炸→装罐→排气与封罐→杀菌→冷却→检验与贮藏。

兔肉罐头制品主要有清汤兔肉罐头、辣味兔肉罐头和腊香兔肉软罐头。

三、兔肉干制品

肉品干制就是在自然条件或人工控制条件下促使肉中水分蒸发的一种工艺过程，也是肉类食品最古老的贮藏方法之一。干制肉品是以新鲜的兔肉作为原料，经熟制后再经脱水干制而成的一种干燥风味制品。兔肉干制品主要有肉干、肉松、肉脯三大类。干制品营养丰富，美味可口，重量轻，体积小，食用方便，质地干燥，便于保存携带（见图 8-5、图 8-6）。

图 8-5　肉兔干　　　　　　图 8-6　肉兔干

1. 干制的基本原理

通过脱去兔肉中的一部分水，抑制了微生物的活动和酶的活力，从而达到加工出新颖产品或延长贮藏时间的目的。干制既是一种保存手段，又是一种加工方法。

2. 干制方法

按照加工的方法和方式，目前已有自然干燥、加热干燥、低温冷冻升华干燥等。

（1）自然干燥　自然干燥法是古老的干燥方法，要求设备简单，费用低，但受自然条件的限制，温度条件很难控制，大规模的生产很少采用，只是在某些产品加工中作为辅助工序采用，如风干香肠的干制等。

（2）烘炒干制　烘炒干制法亦称传导干制。靠锅壁的导热将热量传给与壁接触的物料，使其脱水干制。由于湿物料与加热的介质（载热体）不是直接接触，又称间接加热干燥。传导干燥的热源可以是水蒸气、热空气等。可以在常温下干燥，亦可在真空下进行。加工肉松都采用这种方式。

（3）烘房干燥　烘房干燥法亦称对流热风干燥。直接以高温的热空气为热源，借对流传热将热量传给物料，故称为直接加热干燥。热空气既是热载体又是湿载体。一般对流干燥多在常压下进行。对流干燥室中的气温调节比较方便，物料不至于过热，但热空气离开干燥室时，带有相当大的热能。因此，对流干燥热能的利用率较低。

（4）低温升华干燥　在低温下一定真空度的封闭容器中，物料中的水分直接从冰升华为蒸汽，使物料脱水干燥，称为低温升华干燥。与上述三种方法相比，此法不仅干燥速度快，而且最能保持原来产品的性质，加水后能迅速恢复原来的状态。但设备较复杂，投资大，费用高。

四、兔肉酱卤制品

在水中加食盐或酱油等调味料以及香辛料，经煮制而成的一类熟肉类制品称作酱卤制品。酱卤制品是我国传统的一类肉制品，其主要特点是成品都是熟的，可以直接食用，产品酥润。突出调味与香辛料以及肉的本身香气，食之肥而不腻，瘦不塞牙。酱卤制品随地区不同，在风味上有甜、咸之别（见图8-7、图8-8）。

图 8-7　酱卤兔肉

图 8-8　酱兔肉

　　加工方法主要包括两个过程，一是调味，二是煮制（酱制）。酱卤制品中，酱与卤两种制品特点有所差异，两者所用原料及原料处理过程相同，但在煮制方法和调味材料上有所不同，所以产品特点、色泽、味道也不相同。在煮制方法上，卤制品通常将各种辅料煮成清汤后将肉块下锅以旺火煮制；酱制品则和各辅料一起下锅，大火烧开，文火收汤，最终使汤形成肉汁。在调料使用上，卤制品主要使用盐水，所用香辛料和调味料数量不多，故产品色泽较淡，突出原料的原有色、香、味；而酱制品所用香辛料和调味料的数量较多，故酱香味浓。酱卤制品因加入调料的种类、数量不同又有很多品种，通常有五香制品、红烧制品、酱汁制品、糖醋制品、卤制品以及糟制品等。

　　酱卤制品种类繁多，根据加入调料的种类与数量不同划分为七种：五香（或红烧）制品、酱汁制品、卤制品、蜜汁制品、糖醋制品、白煮制品、糟制品等。其中五香制品在酱卤制品中无论是品种上，还是产销量都是最多的。

　　五香制品：又称酱制品，这类制品在制作中使用较多的酱油，同时加入了八角、桂皮、丁香、花椒、小茴香等五种香料，产品的特点是色深、味浓。

酱汁制品：是以酱制为基础，加入红曲米为着色剂，在肉制品煮制完成出锅时，把糖熬成汁刷在肉上，产品为樱桃红色，稍带甜味且酥润。

卤制品：是先调制好卤汁或加入陈卤，然后将原料肉放入卤汁中，开始用大火煮，煮沸后改用小火慢慢卤制。陈卤使用时间越长，香味和鲜味越浓，产品特点是酥烂，香味浓郁。

蜜汁制品：在制作中加入多量的糖分和红曲米水，产品多为红色，表面发亮，色浓味甜，鲜香可口。

糖醋制品：在辅料中加入糖和醋，产品具有甜酸的滋味。白煮制品在加工原料过程中，只加盐不加其他辅料，也不用酱油，产品基本上仍是原料的本色。

糟制品：是在白煮的基础上，用"香糟"调味的一种冷食熟肉制品。

五、兔肉腌腊制品

腌腊肉制品是我国传统的肉制品之一，指原料肉经预处理、腌制、脱水、保藏成熟而成的一类肉制品。通常用食盐或以食盐为主并添加硝酸钠、蔗糖和香辛料等辅料对原料肉进行浸渍。腌腊肉制品特点是肉质细致紧密、色泽红白分明、滋味咸鲜可口、风味独特、便于携带和贮藏。兔肉的腌腊肉制品主要包括腊兔（见图8-9）、缠丝兔（见图8-10）和红雪兔等。

1. 腌制的基本原理

利用食盐、硝酸盐和亚硝酸盐、微生物发酵、调味香辛料等材料的防腐作用进行腌制。近年来，随着食品科学的发展，在腌制时常加入品质改良剂如磷酸盐、异维生素C、柠檬酸等以提高肉的保水性，获得较高的成品率。同时腌制的目的已从单纯的防腐保藏发展到主要为了改善风味和色泽，提高肉制品的质量，从而使腌制成为了许多肉类制品加工过程中一个重要的工艺环节。

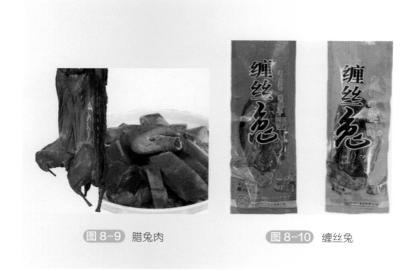

图 8-9 腊兔肉　　　　　　图 8-10 缠丝兔

2.腌制方法

兔肉在腌制时采用的方法主要有四种，即干腌法、湿腌法、混合腌制法和注射腌制法，不同腌腊制品对腌制方法有不同的要求，有的产品采用一种腌制法即可，有的产品则需要采用两种甚至两种以上的腌制法。

（1）干腌法　用食盐或盐硝混合物涂擦肉块，然后堆放在容器中或堆叠成一定高度的肉垛。干腌时产品失水，失去水分的程度取决于腌制的时间和用盐量。腌制周期越长，用盐量越高，原料肉越瘦，腌制温度越高，产品失水越多。干腌法生产的产品有独特的风味和质地，腊肉采用此法腌制。

干腌的优点是操作简便，不需要较大的场地，蛋白质损失少，水分含量低、耐贮藏。缺点是腌制不均匀，失重大，色泽较差，盐不能重复利用，工人劳动强度大。

（2）湿腌法　湿腌法即盐水腌制法。就是在容器内将肉品浸没在预先配制好的食盐溶液内，并通过扩散和水分转移，让腌制剂渗入肉品内部，并获得比较均匀的分布，直至它的浓度最后和盐液浓度相同的腌制方法。

一般湿腌法用的盐溶液相对密度为 1.116 ～ 1.142 克 / 立方厘米，温度宜在 10 ～ 18℃之间。也有用饱和盐溶液的，腌制液可以重复利用，再次使用时需煮沸并添加一定量的食盐。

湿腌法的优点是：腌制后肉的盐分均匀，盐水可重复使用，腌制时降低工人的劳动强度，肉质较为柔软，不足之处是蛋白质流失严重，所需腌制时间长，风味不及干腌法，含水量高，不易贮藏。

（3）混合腌制法　采用干腌法和湿腌法相结合的一种方法。可先放入容器中进行干腌，再放入盐水中腌制或在注射盐水后，用干的硝盐混合物涂擦在肉制品上，放在容器内腌制。这种方法应用最为普遍。

干腌和湿腌相结合可减少营养成分流失，增加贮藏时的稳定性，防止产品过度脱水，咸度适中，不足之处是较为麻烦。

（4）注射腌制法　为加速腌制液渗入肉内部，在用盐水腌制时先用盐水注射，然后再放入盐水中腌制。盐水注射法分动脉注射腌制法和肌内注射腌制法。

盐水注射法可以减少操作时间，提高生产效益，降低生产成本，但其成品质量不及干腌制品，风味稍差，煮熟后肌肉收缩的程度比较大。

六、西式兔肉制品

西式肉制品起源于欧洲，也称为欧式肉制品，产品主要有肠类制品、火腿和培根三大类。由于这些产品在北美、日本及其他西方国家广为流行，故被称为西式肉制品。目前我国兔肉加工的西式肉制品主要有兔肉生鲜肠、兔肉发酵肠和兔肉粉肠等。

兔肉经过腌制（或不腌制）、绞肉、斩拌、乳化成肉馅（肉丁、肉糜或其混合物）并添加调味料、香辛料或填充料，冲入肠衣内，再经烘烤、蒸煮、烟熏、发酵、干燥等工艺（或其中几个工艺）制成的肉制品被称为香肠制品。

工艺流程为：原料验收→配料→腌制→灌制→发酵→烘烤→熟制→烟熏→包装→保藏。

第五节　兔肉制品包装

一、冻兔肉包装

我国出口的冻兔肉，包装要求大致如下：

（1）带骨或分割兔肉均应按不同级别用不同规格的塑料袋套装，外用塑料或瓦楞纸板箱包装，箱外应印刷中、外文对照字样（品名、级别、重量及出口公司等）。纸箱内径尺码一般为，带骨兔肉为 57 厘米 ×32 厘米 ×17 厘米；分割兔肉为 50 厘米 ×35 厘米 ×12 厘米。

（2）带骨兔肉或分割兔肉，每箱净重均为 20 千克。分割兔肉包装前应先称取 5 千克为一堆，整块的平摊，零碎的夹在中间，然后用塑料包装袋卷紧，装箱时上下各两卷成"田"字形堆放，再装入一聚乙烯薄膜袋。每箱兔肉重量相差不得超过 200 克。

（3）带骨兔肉装箱时应注意排列整齐、美观、紧密，两前肢尖端插入腹腔，以两侧腹肌覆盖；两后肢须弯曲使形态美观，以兔背向外，头尾交叉排列为好，尾部紧贴箱壁，头部与箱壁间留有一定空隙，以利透冷、降温。

（4）箱外包装带可用塑料或铁皮，宽约 1 厘米。因铁皮包带久贮容易生锈，所以大部分冻兔加工厂多采用塑料包带，打包带必须洁净，不能有文字、图案、花纹，不宜采用纸带，以防速冻或搬运时破损、散落。

（5）箱外需打包带三道，即横一竖二，切勿因横面操作不便而不加打包带。五分包带需用五分包扣，切忌五分包带用四分包扣，或四分包带用五分包扣，以防箱边破损，兔肉外漏。

二、真空包装

真空包装也称减压包装，是将包装容器内的空气全部抽出密封，维持袋内处于高度减压状态，空气稀少相当于低氧效果，使微生物没有生存条件，以达到防止包装食品霉腐变质，保持食品的色香味，并延长保质期的目的。目前应用的有塑料袋内真空包装、铝箔包装、玻璃器皿包装、塑料包装及其复合材料包装等。适用于腌腊制品（如香肠、火腿、腊肉等）、熟食制品（烧兔、烤兔、酱兔肉、油炸类等）、酱腌菜、豆制品、软罐头等兔肉制品的包装，可根据物品种类选择包装材料。

但真空包装不能抑制厌氧菌的繁殖和酶反应引起的食品变质和变色，因此还需与其他辅助方法结合，如冷藏、速冻、脱水、高温杀菌、辐照灭菌、微波杀菌、盐腌制等。

真空包装的一种变种是充气包装。充气包装的主要作用除真空包装所具备的除氧保质功能外，主要还有抗压、阻气、保鲜等作用，能更有效地使食品长期保持原有的色、香、味、形及营养价值。另外，有许多食品不宜采用真空包装，而必须采用充气包装。如松脆易碎食品、易结块食品、易变形走油食品、有尖锐棱角或硬度较高会刺破包装袋的食品等。食品经食品真空包装机抽气包装后，充入一些气体，使包装袋内充气压强大于包装袋外大气压强，能有效地防止食品受压破碎变形，并不影响包装袋外观及印刷装潢。

充气包装在真空后再充入氮气、二氧化碳、稀有气体等单一气体或 2～3 种气体的混合气体。其中氮气是化学性质较稳定的气体，起保护物品不受氧化等外界干扰的作用，并使袋内保持正压，以防止包装被压扁以至于物品损坏。二氧化碳能够溶于各类脂肪或水中，形成酸性较弱的碳酸，可抑制霉菌、腐败细菌等微生物的活性。稀有气体原理与氮气类似。

第六节　食品加工安全要求

为保证兔肉产品的安全性，家庭农场所加工的兔肉制品应严格执行《中华人民共和国食品卫生法》《中华人民共和国产品质量法》《食品企业卫生通则》《速冻食品技术规程》等相关的法律法规。确保在采购、生产、包装和成品、半成品及原物料储存中应用的设施、操作方法以及人员管理等所有环节的生产都在高标准的卫生条件下进行。避免在不卫生、可能引起污染或劣化的环境下作业，减少作业错误发生，建立健全品保体系，确保食品的安全卫生及稳定产品品质。

需要注意的事项有：

（1）环境卫生设施　老鼠、苍蝇、蚊子、蟑螂和粉尘可以携带和传播大量的致病菌，是厂区环境中威胁食品安全卫生的主要危害因素，应最大限度地消除和减少这些危害因素。

（2）厂房的设计要求　科学合理的厂房设计对减少食品生产环境中微生物的进入、繁殖、传播，防止或降低产品和原料之间的交叉污染至关重要，对选址、总体布局、厂房设计、厂房布局应根据国家相关标准的要求执行。

（3）生产工具、设备的要求　食品生产厂选择工具、设备时不仅要考虑生产性能和价格，还必须考虑能否保证食品安全性，另外建立设备档案及其零部件管理制度。

（4）加工过程的要求　主要包括对生产工艺规程与岗位操作规程，如工艺卫生、人员卫生、生产过程管理、卷标与标示管理等要求。食品的加工、包装或贮存必须在卫生的条件下生产，加工过程中的原辅料必须符合食品标准，加工过程要严格控制，研究关键控制点，对关键工序的监控必须有记录，制定检验项目、检验标准、抽样及其检验方法，防止出现交叉污染。食品包装材料不能造成对食品的污染，更不能混入到产品中，加工产品应在适宜条件下储藏。

（5）厂房设备的清洗消毒　车间地面和墙裙应定期清洁，车间的空气进行消毒杀菌。加工设备和工具定时进行清洗、消毒。

（6）产品贮存与销售　定期对储存食品仓库进行清洁，库内产品要堆放整齐，批次清楚，堆垛与地面距离应符合要求。食品运输车、船必须保持良好的清洁卫生状况，并有相应的温湿度要求。

（7）人员的要求　包括对有关人员学历、专业、能力的要求，还有人员培训、健康、个人卫生的要求。

第九章

家庭农场的经营管理

第一节 采用种养结合的养殖模式是家庭农场养肉兔的首选

　　种养结合是一种结合种植业和养殖业的生态农业模式。种植业是指植物栽培业。通过栽培各种农业产物以取得粮食、副食品、饲料和工业原料等植物性产品。养殖业是利用畜禽等已经被人类驯化的动物或者野生动物，通过人工饲养、繁殖，使其将牧草和饲料等植物能转变为动物能，以取得肉、蛋、奶、皮、毛和药材等畜产品。种养结合模式是将畜禽养殖产生的粪便、有机物作为有机肥的基础，为种植业提供有机肥来源；同时，种植业生产的作物又能够给畜禽养殖提供食源。该模式能够充分将物质和能量在动植物之间进行转换及良好的循环（见图9-1）。

饲草料种植　　肉兔养殖

兔粪生产有机肥

图9-1　种养结合生态农业循环示意图

　　国内外的研究和实践证明，土壤结构破坏、地力下降与水资源、肥源、能源的短缺和失调密切相关，成为"高产、高效、优质"农业发展的制约因素。种养结合模式建立以规模集约化养殖场为单元的生态农业产业体系（即"种植、养殖、加工、沼气、肥料"循环模式），是以粮食作物生产为基础，养殖业为龙头，沼气能源开发为纽带，有机肥料生产为驱动，形成饲料、肥料能源、生态环境的良性循环，带动加工业及相关产业发展，合理安排经济作物生产，从而发展高效农业（主要为设施农业），提高整个体系的综合效益（即经济、社会和生态环保效益的高度统一）。实现了农业规模化生产和粪尿资源化利用，改善了农牧业生产环境，提高了畜禽成活率和养殖水平，降低了农田化肥使用量和农业生产成本，提高了农牧产品产量和质量，确保农牧业收入稳定增加。并通过种植业和养殖业的直接良性循环，改变了传统农业生产方式，拓展了生态循环农业发展空间。

第二节　养肉兔家庭农场的风险控制要点

肉兔场经营风险是指肉兔场在经营管理过程中可能发生的危险。而风险控制是指风险管理者采取各种措施和方法，消灭或减少风险事件发生的各种可能性，或减少风险事件发生时造成的损失。但总会有些事情是不能控制的，风险总是存在的。作为管理者必须采取各种措施减小风险事件发生的可能性，或者把可能的损失控制在一定的范围内，以避免在风险事件发生时带来难以承担的损失。

一、肉兔场的经营风险

肉兔场的经营风险通常主要包括以下九种：

1. 肉兔疾病风险

规模养兔场，兔群数量多，饲养密度大，兔患病的机会增加，疫病对兔群的威胁增大。如兔瘟、腹泻、兔大肠杆菌病、葡萄球菌病、大肠杆菌病、巴氏杆菌病等疾病，特别是兔传染病性疾病，以及球虫病、疥癣等寄生虫病，对规模化养兔危害更大，快则可导致全群死亡，慢则影响生长繁育性能发挥。

2. 市场风险

无论搞哪类养殖，没有销售市场、没有销售渠道，养得再好，都是白费功夫。可恰恰相反，很多人在进入这个行业的时候，没有仔细认真地考察销售市场和了解销售渠道，盲目入行，等发现销售困难的时候，一切都晚了。同样，家庭农场在确定养殖肉兔的时候，没有认真考察销售市场、仔细了解销售渠道，盲目进入养兔行业，很可能会重蹈其他人失败的覆辙。

3.肉兔来源风险

规模化肉兔养殖对于种兔的规格提出很高的要求：优良的品种、标准的种兔、健康的种群，这是实现规模化、集约化兔场高效生产的先决条件。品种不优良是导致养殖失败的主要原因。在投资初期，养殖场如果没有经过详细的考察，偏信于一些单位自诩的"口碑"，引进了质量类似于淘汰兔的所谓"种兔"，或者带有严重的疾病（例如真菌病）的种兔。养兔场很快就陷入生产效率低下和疫病不断的"泥坑"中。

4.经营管理风险

经营管理风险即由于肉兔场内部管理混乱、内控制度不健全、财务状况恶化、资产沉淀等造成重大损失的可能性。肉兔场内部管理混乱、内控制度不健全会导致防疫措施不能落实，暴发疫病造成肉兔死亡的风险增加；饲养管理不到位，造成饲料浪费、肉兔生长缓慢、仔兔死亡率增长的风险；原材料、兽药及低值易耗品采购价格不合理，库存超额，使用浪费，造成肉兔场生产成本增加的风险；对差旅费、用车费、招待费、办公费、产品销售费用等非生产性费用不能有效控制，造成肉兔场管理费用、营业费用增加的风险；肉兔场的应收款较多，资产结构不合理，资产负债率过高，会导致肉兔场资金周转困难，财务状况恶化的风险。

5.投资及决策风险

投资风险即因投资不当或决策失误等原因造成肉兔场经济效益下降。决策风险即由于决策不民主、不科学等原因造成决策失误，导致肉兔场重大损失的可能性。如果在肉兔行情高潮期盲目投资办新场，扩大生产规模，会产生因市场饱和、肉兔价大幅下跌的风险；投资选址不当，肉兔养殖受自然条件及周边环境卫生的影响较大，也存在一定的风险；对肉兔品种是否更新换代、扩大或缩小生产规模等决策不当，会对肉兔场效益产生直接影响。

6.人力资源风险

人力资源风险即肉兔场对管理人员任用不当，无充分授权或精英人才流失，无合格员工或员工集体辞职造成损失的可能性。有丰富管理经验的管理人才和操作熟练的工人对肉兔场的发展至关重要。如果肉兔场地处不发达地区，交通、环境不理想，很难吸引人才。饲养员的文化水平低，对新技术的理解、接受和应用能力差，会削弱肉兔场经济效益的发挥。长时间的封闭管理，信息闭塞，会导致员工情绪不稳，影响工作效率。肉兔场缺乏有效的激励机制，员工的工资待遇水平不高，会制约员工生产积极性的发挥。

7.安全风险

安全风险既有自然灾害风险，也有因肉兔场安全意识淡漠、缺乏安全保障措施等而造成肉兔场重大人员或财产损失的可能性。自然灾害风险即因自然环境恶化如地震、洪水、火灾、风灾、暴雪等造成肉兔场损失的可能性。肉兔场安全意识淡漠、缺乏安全保障措施等原因而造成的风险较为普遍，如用电或用火不慎引起的火灾，不遵守安全生产规定造成人员伤亡，购买了有质量问题的疫苗、兽药等，导致肉兔死亡等。

8.政策风险

政策风险即因政府法律、法规、政策、管理体制、规划的变动，税收、利率的变化或行业专项整治，造成损害的可能性。其中最主要的是环保政策给肉兔场带来的风险。

9. 养殖技术风险

科学养兔需要很多技术，特别是规模化舍饲养兔，不同于放牧饲养，需要相应的养兔技术，在品种选择、繁殖、饲料营养、疫病防控、饲养管理等各个方面都要具备相应的技术。我们经常遇到同样是养兔，为什么有的赚钱有的却赔钱的问题。其中最主要的就是是否掌握科学的养兔技术。如在肉兔品种选择上，不会选择肉兔品种，把不适应本地的品种引进来；不会挑选种兔，把不适合作为种兔的兔当种兔来使用；不懂得繁殖技术，乱交乱配，近亲繁殖等；在饲料使用上，不懂得营养需要，不会调配饲料，有什么就喂什么，饲草发霉变质了也喂兔，在冬季枯草季节不补充维生素和矿物质；在疫病防控上，不坚持接种疫苗，不坚持驱除寄生虫；在饲养管理上，不懂得温度、湿度、密度问题重要性，圈舍夏天温度过高，冬天温度又过低等。如果养兔场具有以上的任意一种问题，就会影响到养兔场的效益，如果同时具有多种问题，那么这个养兔场必定难以维持下去。

二、控制风险对策

在肉兔场经营过程中，经营管理者要牢固树立风险意识，既要有敢于担当的勇气，在风险中抢抓机会，在风险中创造利润，化风险为利润，又要有防范风险的意识，管理风险的智慧，驾驭风险的能力，把风险降到最低程度。

1. 加强疫病防治工作，保障肉兔安全

首先要树立"防疫至上"的理念，将防疫工作始终作为肉

兔场生产管理的生命线；其次要健全管理制度，防患于未然，制订内部疾病的净化流程，同时建立饲料采购供应制度和疾病检测制度及危机处理制度，尽最大可能减少疫病发生概率并杜绝病肉兔流入市场；再次要加大硬件投入，高标准做好卫生防疫工作；最后要加强技术研究，为防范疫病风险提供保障，在加强有效管理的同时加强与国内外牲畜疫病研究机构的合作，为肉兔场疫病控制防范提供强有力的技术支撑，大幅度降低疾病发生所带来的风险。

2. 及时关注和了解市场动态

及时掌握市场动态，适时调整肉兔群结构和生产规模。同时做好成品饲料及饲料原料的储备供应。

3. 调整产品结构，树立品牌意识，提高产品附加值

以战略的眼光对产品结构进行调整，饲养适应市场需要的优良品种肉兔，采用安全饲料，生产优质兔肉和兔皮，并拓展兔肉食品深加工，实现产品的多元化。树立兔肉产品的品牌，提高兔肉产品的市场占有率和盈利能力。

4. 健全内控制度，提高管理水平

根据国家相关法律、法规，制订完备的企业内部管理标准、财务内部管理制度、会计核算制度和审计制度，通过各项制度的制定、职责的明确及其良好的执行，使肉兔场的内部控制得到进一步的完善。重点要抓好防疫管理、饲养管理，搞好生产统计工作。加强对饲料原料、兽药等采购、饲料加工及出库环节的控制，节约生产成本。加强财务管理工作，降低非生产性费用，做到增收节支；加强销售管理，减少应收款的发生；调整资产结构，降低资产负债率，保障资金良性循环。

5.加强民主、科学决策，谨防投资失误

经营者要有风险管理的概念和意识，肉兔场的重大投资或决策要有专家论证，要采用民主、科学决策手段，条件成熟了才能实施，防止决策失误。现在和将来投资肉兔场，应将环保作为第一限制因素考虑，从当前的发展趋势看，如何处理兔粪水使其达标排放的思维方式已落伍，必须考虑走循环农业的路子，充分考虑土地的承载能力，达到生态和谐。

第三节　肉兔养殖低谷时期应对策略

一、整顿兔群

良种良法出良品，养殖要注重选择优良的兔品种和适宜的饲养方法。现在存在这样一个现象，就是价格上涨时，养殖者靠"催"，即让兔子快繁殖、快生长，有时为了赶好价格甚至不等兔子长大了就出售了。在价格下跌时养殖者靠"淘"，大量扑杀兔子，以减少成本投入。"淘"也得讲究方法，而不是把兔子一卖了之。要根据自身承受能力来控制兔群规模，尤其是要控制种兔群规模，淘汰低产、老、弱、病、残的兔子，让兔群"精炼"。一句话，保住兔场的核心种群，为今后做长远打算。

二、精细化管理

精细化管理的主要目的是通过各种手段来达到降本增效的目的。一方面根据兔子自身特性，为其提供适宜生活、生产的环境。现在很多规模化养兔场实行封闭式养殖，兔子喜欢空气流通的环境，如果封闭养殖、工厂养殖，解决不了通风和干燥的问题，兔癣、螨虫和真菌等问题就会接踵而至。另一方面，

合理安排生产，减少不必要的投入，降低各种浪费。切不可让自己的兔场处于停产或待产状态。

三、合理降成本

很多养殖户面对低迷行情时，降成本的手段很简单，一杀二减。即杀兔子、减少投入。看似方法正确，其实很多养殖者是将正确的方法用在错误的地方。首先，减少成本，不要从兔子的嘴里省钱，不要以降低饲养标准来省钱。而要通过加强饲养管理，广辟饲料资源，缩短饲养周期，来降低成本投入。其次，要学会取舍。例如，在疫病防控上，如果资金很紧张，建议养殖者放弃对病兔的治疗，尤其是一些比较难治愈或者即使治疗好也没有多大价值的病兔。将有限的资金用在疫病的控制上。不管行情怎么样，对兔子的饲养标准不能降低，该怎么养就怎么养，要降低成本，就要依靠技术，不要因短期的小利，影响以后的大益。

四、取长补短抱团发展

当今的社会已经从大鱼吃小鱼、快鱼吃慢鱼的"存亡"发展模式向合作共赢、相互融合的"抱团"模式发展。兔产业的抱团发展，不仅仅是养殖户之间的联合，也不局限于养殖加工企业与养殖者的联合，而是以产、加、销为主线，纵向联合，以信息、策划、培训等服务为支线的横向联合。产业就如同一个工厂，不同的群体如同工厂里的车间，同一个目的，不同的分工，各司其职。目前来看，这种"抱团"模式对于兔产业来说还比较理想化，因为这种模式是以利益为纽带，只要理顺利益关系，就可以形成，当前需要解决的问题是谁来牵头做，谁做第一个吃螃蟹的人。

合作模式，主要是大型企业与养殖场之间的"合同"模式，也就是所谓"合同兔"。合同兔的最大的特点就是在市场低迷时，养殖者可以少赔钱，企业承担主要压力。市场行情好时，养殖者赚得少。用最简单的概括就是"少赚少赔"。这里最关键的问题是企业与养殖户之间的诚信和合同要约的合理性。行情好时，养殖者偷偷把兔子卖给别人，而行情不好时，企业又以各种理由和各种条条框框，来保障自己的利益。这样做的企业和养殖者往往没有认识到自己是在双方共同联合后从市场获得利润，而是错误地认为自己的利润来源于对方。

另外，还有养兔合作社也是不错的选择。

五、延伸产业链，增加产品附加值

以往我国重产前、轻产后，兔产品以白条兔、原毛、生皮为主，深加工落后的局面一直限制着我国兔业的稳定发展。要提高兔养殖效益，就要实现兔的综合加工和精深加工，使产业升级、延伸、集聚。对兔肉、兔皮、兔毛及兔内脏等系列产品进行综合开发，达到提高兔个体价值的目的。兔肉加工要摆脱肉类作坊式传统手工加工的落后局面，就要实现现代配套设备、现代加工工艺和传统工艺的完美结合，生产出适合中国人口味的兔肉食品，为兔肉的大众消费奠定基础。以国内兔肉为例，鲜销兔肉每吨 2.7 万～ 2.8 万元，深加工成兔肉干每吨销售价格 8 万元，是鲜兔肉的 3 倍。深加工的好处是显而易见的。

第四节　做好家庭农场的成本核算

一、家庭农场肉兔产品成本核算的对象

根据相关的会计核算办法的规定，有较好条件的家庭农场都应该实行分群核算成本和分群饲养管理，按照肉兔不同的种类和年龄，将肉兔划分为若干群，分群来归集生产费用，以便

计算生产成本。如将肉兔分为基本肉兔群（包括种公兔、种母兔、育成兔）、仔兔群、幼兔群、商品兔群等。

二、生产费用的核算

肉兔养殖生产费用是指家庭农场饲养肉兔发生的全部费用，包括种兔、仔兔、幼兔、育成兔、商品兔的生产费用。

家庭农场为了归集肉兔养殖的生产费用，并计算产品成本，应设置"农业生产成本"科目，规模较大的企业也可单独设置"畜牧业生产成本"科目。在这两个科目下，按照成本计算对象（分群核算按各种肉兔群中的不同年龄组，混群核算按每种肉兔）设置明细账。在明细账中，还应按规定的成本项目设置专栏。"农业生产成本"或"畜牧业生产成本"科目的借方，归集进行畜牧业生产所发生的一切费用，贷方计算产出产品的实际成本，期末借方余额，表示结转下期的产品成本。

肉兔养殖的生产费用按其经济用途可以划分为下列成本项目：

（1）直接材料　直接材料是指肉兔养殖生产耗用的精饲料、粗饲料、饲料添加剂和加工饲料等耗用的燃料、电力以及肉兔医药费等。

（2）直接人工　直接人工是指直接从事肉兔养殖生产人员的工资、工资性津贴、奖金、福利费。

（3）其他直接费　其他直接费是指除直接材料、直接人工以外的其他直接费用。

（4）制造费用　制造费用是指应摊销、分配计入各群别产品成本的间接生产费用，如种兔折旧、生产单位管理人员工资及福利费、设备折旧费、修理费、水电费、办公费等。

肉兔养殖生产费用归集与分配的方法是：属于耗用的精饲料、粗饲料和饲料添加剂等饲料费用，以及加工饲料等耗用的燃料和电力费用、工资及福利费等直接费用，直接计入农业生产成本，借记"农业生产成本"科目，贷记"农用材料""原材料""应付工资""应付福利费""现金""银行存款"等科目。发生的间接费用，先在"制造费用"科目进行汇集，期末再按一定的分配标准，分配计入有关产品成本，借记"农业生产成本"科目，贷记"制造费用"科目。

以上各项费用根据材料耗用的汇总表、工资分配表、固定资产折旧计算表等有关凭证，记入"农业生产成本"科目借方的同时，还必须记入其所属的按成本计算对象设置的明细账的借方。

三、成本费用的核算

肉兔养殖生产成本是指在肉兔养殖的生产经营活动中所耗用的一切物化劳动价值的总和。主要包括饲料、仔兔、幼兔、低值的易耗品、饲养人员的工资及福利，由于管理饲养不当而造成的肉兔死亡的损失，以及为了管理所支出的一切费用。

肉兔养殖的会计科目有以下五个：

（1）消耗性生物资产科目　主要用来核算仔兔、幼兔和商品肉兔数量及价值的增减变动情况。各阶段兔群发生的饲养成本，分别归集在消耗性生物资产的二级科目核算。

（2）主营业务成本科目　用来核算为了销售种兔、兔皮、兔肉并取得收入而消耗的仔兔、幼兔及商品肉兔的成本。

（3）主营业务收入科目　用来核算在肉兔养殖中的种兔、兔皮、兔肉及其他的销售收入。

（4）养殖业生产成本科目　用来核算在肉兔的养殖生产过程中的养殖以及饲养的费用，饲养费用包括人工工资和福利费等。

（5）应交税金科目　用来核算屠宰税等明细科目。

四、肉兔养殖产品的成本计算

家庭农场规模化养殖肉兔，经常有种兔、商品肉兔等产品产出，这种情况下成本计算期一般按月计算。规模较小的家庭农场也可一年计算一次成本。

1. 基本兔群产品成本计算

基本兔群的主产品为母兔繁殖的仔兔，其副产品为兔粪。对副产品按市场价确定其价值后，再从全部饲养费用中减去副产品的价值，即为主产品的总成本。

初生的仔兔成本，不按每只计算而是按活重计算。仔兔初生至断奶、断奶至3月龄时以及期末结存未断奶仔兔的成本，都是以当时的活重和活重单价计算的。

首先计算仔兔初生活重和出生至断奶期间内增重的单位成本，以及仔兔活重单位成本，然后分别计算出断奶仔兔和期末未断奶仔兔的总成本以及每只的平均成本。

2. 幼兔、育成兔、商品兔的产品成本计算

幼兔是指断奶至3月龄期间的兔；育成兔是指3月龄到初次配种期间的兔；商品兔是指3月龄到屠宰取皮期间的兔。幼兔、育成兔、商品兔的主要产品是增重量。其副产品是兔粪及兔的残值。幼兔、育成兔和商品兔可以先计算增重成本和活重成本，计算出某兔群的活重单位成本后，即可分别计算出本期转出、售出和期末存栏兔的全部活重成本。

3. 各兔群饲养日成本的计算

为了考核养兔饲养费用水平，可计算饲养日成本。计算公式为：

某兔群饲养日成本＝该群饲养费用 ÷ 该群饲养只日数

饲养只日数是指累计的日饲养只数，一只兔饲养一天为一个只日数。饲养只日数可以从养肉兔动态登记簿等有关资料中获得。

五、家庭农场账务处理

家庭农场在做好成本核算的同时，也要将整个农场的整个收支过程做好归集和登记，以全面反映家庭农场经营过程中发生的实际收支和最终得到的收益，使农场主了解和掌握本农场当年的经营状况，达到改善管理、提高效益的目的。

家庭农场记账可以参考山西省农业厅《山西省家庭农场记账台账（试行）》（晋农办经发〔2015〕228号）。

山西省家庭农场记账台账（试行）的具体规定如下：

1. 记账对象

记账单位为各级示范家庭农场及有记账意愿的家庭农场。记账内容为家庭农场生产、管理、销售、服务全过程。

2. 记账目的

家庭农场以一个会计年度为记账期间，对生产、销售、加工、服务等环节的收支情况进行登记，计算生产和服务过程中发生的实际收支和最终得到的收益，使农场主了解和掌握本农场当年的经营状况，达到改善管理、提高效益的目的。

3. 记账流程

家庭农场记账包括登记、归集和效益分析三个环节。

（1）登记　家庭农场应当将主营产业及其他经营项目所发生的收支情况，全部登记在《山西省家庭农场记账台账》上。要做到登记及时、内容完整、数字准确、摘要清晰。

（2）归集　在一个会计年度结束后将台账数据整理归集，得到收入、支出、收益等各项数据。归集时家庭农场可以根据自身需要增加、减少或合并项目指标。

（3）分析　家庭农场应当根据台账编制收益表，掌握收支情况、资金用途、项目收益等，分析家庭农场经营效益，从而加强成本控制，挖掘增收潜力；明晰经营方向，实现科学决策；规范经营管理，提高经济效益。

（4）计价原则

① 收入以本年度实际实现的收入或确认的债权为准。

② 购入的各种物资和服务按实际购买价格加运杂费等计算。

③ 固定资产是指单位价值在 500 元以上，使用年限在1 年以上的生产或生产管理使用的房屋、建筑物、机器、机械、运输工具、役畜、经济林木、堤坝、水渠、机井、晒场、大棚骨架和墙体以及其他与生产有关的设备、器具、工具等。

购入的固定资产按购买价加运杂费及税金等费用合计扣除补贴资金后的金额计价；自行营建的固定资产按实际发生的全部费用扣除补贴资金后的金额计价。

固定资产采用综合折旧率为 10%。享受国家补贴购置的固定资产按扣除补贴金额后的价值计提折旧。

④ 未达到固定资产标准的劳动资料按产品物资核算。

（5）台账运用

① 作为评选示范家庭农场的必要条件。

② 作为家庭农场承担涉农建设项目、享受财政补贴等相关政策的必要条件。

③ 作为认定和审核家庭农场的必要条件。

附件：山西省家庭农场台账样本。

台账样本：山西省家庭农场台账——固定资产明细账（见表 9-1）、山西省家庭农场台账——各项收入（见表 9-2）、山西省家庭农场台账——各项支出（见表 9-3）和年家庭农场经营收益表（见表 9-4）。

表 9-1　山西省家庭农场台账——固定资产明细账

记账日期	业务内容摘要	固定资产原值增加	固定资产原值减少	固定资产原值余额	折旧费	净值	补贴资金
上年结转							
合计							
结转下年							

注：

1. 上年结转——登记上年结转的固定资产原值余额、折旧费、净值、补贴资金合计数。

2. 业务内容摘要——登记购置或减少的固定资产名称、型号等。

3. 固定资产原值增加——登记现有和新购置的固定资产原值。

4. 固定资产原值减少——登记报废、减少的固定资产原值。

5. 固定资产原值余额——为固定资产原值增加合计数减去固定资产原值减少合计数。

6. 折旧费——登记按年（月）计提的固定资产折旧额。

7. 净值——为固定资产原值扣减折旧费后的金额。

8. 补贴资金——登记购置固定资产享受的国家补贴资金。

9. 合计——为上年转来的金额与各指标本年度发生额合计数。

10. 结转下年——登记结转下年的固定资产原值余额、折旧费、净值、补贴资金合计数。

表 9-2　山西省家庭农场台账——各项收入

单位：元

记账日期	业务内容摘要	经营收入		服务收入	补贴收入	其他收入
		出售数量	金额			
合计						

注：
1. 业务内容摘要——登记收入事项的具体内容。
2. 经营收入——指家庭农场出售种植养殖主副产品收入。
3. 服务收入——指家庭农场对外提供农机服务、技术服务等各种服务取得的收入。
4. 补贴收入——指家庭农场从各级财政、保险机构、集体、社会各界等取得的各种扶持资金、贴息、补贴补助等收入。
5. 其他收入——指家庭农场在经营服务活动中取得的不属于上述收入的其他收入。

表 9-3　山西省家庭农场台账——各项支出

单位：元

记账日期	业务内容摘要	经营支出	固定资产折旧	土地流转（承包）费	雇工费用	其他支出
合计						

注：
1. 业务内容摘要——登记支出事项的具体内容或用途。
2. 经营支出——指家庭农场为从事农牧业生产而支付的各项物质费用和服务费用。
3. 固定资产折旧——指家庭农场按固定资产原值计提的折旧费。
4. 土地流转（承包）费——指家庭农场流转其他农户耕地或承包集体经济组织的机动地（包括沟渠、机井等土地附着物）、"四荒"地等的使用权而实际支付的土地流转费、承包费等土地租赁费用。一次性支付多年费用的，应当按照流转（承包、租赁）合同约定的年限平均计算年流转（承包、租赁）费计入当年成本费用。
5. 雇工费用——指因雇佣他人（包括临时雇佣工和合同工）劳动（不包括发生租赁作业时由被租赁方提供的劳动）而实际支付的所有费用，包括支付给雇工的工资和合理的饮食费、招待费等。
6. 其他费用——指家庭农场在经营、服务活动中发生的不属于上述费用的其他支出。

养肉兔家庭农场致富指南

表 9-4 （ ）年家庭农场经营收益表

代码	项目	单位	指标关系	数值
1	一、各项收入	元	1=2+3+4+5	
2	1、经营收入	元		
3	2、服务收入	元		
4	3、补贴收入	元		
5	4、其他收入	元		
6	二、各项支出	元	6=7+8+9+10+11	
7	1、经营支出	元		
8	2、固定资产折旧	元		
9	3、土地流转（承包）费	元		
10	4、雇工费用	元		
11	5、其他费用	元		
12	三、收益	元	12=1-6	

参 考 文 献

［1］肖冠华. 投资养兔你准备好了吗［M］. 北京：化学工业出版社，2014.

［2］谷子林. 肉兔健康养殖400问［M］. 2版. 北京：中国农业出版社，2014.

［3］肖冠华. 养肉兔高手谈经验［M］. 北京：化学工业出版社，2015.

［4］熊家军. 肉兔安全生产技术指南［M］. 北京：中国农业出版社，2012.

［5］任克良. 高效养肉兔关键技术［M］. 北京：金盾出版社，2012.

［6］肖冠华. 这样养肉兔才赚钱［M］. 北京：化学工业出版社，2018.

［7］胡胜平，王文艺，余霞，等. 规模兔场三种养殖废物利用模式介绍［J］.
中国畜牧业，2014（10）：63.

［8］赵树科，李坤刚，刘凤军，等.氯前列烯醇和地塞米松诱导家兔白天分娩的
研究［J］. 动物医学进展，2014（11）：48-52.

［9］潘雨来. 再谈家兔"四同期"法规模化生产模式［J］. 中国家兔，2014
（6）：24-26.

［10］周晖，于小川. 家兔地窝繁育技术的要点［J］. 农业知识：科学养殖，
2014（10）：38-39.

［11］谷子林，黄玉亭，陈宝江，等. 家兔仿生地下繁育洞（地窝）的设计与应
用效果研究［J］. 科学种养，2013（6）：41.

［12］陈震. 兔场生物安全体系的建立［J］. 中国养兔，2013（3）：26-27.

［13］吴跃华，吴旭娟，田金星，等.四种肉兔杂交组合筛选研究［J］. 中国畜
牧兽医，2007，34（9）：128-129.

［14］葛盛军，金海平，张剑. 不同杂交组合肉兔繁殖性能及生长性能的对比研
究［J］. 攀枝花科技与信息，2012，37（3）：39-41.

［15］吴高奇，刘秋云，田宏智，等. 良种肉兔不同杂交组合试验研究［J］. 贵
州畜牧兽医，2015，39（2）：22-23.

［16］姜文学，杨丽萍. 肉兔产业先进技术全书［M］. 济南：山东科学技术出
版社，2011.